공업수학

이해기 · 김봉각 공저

도서출판 태영문화사

머 리 말

현대 산업 사회는 급속도로 발전하고 있으며 특히 21세기는 정보화에 관련된 산업이 급성장할 것이라고 생각된다.

오늘날 많은 산업의 신기술, 신직종의 산업이 발생되며 각광받던 직종이 소멸되고 새로운 직종이 각광 받는 등 다양하고 급변하는 산업사회에 우리들은 직면하고 있다.

이렇게 급변하는 공업화 사회의 기본은 공학의 발전이라고 해도 과언은 아닌 듯하다. 이러한 공학의 기본이 되는 교과는 공업수학이나 현재 출판되고 있는 공업수학의 내용을 고찰하여 보면 학생들의 수준을 고려하지 않은 채 외국의 공업수학 교재를 그대로 번역하거나 어려운 내용으로 구성되어 있는 등 많은 문제점이 도출되고 있는 현실이다.

그러기 때문에 대학생들이 공업수학 교과에 어려움을 갖으며 특히 전공교과가 모두 어렵게 느껴지는 것이다.

따라서 본 저자들은 다년간 대학 강단에서 공업수학을 강의하면서 학생들이 공업수학에 보다 쉽고 많은 관심을 가질 수 있는 교재를 만들기 위하여 고뇌하면서 집필에 착수하기에 이르렀다.

본 교재는 공학을 시작하는 공학도의 기본서가 되는데 중점을 두었으며 각 장의 내용은 다음과 같다.

제1장부터 제7장까지는 모든 공학의 기초가 되며 이후의 장들은 전공을 고려하여 장의 순서에 무관하게 학과의 특성을 고려하여 다양한 흐름으로 강의가 가능토

록 구성하였다.

그리고 전문 기술인이 되기 위하여 노력하는 늦깎이 공학도들에게도 많은 도움이 되도록 수학의 깊이를 보다 쉽게 설명하였고 예제를 많이 다룸으로서 기초능력을 향상시키고, 특히 현장의 기술자들에게도 도움이 되리라 생각한다.

아무쪼록 많은 공학도의 전공에 초석이 되는 교과목이므로 도움이 되기를 간절히 바라며 교재 구성에 있어서 다소 미흡한 점이 있더라도 관련 교과의 선후배 교수님들의 채찍을 바탕으로 보완 수정하여 보다 알찬 교재가 되도록 최선을 다할 것을 약속하며 이 교재가 완성되도록 많은 도움을 준 도서출판 태영문화사의 임직원들에게 깊은 감사를 드린다.

끝으로 독자들의 앞날에 많은 발전을 기원하면서…………

눈 덮인 월강 뜰에서

저자 씀

차 례

제 1 장 기초 수학

제 2 장 함 수

제 3 장 방정식 · 부등식의 해

제 5 장 삼각법

제 6 장 행렬과 행렬식

제 7 장 벡 터

제 8 장 복소수

제 9 장 미분법

제 10 장 적분법

제 11 장 수열과 급수

제 12 장 미분 방정식

제 13 장 라플라스 변환

제 14 장 퓨리에 급수

제 1 장 기초 수학

1.1 수의 분류

- 복소수 : $-5+3j$
  - 실수
    - 유리수
      - 정수
        - 양의 정수(자연수) : $1,\ 2,\ 3,\cdots$
        - 0
        - 음의 정수 : $-1,\ -2,\ -3,\cdots$
      - 정수가 아닌 유리수
        - 유한소수 : $0.2,\ \frac{1}{2},\ -0.15,\ \frac{3}{4}\cdots$
        - 순환소수 : $\frac{1}{3}=0.33\cdots,\ 0.2525\cdots$
    - 무리수 : 순환하지 않는 무한소수
      : $\sqrt{2},\ \sqrt{3},\ \pi$(원주율), e(자연상수)$\cdots$
  - 허수 : $2j,\ -7j\cdots$

(1) 유리수

$m\neq 0$일 때, $\frac{n}{m}$(단, m, n은 서로소인 정수)인 분수꼴로 나타낼 수 있는 수.

(2) 무리수

순환하지 않는 무한소수로서 분수로 나타낼 수 없는 수.

1.1.1 용 어

(1) 대수

수 대신에 사용한 기호 또는 수와 기호를 조합한 모임.

예 전압 $\rightarrow E$, 전류 $\rightarrow I$, 저항 $\rightarrow R$ 등으로 표시

(2) 식

대수 또는 수의 모임으로 전기 등의 개념을 구성한 것.

(3) 단항식

몇 가지 수와 문자기호 사이의 곱으로 구성된 식.

예 $2x^3y^2$

(4) 인수

정수(整數), 정식(整式)이 곱을 구성하고 있는 문자나 수.

(5) 다항식

몇 가지 단항식의 합 또는 차의 형태.

예 $3x^2y+ab$, $\frac{1}{3}a^2b-2xy^2$ 등

(6) 정식

단항식과 다항식을 총칭해서 부르는 식의 명칭.

(7) 계수

몇 가지 변수를 포함하는 정식 속에서 문자 이외의 부분(숫자)을 그 단항식의 계수라 한다.

예 $3x^2y$에서 x^2y의 계수는 3이다.

(8) 동류항

계수(숫자)는 다르지만 문자 기호는 같은 모든 항을 말한다.

예 $3xy$와 $7xy$, $2x^3y$와 $8x^3y$

(9) 차수

어떤 특정한 대수의 지수의 수치를 말한다.

예 $3x^2yz^3$은 x가 2개, y가 1개, z가 3개 곱한 경우를 x에 대하여 2차, y에 대하여 1차, z에 대하여 3차이다.

(10) 누승

같은 수 또는 문자 기호를 곱하는 것.

예 $(3xy)^2$

(11) 지수

누승한 개수를 대수의 우측 어깨에 작게 쓰는 숫자.

예 $2ax^2y^3$에서 x의 지수는 2이고, y의 지수는 3이다.

(12) 함수

수량 변화를 취한 것으로 상태를 표현하려고 한 식.

예 $y = ax^2 + b$는 문자 x에 대하여 2차 함수가 된다.

$y = \cos x$는 삼각함수이다.

(13) 방정식

특정의 수량, 즉 미지수를 구할 것을 목적으로 한 식.

예 $3x = 9$에서 $x = 3$일 때만 등식이 성립하므로 방정식이다.

(14) 항등식

등식인 대수에 어떠한 수치를 대입해도 성립하는 식.

예 $a+2a=3a$

▌예제▐ $3a^2y+2a^2y$를 계산하여라.

풀이 $3a^2y+2a^2y=(3+2)a^2y=5a^2y$

▌예제▐ $-\frac{1}{2}x^3y^2$에서 x의 차수와 계수를 구하여라.

풀이 x의 차수 3, 계수는 $-\frac{1}{2}y^2$

1.2 수학적 표기 및 기호

1.2.1 수직선

수를 표현하는 방법으로 그림 1-1처럼 수직선(number line)을 사용하는 것이 편리하다. 양수는 선의 우측에, 음수는 좌측에 놓는다. 모든 실수는 선 위에 점으로 표시되며 이것을 실수선(real number line)이라 한다.

수직선은 양쪽으로 무한히 연장되는데 양수로 무한히 연장한 것을 $+\infty$(plus 무한대), 음수로 무한히 연장한 것을 $-\infty$(minus 무한대)로 사용한다.

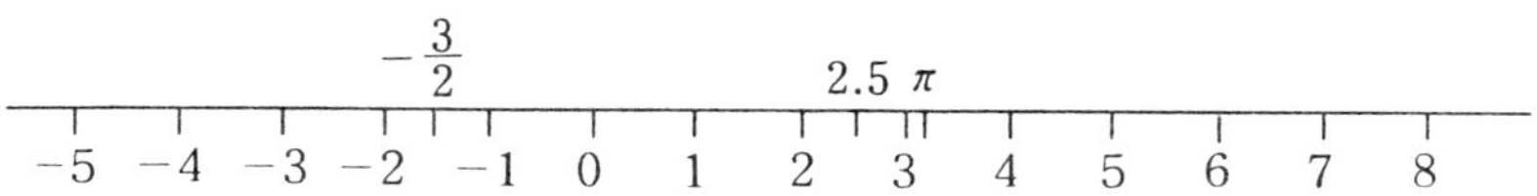

•• 그림 1-1 수직선 위에 표시된 수 ••

기호 "$>$"는 "~보다 큰"을 의미하고, 기호 "$<$"는 "~보다 작은"을, 기호 "$\geq$"는 "~와 같거나 큰"을, "$\leq$"는 "~와 같거나 작은"을 의미한다.

수직선의 구간에 대하여 알아보자. 예를 들어, 1과 3을 포함하고 그 사이에 있는 모든 실수를 가리킬 때에는 [1, 3]을 사용한다. 이것은 곧 $1\leq x\leq 3$인 x와 같다.

대괄호[1, 3]은 구간의 양 끝점을 포함시키라는 의미를 지니며, 그런 구간을 폐구간(close)이라 한다. 이와 달리 소괄호를 사용하여 (1, 3)로 나타내면 양 끝점을 제외하고 그 사이에 있는 모든 실수를 의미한다. 바꿔 말해서 $1<x<3$인 x을 가지며, 이런 구간을 개구간(open)이라 한다.

또한 $1 < x \leq 3$에서처럼 구간의 한쪽 끝은 포함되고 다른 한쪽 끝은 포함되지 않은 반폐(개)구간도 있다. 구간은 수직선 위에 포함된 끝점은 ●로, 포함되지 않은 끝점은 ○로 표시한다.

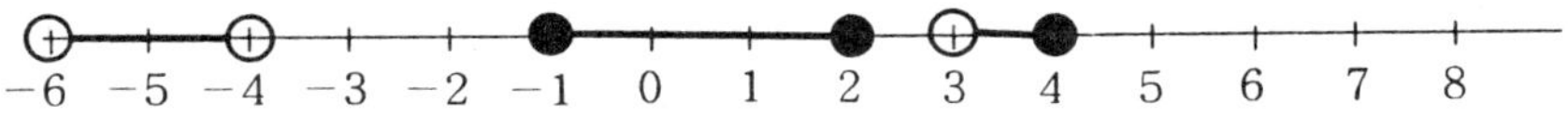

•• 그림 1-2 구간(−6, −4), [−1, 2] 및 (3, 4]의 표현 ••

1.2.2 사칙연산

(1) 곱하기

곱셈에서는 덧셈과 마찬가지로 교환법칙과 결합법칙(associativity), 분배법칙이 적용된다. 음수와 양수를 곱할 때 얻어지는 결과의 부호는 다음과 같은 규칙을 갖는다.

key point

수를 곱할 때 :

① 양수×양수=양수 ⇒ [+×+=+]

② 양수×음수=음수 ⇒ [+×−=−]

③ 음수×양수=음수 ⇒ [−×+=−]

④ 음수×음수=양수 ⇒ [−×−=+]

예로서 $(-4)\times 5 = -20$, $(-3)\times(-5) = 15$,

▌예제▐ 저항의 허용오차 범위(Resistor tolerance bands)

저항은 종종 허용오차 범위에 의해 정해진 저항값을 가지며 이는 실제로 사용 가능한 저항값의 범위이다. 어떤 저항이 80[Ω]±5[%]의 저항값을 가질 때 이 저항의 최대값과 최소값을 구하여라.

풀이 최대값은 80+(80의 5[%]), $80 + \left(80\times\frac{5}{100}\right) = 80 + 4 = 84[\Omega]$

최소값은 80−(80의 5[%]), $80-\left(80\times\frac{5}{100}\right)=80-4=76[\Omega]$

▌예제▌ 다음 식을 간단히 하여라.

(a) $9(2y)$ (b) $-3(5z)$ (c) $4(2a)$ (d) $2x\times(2y)$

풀이 (a) $18y$ (b) $-15z$ (c) $8a$ (d) $4xy$

(2) 나누기

8÷4는 8을 4로 나누는 것을 의미하고 8/4 또는 $\frac{8}{4}$로 나타내기도 한다. 분수로 나타내는 경우 위의 수는 분자(numerator), 아래의 수는 분모(denominator)라고 한다.

key point

수를 나눌 때:

① $\frac{\text{양수}}{\text{양수}}=\text{양수} \Rightarrow \frac{+}{+}=+$

② $\frac{\text{음수}}{\text{양수}}=\text{음수} \Rightarrow \frac{+}{-}=-$

③ $\frac{\text{음수}}{\text{양수}}=\text{음수} \Rightarrow \frac{-}{+}=-$

④ $\frac{\text{음수}}{\text{음수}}=\text{양수} \Rightarrow \frac{-}{-}=+$

1.2.3 역 수

역수(reciprocal of number)는 분수에서 분모는 분자가 되고 분자는 분모가 되게 하는 것을 말한다. 예로 $\frac{2}{3}$의 역수는 $\frac{3}{2}$이 된다. 모든 수는 1을 분모로 하는 분수가 됨을 기억하자.

▌예제▌ (a) $\frac{6}{11}$, (b) $\frac{1}{5}$, (c) 7의 역수를 써라.

풀이 (a) $\frac{11}{6}$ (b) $\frac{5}{1}$ 또는 간단히 5 (c) $\frac{1}{7}$

▌예제▐ 다음의 역수를 써라.

(a) $p+q$ (b) $\frac{1}{R_1}+\frac{1}{R_2}$

풀이 (a) $p+q$는 $\frac{p+q}{1}$이므로 역수는 $\frac{1}{p+q}$

주의할 점은 $p+q$가 $\frac{1}{p}+\frac{1}{q}$이 아니라는 것이다.

(b) $\frac{1}{R_1}+\frac{1}{R_2}$의 역수는 $\frac{1}{\frac{1}{R_1}+\frac{1}{R_2}}$

주의할 점은 $\frac{1}{R_1}+\frac{1}{R_2}$의 역수는 R_1+R_2가 아니라는 것이다.

1.2.4 대수식

수나 문자가 사칙연산 +, −, ×, ÷로 연결된 것을 **대수식**(Arithmetical expre-ssions)이라 한다. 식을 구성하고 있는 문자나 수를 항(term)이라 하며 식을 구성하고 있는 다른 부분들과 분리하기 위해서 괄호를 사용하기도 한다.

BODMAS 규칙에 따라서 계산 순서는 괄호 안의 수식이 우선적으로 계산되고 곱셈과 나눗셈, 마지막으로 덧셈과 뺄셈 순서로 계산한다.

곱셈과 나눗셈만을 포함하고 있거나 덧셈이나 뺄셈만으로 구성된 식은 좌측에서 우측방향으로 계산을 한다.

key point

BODMAS 법칙

괄호( )	1 순위
나누기, ÷ 곱하기, ×	2 순위
더하기, + 빼기, −	3 순위

▌예제▐ 다음 식의 값을 구하여라.

(a) $4-3+7\times2$ (b) $8\div2-(4-5)$

풀이 (a) $4-3+7\times2=4-3+14=1+14=15$

(b) $8\div2-(-1)=4-(-1)=4+1=5$

1.2.5 기 호

우리는 실내온도를 나타내는 기호로 대문자 T를 선택하고 소문자 t는 시간을 나타낸다면 T와 t는 그 수치가 변할 것이다.

이렇게 변하는 값을 의미하는 것을 **변수**(variable)라 하고 변치 않는 일정한 값을 나타내는 것을 **상수**(constant)라 한다.

일반적으로 변수는 x, y, z를 사용하고 상수는 a, b, c을 사용한다. 그리스문자 π는 원의 면적을 구하는 공식에서 사용되는 상수 3.14159…… 를 나타내고 그 외 사용되는 그리스문자들은 표 1-1과 같다.

표 1-1 그리스 문자

A	α	alpha	I	ι	iota	P	ρ	rho
B	β	beta	K	κ	kappa	Σ	σ	sigma
Γ	γ	gamma	Λ	λ	lambda	T	τ	tau
Δ	δ	delta	M	μ	mu	Y	υ	upsilon
E	ε	epsilon	N	ν	nu	Φ	ϕ	phi
Z	ζ	zeta	Ξ	ξ	xi	X	χ	chi
H	η	eta	O	o	omicron	Ψ	ψ	psi
Θ	θ	theta	Π	π	pi	Ω	ω	omega

(1) 변수의 변화량

어떤 혼합물의 온도(t)가 처음에는 13[℃] 이였다가 한시간 후에 17[℃]로 올라갔다면, 한시간 동안의 온도변화는 $17-13=4$[℃] 즉 $\delta t=4$이다.

이와 같이 변수 t에 대한 변화량으로 δt를 사용하고 t의 증분이라 하며 주의할 점은 δx는 δ와 x의 곱이 아니라는 것이다.

(2) 절대값(| |)

수의 절대값(absolute value)이란 그 수가 가지고 있는 부호 +, −와는 상관없이 수의 크기를 말한다. 절대값은 해당 수의 양쪽에 세로 선을 그어 표시한다.

예로서 $|4|$는 4와 같고 $|-3|$은 3과 같고 모든 수의 절대값은 음수일 수 없다.

▌예제▐ (a) -17 (b) $\frac{1}{5}$ (c) $-\frac{1}{7}$의 절대값을 구하여라.

풀이 (a) $|-17| = 17$ (b) $\left|\frac{1}{5}\right| = \frac{1}{5}$ (c) $\left|-\frac{1}{7}\right| = \frac{1}{7}$

(3) 계승(!)

5!은 "5 계승(階乘)(factorial)"이라고 읽으며 의미는 $5 \times 4 \times 3 \times 2 \times 1$이다. 1!은 1이고 0!은 1로 약속하여 사용한다.

> **key point**
>
> 만약 n이 양의 정수라면,
>
> $n! = n \times (n-1) \times (n-2) \times \cdots \times 5 \times 4 \times 3 \times 2 \times 1$

예 (a) $4! = 4 \times 3 \times 2 \times 1 = 24$

$5! = 5 \times 4 \times 3 \times 2 \times 1 = 120$, $5! = 5 \times 4!$

(b) $10! = 3628800$

(4) 시그마

시그마는 합을 나타내는 기호이며, k의 범위가 1에서 12까지 주어질 때 모든 x_k의 합은

$$\sum_{k=1}^{12} x_k$$

k의 가장 작은 값은 시그마의 아래에 k의 가장 큰 값은 시그마의 위에 표시한다. 이것은 $x_1 + x_2 + x_3 + x_4 + \cdots\cdots + x_{11} + x_{12}$을 의미한다.

▌예제▌ 다음의 식이 의미하는 바를 나타내어라.

(a) $\sum_{k=1}^{5} k^3$ (b) $\sum_{k=1}^{4} \frac{1}{k}$

풀이 (a) k의 범위는 1에서 5까지이다.

$$\sum_{k=1}^{5} k^3 = 1^3 + 2^3 + 3^3 + 4^3 + 5^3$$

(b) $\frac{1}{1} + \frac{1}{2} + \frac{1}{3} + \frac{1}{4}$

1.3 지 수

1.3.1 거듭제곱

어떤 수 a를 n번 곱한 것을 a의 n제곱이라 하고 a^n으로 나타낸다.

예를 들어, 4×4×4는 4^3으로 표기하고 4의 3승 또는 4의 3제곱이라 하며 5×5=5^2은 5의 2승 또는 5의 제곱이라고 한다.

일반적으로 x를 y번 곱할 때 x^y의 경우, x를 밑(base), y는 지수(index, exponential)라고 한다. 계산기를 이용할 경우, x^y키를 이용하면 지수를 간단히 계산할 수 있다.

1.3.2 지수법칙

key point

지수법칙

$$a^m \times a^n = a^{m+n}, \quad \frac{a^m}{a^n} = a^{m-n}, \quad (a^m)^n = a^{mn}$$

밑이 같고 지수가 다른 두 수를 곱할 경우엔 지수를 더하고 나눌 경우는 뺀다. 어떤 수를 거듭 제곱한 후에 그 결과를 거듭제곱하는 경우에는 두 지수를 곱하는 것과 같다.

▌예제▐ 다음을 간단히 하여라.

(a) $a^5 \times a^4$ (b) $2x^5(x^3)$ (c) $\frac{y^5}{y^2}$ (d) $(8^2)^3$ (e) $(x^3y^7)^4$

풀이 (a) $a^5 \times a^4 = a^{5+4} = a^9$

(b) 결합법칙에 의해 $2x^5(x^3) = 2(x^5x^3) = 2x^{5+3} = 2x^8$

(c) $\frac{y^5}{y^2} = y^{5-2} = y^3$ (d) $(8^2)^3 = 8^{2\times 3} = 8^6$

(e) $(x^3y^7)^4 = x^{3\times 4}y^{7\times 4} = x^{12}y^{28}$

key point

① 모든 수의 0승은 1이다. 즉 $a^0 = 1$.

② 모든 수의 1승은 그 자신이 된다. 즉 $a^1 = a$.

③ $(a^m b^n)^k = a^{mk} b^{nk}$

④ 음수 지수 : $a^{-m} = \frac{1}{a^m}$, $a^m = \frac{1}{a^{-m}}$

▌예제▐ 다음 지수를 풀어라.

(a) $\frac{1}{t^{-4}}$ (b) 17^{-3} (c) $\frac{a^8 \times a^7}{a^4}$ (d) $\frac{m^9 \times m^{-2}}{m^{-3}}$

풀이 (a) $\frac{1}{t^{-4}} = t^4$ (b) $17^{-3} = \frac{1}{17^3}$

(c) $\frac{a^8 \times a^7}{a^4} = \frac{a^{15}}{a^4} = a^{15-4} = a^{11}$ (d) $\frac{m^9 \times m^{-2}}{m^{-3}} = \frac{m^7}{m^{-3}} = m^{7-(-3)} = m^{10}$

1.3.3 거듭제곱근

거듭제곱근 : 2이상인 양의 정수 n에 대하여 n제곱하여 실수 a가 되는 수 즉, $x^n = a$를 만족하는 수 x를 a의 n제곱근이라고 한다.

$\left(16^{\frac{1}{2}}\right)^2$의 경우 지수법칙 $(a^m)^n = a^{mn}$을 사용하여 다음과 같이 나타낼 수 있

다.

$$\left(16^{\frac{1}{2}}\right)^2 = 16^{\frac{1}{2}\times 2} = 16^1 = 16$$

이것은 $\left(16^{\frac{1}{2}}\right)$을 제곱하면 16인 수가 되고 $\left(16^{\frac{1}{2}}\right)$은 4 또는 -4이다. $\left(16^{\frac{1}{2}}\right) = \pm 4$을 16의 제곱근이라 하고 기호 $\sqrt[2]{16}$을 사용하여 간단히 $\sqrt{16}$로 사용한다. 0이 아닌 모든 수는 항상 2개의 제곱근을 가진다.

$$\left(16^{\frac{1}{2}}\right) = \sqrt{16} = \pm 4$$

key point

$a^{\frac{1}{2}}$은 a의 제곱근이다. (즉, $\sqrt{a}$로 표시)

예 81의 4제곱근을 구하면 $x^4 = 81$에서 $x^4 = \pm 3^4$ 즉 $x = \pm 3$으로 구해진다.

key point

(1) $a^{\frac{1}{3}}$은 a의 3제곱근이다. (즉, $\sqrt[3]{a}$로 표시)

(2) $x^{\frac{1}{n}}$는 x의 n 제곱근이며, $\sqrt[n]{x}$이다.

(3) $\sqrt{ab} = \sqrt{a}\ \sqrt{b}$

$\sqrt[m]{ab} = \sqrt[m]{a}\ \sqrt[m]{b}$

(4) 거듭제곱근의 성질

$a>0$, $b>0$이고 m, n이 양의 정수일 때

① $\sqrt[m]{a}\ \sqrt[m]{b} = \sqrt[m]{ab}$ ② $\dfrac{\sqrt[n]{b}}{\sqrt[n]{a}} = \sqrt[n]{\dfrac{b}{a}}$

③ $(\sqrt[m]{a})^n = \sqrt[m]{a^n}$ ④ $\sqrt[m]{\sqrt[n]{a}} = \sqrt[mn]{a} = \sqrt[n]{\sqrt[m]{a}}$

(5) 유리수지수의 정의 : $a^{\frac{m}{n}} = \sqrt[n]{a^m}$

▌예제▐ (a) $144^{1/2}$와 (b) $125^{1/3}$를 구하여라.

풀이 (a) $144^{1/2}$은 144의 제곱근은 ±12이다.

$$\sqrt{144} = (144)^{\frac{1}{2}} = \pm 12$$

(b) 5^3은 125이므로 $125^{1/3} = \sqrt[3]{125} = \sqrt[3]{5^3} = (5^3)^{\frac{1}{3}} = 5$

▌예제▐ 다음을 하나의 지수로 표현하여라.

(a) $\sqrt{x^5}$ (b) $\sqrt[4]{x^3}$ (c) $\dfrac{\sqrt{z}}{z^3 z^{-1/2}}$

풀이 (a) $\sqrt{x^5} = (x^5)^{\frac{1}{2}} = x^{5\times\frac{1}{2}} = x^{\frac{5}{2}}$

(b) $\sqrt[4]{x^3} = (x^3)^{\frac{1}{4}} = x^{3\times\frac{1}{4}} = x^{\frac{3}{4}}$

(c) $\dfrac{\sqrt{z}}{z^3 z^{-1/2}} = \dfrac{z^{1/2}}{z^{2.5}} = z^{0.5-2.5} = z^{-2}$ 또는 $\dfrac{1}{z^2}$

1.3.4 과학적 표기

78,000,000과 같이 매우 크거나 0.00000034와 같이 아주 작은 숫자를 정확하게 표현하기 위해 과학적 표기(scientific notation)를 사용한다. 각 수는 다음과 같은 형태로 나타낼 수 있다.

$$a \times 10^n$$

이 때 a는 1과 10 사이의 수이다. 또한 우리는 다음의 사실들도 이용할 수 있다.

$10 = 10^1$, $100 = 10^2$, $1000 = 10^3$, $10,000 = 10^4$

$0.1 = 10^{-1}$, $0.01 = 10^{-2}$, $0.001 = 10^{-3}$, $0.0001 = 10^{-4}$

어떤 수에 10^n을 곱할 경우, n이 양의 정수일 경우에는 소수점이 오른쪽으로 n 자리만큼 이동하고, 음의 정수일 경우는 왼쪽으로 n자리만큼 이동한다. 0이 소수점 자리를 채우기 위해 부가적으로 삽입되는 경우도 있다.

▌예제▐ 다음 값을 과학적 표기하여라.

(a) 5,000 (b) 403 (c) 0.00678

풀이 (a) $5 \times 1,000 = 5 \times 10^3$ (b) $4.03 \times 100 = 4.03 \times 10^2$ (c) 6.78×10^{-3}

1.4 전개식

(1) $a(b+c)$와 $a(b-c)$형

key point

$$a(b+c) = ab + ac$$
$$a(b-c) = ab - ac$$
$$(a+b)c = ac + bc$$
$$(a-b)c = ac - bc$$

예제 다음을 전개하여라.

(a) $9(2+y)$ (b) $9(2y)$ (c) $-3(5x-z)$ (d) $6x(3x-2y)$

풀이 (a) $9(2+y) = 9(2) + 9(y) = 18 + 9y$

(b) $9(2y) = 9 \times 2 \times y = 18y$

(c) $-3(5x-z) = (-3)(5x) - (-3)(z) = -15x + 3z$

(d) $6x(3x-2y) = (6x)(3x) - 6x(2y) = 18x^2 - 12xy$

(2) $(a+b)(c+d)$형

두 개의 괄호 식을 곱하는 경우, $(a+b)(c+d)$식에서 첫 번째 괄호를 하나의 항으로 보고 풀면 $(a+b)c+(a+b)d$가 된다.

key point

$$(a+b)(c+d) = (a+b)c + (a+b)d$$
$$= ac + bc + ad + bd$$

▌예제▐ 다음 식을 전개하여라.

(a) $(3-x)(x+2)$ (b) $(s^2+2s+4)(s+3)$

(풀이) (a) $(3-x)(x+2)=(3-x)x+(3-x)2=6+x-x^2$

(b) $(s^2+2s+4)(s+3)=(s^2+2s+4)(s)+(s^2+2s+4)(3)$

$=s^3+2s^2+4s+3s^2+6s+12$

$=s^3+5s^2+10s+12$

1.5 인수분해

1.5.1 인수분해

어떤 수가 곱으로 표현될 때 곱의 형태 요소를 인수라하고 이를 인수분해 되었다고 말한다. 예를 들어 21은 7×3으로 인수분해 되고 이 경우 7과 3을 21의 인수(factor)라 부른다.

(1) 인수분해 요령

① 동류항이 있으면 동류항으로 묶는다.

② 동류항이 없으면 인수분해 공식을 적용할 수 있는지 알아본다.

③ 주어진 다항식에서 차수가 가장 작은 한 문자에 대하여 내림차순으로 정리한다.

④ 주어진 문자로 다항식을 묶는다.

▌예제▐ 다음을 인수분해 하여라.

(a) $4x+20$ (b) z^2-5z (c) $6x-12xy$

(풀이) (a) $4x+20=4x+(4)(5)=4(x+5)$

4와 $(x+5)$는 인수이며 4는 공통 인수이다.

(b) $z^2-5z=z(z)-5z=z(z-5)$

(c) $6x-12xy=6x(1-2y)$

1.5.2 2차식의 인수분해

ax^2+bx+c의 형태를 2차식(quadratic expression)이라고 하고 여기서 a, b, c는 모두 숫자를 나타내며 단, b나 c는 0일 수도 있지만 a가 0이어서는 안 된다.

a는 x^2의 계수(coefficient), b는 x의 계수라 하고 c는 상수항이라 한다.

다음으로 $(x+1)(x+2)$를 전개하면 x^2+3x+2가 되며 역으로 x^2+3x+2의 인수는 $(x+1)$와 $(x+2)$이다.

다음은 x^2의 계수가 1인 2차식을 인수분해 하는 방법을 설명하고자 한다.

$$\begin{aligned}(x+m)(x+n) &= x^2+mx+nx+mn \\ &= x^2+(m+n)x+mn\end{aligned}$$

위의 식에서 x의 계수는 $m+n$이고 상수항은 mn임을 알 수 있고 m과 n의 값이 정해지면 인수 $(x+m)$와 $(x+n)$을 구할 수 있다.

다음으로 x^2의 계수가 1이 아닌 2차식은

$$(ax+m)(bx+n)=abx^2+(an+bm)x+mn$$

이 된다.

▌예제▌ 다음 2차 방정식을 인수분해 하여라.

(a) x^2+4x-5 (b) $2x^2+5x+3$ (c) $5x^2-7x-6$ (d) x^2-y^2

풀이 (a) 우선 $m+n=4$, $mn=-5$

$m=5$, $n=-1$

$x^2+4x-5=(x+5)(x-1)$

(b) x^2의 계수는 2이므로 2를 전체 식에 곱하면

$$\begin{aligned}2(2x^2+5x+3) &= 2(2x^2)+2(5x)+2(3) \\ &= (4x^2)+5(2x)+6\end{aligned}$$

$z=2x$라는 새로운 변수를 도입하면

$$(2x)^2+5(2x)+6 \rightarrow z^2+5z+6$$

이 식을 인수분해 하면, $(z+3)(z+2)$이며, $z=2x$로 정리하면

$2(2x^2+5x+3)=(2x+3)(2x+2)$

우측 둘째 괄호에서 2를 공통인수로 빼내면,

$2(2x^2+5x+3)=2(2x+3)(x+1)$

$2x^2+5x+3=(2x+3)(x+1)$

(c) $5x^2-7x-6=(\quad)(\quad)$

이차항 $5x^2$을 얻기 위해서 괄호 안에 $5x$와 x를 넣어라.

$5x^2-7x-6=(5x+?)(x+?)$

끝으로 −6의 인수를 구하여라.

3, −2 ; −3, 2 ; −6, 1 ; 6, −1

$5x^2-7x-6=(5x+3)(x-2)$

(d) $x^2-y^2=(x+y)(x-y)$

1.5.3 완전제곱 형태

완전제곱식을 사용하여 ax^2+bx+c를 완전제곱 형태로 나타내 보자.

key point

$$(x+y)^2=x^2+2xy+y^2$$

$$(x-y)^2=x^2-2xy+y^2$$

$$(x+y)(x-y)=x^2-y^2$$

2차식은 다음과 같이 완전 제곱형태로 나타낼 수 있다.

$$ax^2+bx+c=a\left(x+\frac{b}{2}\right)^2-\frac{ab^2}{4}+c$$

다음 식도 기억해두자.

key point

$$(x+y)^3 = x^3 + 3x^2y + 3xy^2 + y^3$$
$$(x-y)^3 = x^3 - 3x^2y + 3xy^2 - y^3$$
$$x^3 + y^3 = (x+y)(x^2 - xy + y^2)$$
$$x^3 - y^3 = (x-y)(x^2 + xy + y^2)$$

예제 (a) $(x+3)^2 = x^2 + 6x + 9$임을 보여라.

(b) $x^2 + 6x$ 를 $(x+3)^2 - 9$로 쓸 수 있음을 보여라.

풀이 (a) 괄호를 제거한다.

$$(x+3)^2 = (x+3)(x+3) = x^2 + 3x + 3x + 9 = x^2 + 6x + 9$$

(b) 방정식의 양변에서 9를 뺀다.

$$(x+3)^2 - 9 = x^2 + 6x$$

예제 $5x^2 + 4x$를 완전제곱식으로 표현하여라.

풀이 $5x^2 + 4x$에서 계수 5를 괄호 앞에 쓴다.

$$5x^2 + 4x = 5\left(x^2 + \frac{4}{5}x\right)$$

2차식을 괄호로 묶어서 제곱식을 완성한다.

$$\left(x^2 + \frac{4}{5}x\right) = \left(x + \frac{2}{5}\right)^2 - \left(\frac{2}{5}\right)^2 = \left(x + \frac{2}{5}\right)^2 - \frac{4}{25}$$

끝으로 양변에 5를 곱한다.

$$5x^2 + 4x = 5\left[\left(x + \frac{2}{5}\right)^2 - \frac{4}{25}\right]$$

예제 방정식 $x^2 - 4x + 1$을 완전제곱식으로 전환하여 풀어라.

풀이 $x^2 - 4x$에서 먼저 주어진 방정식을 제곱식으로 선환한다.

$$x^2 - 4x = (x-2)^2 - 4$$

따라서 방정식 $x^2 - 4x + 1 = 0$은 다음과 같이 쓸 수 있다.

$$x^2 - 4x + 1 = (x-2)^2 - 4 + 1 = (x-2)^2 - 3 = 0$$

1.5.4 최대공약수, 최소공배수

다항식 P가 단항식 A로 나누어 떨어질 때, 즉 $P=AQ$(Q는 다항식, $A\neq 0$) 와 같이 될 때, A를 P의 약수 또는 인수, P를 A의 배수라고 한다. 그리고 2개 이상의 다항식에 공통인 약수를 **공약수**, 공통인 배수를 **공배수**라고 한다.

공약수 중에서 가장 차수가 높은 것을 **최대공약수**(G.C.M : Greatest Common Measure), 공배수 중에서 가장 차수가 낮은 것을 **최소공배수**(L.C.M : Least Com-mon Multiple) 라고 한다.

최대공약수와 최소공배수를 구할 때에는 자연수인 경우 소인수분해를 이용한 것처럼 각 다항식을 인수분해하여 생각하면 편리하다.

$$A=6(x^4-x^2)=6x^2(x+1)(x-1)$$
$$B=9(x^4-x)=9x(x-1)(x^2+x+1)$$

에서 최대공약수는 $3x(x-1)$이고 최소공배수는 $18x^2(x+1)(x-1)(x^2+x+1)$이다.

예제 차수가 같은 두 개의 다항식이 있다. 이 두 다항식의 최대공약수는 $x+1$, 최소공배수는 $x^3+6x^2+11x+6$이다. 이 두 개의 다항식을 구하여라.

풀이 구하는 두 다항식을 A, B, 그의 G.C.M, L.C.M을 각각 G, L이라 하면 문제에서

$$G=x+1,\quad L=x^3+6x^2+11x+6$$

그런데 $A=aG$, $B=bG$라 하면 $L=abG$이므로

$$ab=\frac{L}{G}=\frac{x^3+6x^2+11x+6}{x+1}$$
$$=(x+2)(x+3)$$
$$\therefore\ a=x+2,\quad b=x+3$$

다항식 $A=(x+2)(x+1)$와 다항식 $B=(x+3)(x+1)$

1.6 분수식

1.6.1 기약분수

분수 $\frac{10}{35}$를 간단히 하려면 분자와 분모를 인수분해 한 후 공통인수를 약분하면 된다. 공통인수란 분자와 분모 모두에 나타나는 인수이다.

예를 들면 $\frac{10}{35}=\frac{5\times2}{5\times7}=\frac{2}{7}$

위의 분수에서는 공통인수 5가 약분된다. 여기서 중요한 것은 단지 공통 인수만이 약분될 수 있다는 것이다. 분수 $\frac{10}{35}$과 $\frac{2}{7}$는 동일한 값이지만 $\frac{2}{7}$가 $\frac{10}{35}$보다 더 간단한 형태가 되고 이를 **기약 분수**라 부른다. 대수분수식의 경우에도 동일한 과정이 적용된다.

▌예제▐ 가능한 (a) $\frac{abc}{3ac}$와 (b) $\frac{3ab}{b+a}$를 간단히 하여라.

풀이 단지 공통인수만 약분할 수 있다.

(a) $\frac{abc}{3ac}=\frac{b}{3}$, (b)는 더 이상 간단히 될 수 없다.

▌예제▐ $\frac{x^2+2x-15}{2x^2-5x-3}$을 간단히 하여라.

풀이 우선 분자와 분모를 인수분해 한 후 마지막으로 공통인수를 약분한다.

$$\frac{x^2+2x-15}{2x^2-5x-3}=\frac{(x+5)(x-3)}{(2x+1)(x-3)}=\frac{x+5}{2x+1}$$

1.6.2 분수의 덧셈과 뺄셈

두 분수의 덧셈과 뺄셈은 분모의 최소공배수(lowest common multiple)를 구하여 분모를 같게 한 다음 분자끼리 더하고 뺀다.

① 두 분수에서 분모의 최소공배수를 구한다.

② 최소공배수를 분모로 하는 분수로 바꾼다.

③ 분자끼리 더한(뺀)후 최소공배수에 의해 얻어진 결과로 나눈다.

▌예제▐ $\frac{5x}{7} - \frac{3x-4}{2}$ 을 간단히 하여라.

풀이 최소공배수는 14이고 이것을 분모로 두 분수를 다시 쓰면 다음과 같다.

$$\frac{5x}{7} - \frac{3x-4}{2} = \frac{10x}{14} - \frac{7(3x-4)}{14} = \frac{10x-7(3x-4)}{14} = \frac{28-11x}{14}$$

1.6.3 분수의 곱셈과 나눗셈

분수의 곱셈에서는 분자는 분자끼리 분모는 분모끼리 곱한다.
나눗셈은 두 번째 분수를 역수화하여 곱함으로써 성립된다.

key point

곱셈 $\frac{a}{b} \times \frac{c}{d} = \frac{ac}{bd}$

나눗셈 $\frac{a}{b} \div \frac{c}{d} = \frac{a}{b} \times \frac{d}{c} = \frac{ad}{bc}$

▌예제▐ $\dfrac{\frac{2x}{y}}{\frac{3x}{2y}}$ 를 간단히 하여라.

풀이 분수를 $\frac{2x}{y} \div \frac{3x}{2y}$ 로 쓴 후, 두 번째 분수를 역수화하여 곱한다.

$$\frac{2x}{y} \div \frac{3x}{2y} = \frac{2x}{y} \times \frac{2y}{3x} = \frac{4xy}{3xy} = \frac{4}{3}$$

▌예제▐ 다음을 간단히 하여라.

(a) $\frac{4x+2}{x^2+4x+3} \times \frac{x+3}{7x+5}$ (b) $\frac{15}{(3x-1)} \div \frac{3}{(2x+1)}$

풀이 (a) 우선 인수분해를 하여 만약 공통인수가 있다면 이를 약분하고 곱셈을 하는 것이 좋을 것이다.

$$\frac{4x+2}{x^2+4x+3} \times \frac{x+3}{7x+5} = \frac{2(2x+1)}{(x+1)(x+3)} \times \frac{x+3}{7x+5}$$

$$= \frac{2(2x+1)(x+3)}{(x+1)(x+3)(7x+5)} = \frac{2(2x+1)}{(x+1)(7x+5)}$$

(b) 두 번째 분수를 역수로 하고 곱하여라.

$$\frac{15}{(3x-1)} \div \frac{3}{(2x+1)} = \frac{15}{(3x-1)} \times \frac{(2x+1)}{3}$$

$$= \frac{(5)(3)(2x+1)}{3(3x-1)} = \frac{5(2x+1)}{3x-1}$$

1.7 항등식과 미정계수법

1.7.1 항등식

등식에 포함된 문자(미지수)에 어떤 값을 주어도 항상 성립하는 식을 그 문자(미지수)에 관한 항등식이라고 한다.

key point

$$ax^2+bx+c=a'x^2+b'x+c'$$

이 x에 관한 항등식이기 위한 필요충분조건은

$a=a'$, $b=b'$, $c=c'$

예제 다음 등식이 x에 관한 항등식이 되도록 상수 a, b, c의 값을 정하여라.

$$x^2+36=ax(x-2)+b(x-2)(x+3)+cx(x+3) \qquad ①$$

풀이 우변을 전개하고 정리하여 등식을 고쳐 쓰면

$$x^2+36=(a+b+c)x^2+(-2a+b+3c)x-6b$$

항등식에 있어서 양변의 같은 차수의 항의 계수는 같으므로

$$\begin{cases} a+b+c=1 \\ -2a+b+3c=0 \\ -6b=36 \end{cases}$$

a, b, c에 관한 이 연립방정식을 풀면

$a=3$, $b=-6$, $c=4$

별해 등식 ①이 항등식이면 x에 어떤 값을 주어도 성립하므로, 우변의 각 항의 인수 x, $x-2$, $x+3$이 0이 되도록 x의 값을 $x=0$, $x=2$, $x=-3$과 같이 주면

$x=0$일 때 $36=-6b$ $\quad\therefore\ b=-6$

$x=2$일 때 $40=10c$ $\quad\therefore\ c=4$

$x=-3$일 때 $45=15a$ $\quad\therefore\ a=3$

$a=3$, $b=-6$, $c=4$

1.7.2 미정계수법

위와 같은 항등식의 성질을 이용하여 미지의 계수의 값을 정하는 방법을 미정계수법이라고 한다.

예제 등식 $\dfrac{3x}{x^3+1}=\dfrac{A}{x+1}+\dfrac{Bx+C}{x^2-x+1}$가 항등식이 되도록 상수 A, B, C의 값을 결정하여라.

풀이 양변에 분모의 최소공배수 x^3+1을 곱하면

$3x=A(x^2-x+1)+(Bx+C)(x+1)$

즉, $3x=(A+B)x^2+(-A+B+C)x+A+C$

$\therefore\ A+B=0$, $-A+B+C=3$, $A+C=0$ 이것을 연립시켜서 풀면

$A=-1$, $B=1$, $C=1$

1.7.3 조립젯법

x의 다항식 $P(x)=a_0x^3+a_1x^2+a_2x+a_3$를 일차식 $x-a$로 나눈 몫을 $Q(x)=b_0x^2+b_1x+b_2$, 나머지를 R이라고 하면

$$a_0x^3+a_1x^2+a_2x+a_3=(x-\alpha)(b_0x^2+b_1x+b_2)+R$$

$$= b_0x^3 + (b_0 - \alpha b_0)x^2 + (b_2 - \alpha b_1) + (R - \alpha b_2)$$

따라서 다음 관계가 성립한다.

$$a_0 = b_0,\ \ a_1 = b_1 - \alpha b_0,\ \ a_2 = b_2 - \alpha b_1,\ \ a_3 = R - \alpha b_2$$

이로부터 몫의 각 항의 계수와 나머지는 다음과 같이 된다.

$$b_0 = a_0,\ \ b_1 = a_1 + \alpha b_0,\ \ b_2 = a_2 + \alpha b_1,\ \ R = a_3 + \alpha b_2$$

위의 계산을 아래와 같은 형식으로 한다. 이와 같은 형식으로 몫의 각 항의 계수와 나머지의 값을 정하는 방법을 **조립제법**이라고 한다.

$$\begin{array}{cccc}
\underline{\alpha \,|} & & & \\
a_0 & a_1 & a_2 & a_3 \\
 & \alpha b_0 & \alpha b_1 & \alpha b_2 \\
\hline
b_0 & b_1 & b_2 & R
\end{array}$$

▌예제▐ $(x^3 - 2x^2 + 3x - 4) \div (x - 3)$을 조립제법으로 풀어라.

풀이

$$\begin{array}{r|rrrr}
3 & 1 & -2 & 3 & -4 \\
 & & 3 & 3 & 18 \\
\hline
 & 1 & 1 & 6 & 14
\end{array}
\qquad \therefore \begin{cases} \text{몫} : x^2 + x + 6 \\ \text{나머지} : 14 \end{cases}$$

위의 예에서 삼차다항식에 대한 조립제법을 생각하였으나 피젯수인 다항식의 차수에 제한없이 위와 같은 방법을 적용할 수 있다.

▌예제▐ 다항식 $P(x)$를 다항식 $A(x)$로 나눈 몫을 $Q(x)$, 나머지를 R라고 하면, $P(x)$를 $\dfrac{A(x)}{n}$로 나눈 몫과 나머지를 구하여라.

풀이 $P(x) \cdot Q(x) + R$

이므로 이를 다음과 같이 변형할 수 있다.

$$P(x) = \frac{A(x)}{n} \cdots nQ(x) + R$$

이는 $P(x)$를 $\dfrac{A(x)}{n}$로 나눈 몫은 $nQ(x)$, 즉 $Q(x)$의 배이고, 나머지는 R와 같다.

▌예제▐ $2x^3-x^2+2x+3$을 $2x-1$로 나눈 몫과 나머지를 구하여라.

(풀이) 조립제법을 하려면 나누는 젯수인 일차식의 x의 계수가 1이어야 하므로 $\frac{1}{2}(2x-1)$, 즉 $x-\frac{1}{2}$로 나눈다. 이 때 몫은 구하는 것의 2배이고 나머지는 변하지 않으므로 답은 다음과 같다.

몫 x^2+1, 나머지 4

$$\begin{array}{c|cccc} \frac{1}{2} & 2 & -1 & 2 & 3 \\ & & 1 & 0 & 1 \\ \hline & 2 & 0 & 2 & 4 \end{array}$$

몫 $2x^2+2$, 나머지 4

1.8 무리식

근호($\sqrt{\ }$)안에 문자가 들어 있는 식, 이를테면 $\sqrt{x^2+y^2}$, $\sqrt{x+3}$, $\sqrt{\frac{2x}{a^2-x^2}}$, $\frac{c}{\sqrt{a}-\sqrt{b}}$와 같은 식을 그 문자에 대한 무리식이라고 한다. 우리는 근호($\sqrt{\ }$)안이 양수인 경우만을 생각하기로 하면 다음을 알 수 있다.

key point

① $a>0$, $b>0$일 때 $\sqrt{a}\sqrt{b}=\sqrt{ab}$, $\frac{\sqrt{b}}{\sqrt{a}}=\sqrt{\frac{b}{a}}$

② $k>0$, $a>0$일 때 $\sqrt{k^2a}=k\sqrt{a}$

③ $\sqrt{a^2}=a$, $a\geq 0$

$-a$, $a<0$

즉, $\sqrt{a^2}=|a|$

▌예제▐ $\frac{2}{\sqrt{x+1}+\sqrt{x-1}}$를 간단히 하여라.

(풀이)
$$\frac{2}{\sqrt{x+1}+\sqrt{x-1}}\cdot\frac{\sqrt{x+1}-\sqrt{x-1}}{\sqrt{x+1}-\sqrt{x-1}}=\frac{2(\sqrt{x+1}-\sqrt{x-1})}{(x+1)-(x-1)}$$
$$=\frac{2(\sqrt{x+1}-\sqrt{x-1})}{2}$$

$$=\sqrt{x+1}-\sqrt{x-1}$$

▌예제▌ 다음 식을 간단히 하여라.

(a) $\sqrt{9+2\sqrt{18}}$ (b) $\sqrt{3-\sqrt{5}}$

풀이 (a) $x+y=9$, $xy=18$에서 $x=6$, $y=3$

$$\therefore\ \sqrt{9+2\sqrt{18}}=\sqrt{6}+\sqrt{3}$$

(b) $\sqrt{3-\sqrt{5}}=\sqrt{\dfrac{6-2\sqrt{5}}{2}}=\dfrac{\sqrt{6-2\sqrt{5}}}{\sqrt{2}}$

$x+y=6$, $xy=5$, $x>y$에서 $x=5$, $y=1$

$$\therefore\ \sqrt{3-\sqrt{5}}=\frac{\sqrt{5}-1}{\sqrt{2}}=\frac{\sqrt{10}-\sqrt{2}}{2}$$

▌예제▌ $x=\dfrac{\sqrt{3}}{2}$ 일 때 $\dfrac{\sqrt{1+x}+\sqrt{1-x}}{\sqrt{1+x}-\sqrt{1-x}}$ 의 값을 구하여라.

풀이 $\sqrt{1\pm x}=\sqrt{1\pm\dfrac{\sqrt{3}}{2}}=\sqrt{\dfrac{2\pm\sqrt{3}}{2}}=\sqrt{\dfrac{4\pm2\sqrt{3}}{4}}=\dfrac{\sqrt{3}\pm1}{1}$ (복호동순)

$$\therefore\ \frac{\sqrt{1+x}+\sqrt{1-x}}{\sqrt{1+x}-\sqrt{1-x}}=\frac{\dfrac{\sqrt{3}+1}{2}+\dfrac{\sqrt{3}-1}{2}}{\dfrac{\sqrt{3}+1}{2}-\dfrac{\sqrt{3}-1}{2}}=\frac{\sqrt{3}}{1}=\sqrt{3}$$

연 습 문 제

1. 수직선 위에 $-\frac{1}{2}$보다 크거나 같고 $\frac{3}{4}$보다 작은 수를 표시하여라.

2. 다음과 같이 표시된 저항에서 허용치를 고려하여 최대값과 최소값을 구하여라.

(a) 35[Ω]±5[%] (b) 470[Ω]±10[%]

3. $x(-y)$와 $x-y$의 차이점을 설명하여라.

4. 다음의 식을 간단히 하여라.

(a) $\dfrac{a^{11}}{a^4}$ (b) $(a^b)^4$ (c) $\dfrac{a^7 \times a^{-13}}{a^{-5}}$ (d) $\dfrac{y^6 y^{-3} y^{0.5}}{y^{-2} y^7}$

(e) $(3a^2b)(2a^3b^2)$ (f) $(a^4b^3)(7a^{-2}b^{-1})$ (g) $(-2y)(-3y^2)(-4y^{-2})$

5. $\sqrt{a^5}$을 지수로 표현하여라.

6. 4320과 0.0065를 과학적 표현으로 바꾸어라.

7. 다음의 식을 인수분해 하여라.

(a) x^2+8x-9 (b) $x^2+9x-22$ (c) $x^2+10x+9$ (d) $x^2+7x+12$

(e) $3x^3+17x^2+11x$ (f) $\alpha^2-\beta^2$ (g) $144\alpha^2-49\beta^2$

8. 다음의 식을 간단히 하여라.

(a) $\dfrac{5x}{25x+10y}$ (b) $\dfrac{8r^3}{4\pi r^2}$ (c) $\dfrac{x+2}{x^2+3x+2}$ (d) $\dfrac{3}{11} \times \dfrac{x}{y}$

(e) $3\times\dfrac{x}{11(x+y)}$ (f) $\dfrac{x+2}{x^2+9x+20}\times\dfrac{x+5}{x+2}$ (g) $\dfrac{5}{7y}+\dfrac{2x}{3}$

9. 다음의 분수식을 계산하여라.

(a) $\frac{3}{x-4}-\frac{2}{(x-4)^2}$ (b) $2x-1+\frac{4}{x}+\frac{3}{2x+1}$

(c) $\frac{1}{u}+\frac{1}{v}$ (d) $\frac{1}{u}+\frac{1}{v}$

(e) $\frac{1}{s}+\frac{1}{s^2}$ (f) $-\frac{6}{s+3}-\frac{4}{s+2}+\frac{3}{s+1}+2$

10. $V=r_1{}^2+r_2{}^2$에서 $r_1=0.1$, $r_2=0.05$일 때 V를 구하여라.

11. $p=\frac{c}{\sqrt{t}}$를 t에 관하여 정리하여라.

12. $L=\frac{\mu N^2 A}{l}$를 N에 관하여 정리하여라.

제 2 장 함 수

2.1 함수의 기본 개념

2.1.1 함 수

함수(function)는 입력(input)에 작용하여 출력(output)을 생성해 내는 대응이라고 할 수 있다. 이는 그림 2-1에서와 같이 두 가지 방식으로 표현할 수 있다.

첫번째 방식은 입력과 출력을 나타내는 상자로 구성된 블록선도(block diagram)를 사용하는 것이며 상자 안에 대응관계를 적어 넣는다.

두번째 방식은 두 집합(sets)을 이용하는 것으로 하나는 입력을, 또 다른 하나는 출력을 의미한다. 화살표는 입력과 출력간의 관계를 보여준다.

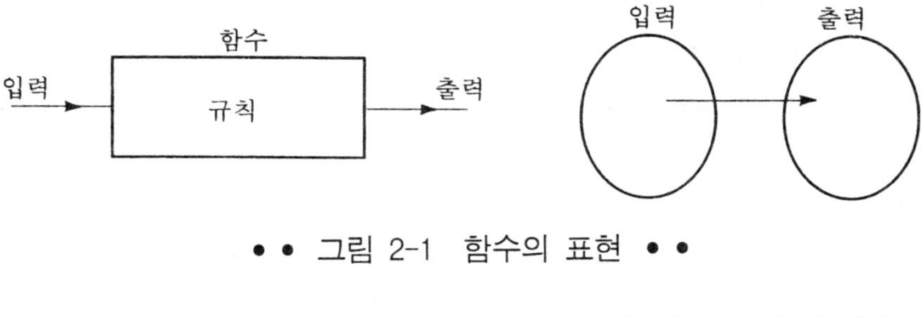

•• 그림 2-1 함수의 표현 ••

어떤 규칙이 함수가 되기 위해서는 주어진 입력에 단 하나의 출력을 만들어야 한다.

"입력을 3배로 하라"는 규칙의 함수는 그림 2-2와 같으며 입력 4를 넣으면 12를 출력하고 이를 일반화하면 입력 x는 출력 $3x$가 되는 것이다.

함수를 f로 표기하면 $f(x)=3x$가 되고 간단히 $f=3(x)$로 쓴다.

key point

함수는 하나의 주어진 입력에 대하여 하나의 출력을 내는 규칙을 가진다.

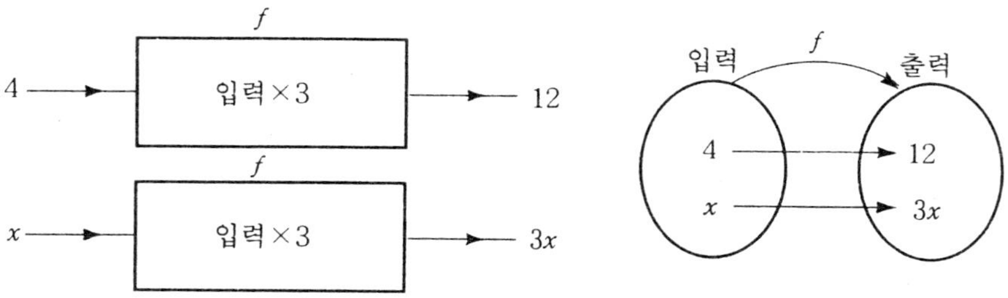

• • 그림 2-2 $f(x)=3x$ • •

그림 2-2는 입력값에 대하여 단지 하나의 출력값 만이 존재한다는 것을 나타냄으로서 함수이다.

2.1.2 함수의 변수

변수(argument)는 변하는 값을 의미하고 다른 변수와 관계없이 나타나는 독립변수와 다른 변수에 영향을 받은 종속변수가 있다.

예를 들어, 함수 $g(t)=3t+2$일 경우, 독립변수 t가 2일 경우 종속변수 $g(t=2)$, 간략하게 $g(2)$은 8이 된다.

▌예제▐ $f(x)=3x+1$의 경우, 다음 값을 구하여라.

(a) $f(2)$ (b) $f(-1)$ (c) $f(6)$

풀이 (a) 독립변수가 2인 경우, 출력은 $f(2)=3\times2+1=7$

(b) 독립변수가 -1인 경우, 출력은 $f(-1)=3\times(-1)+1=-2$

(c) $f(6)=3\times(6)+1=19$

▌예제▐ $y(x)=3x+2$의 경우 다음을 구하여라.

(a) $y(t)$ (b) $y(2t)$ (c) $y(z+2)$

(d) $y(5x)$ (e) $y\left(\frac{t}{\alpha}\right)$

(풀이) 이 함수는 입력에 3을 곱하고 2를 더하는 것이다.

(a) 독립변수가 t이며, $y(t)=3t+2$

(b) 독립변수가 $2t$이며, $2t$를 x에 대입하면 $3(2t)+2=6t+2$

(c) 독립변수가 $z+2$이며, $y(z+2)=3(z+2)+2=3z+8$

(d) 독립변수가 $5x$이므로 $y(5x)=3(5x)+2=15x+2$

(e) 독립변수가 $\frac{t}{\alpha}$이므로 $y\left(\frac{t}{\alpha}\right)=3\left(\frac{t}{\alpha}\right)+2=\frac{3t}{\alpha}+2$

2.2 함수 그래프

2.2.1 함수의 그래프

$f(x)=2x$의 경우, 출력값은 입력값에 2를 곱하여 얻어지며 다양한 입력값을 대입하여 그에 따른 출력값을 얻을 수 있다. -2와 2사이의 정수를 대입하면 표 2-1에서와 같은 결과를 얻을 수 있다.

표 2-1

입력	−2	−1	0	1	2
출력	−4	−2	0	2	4

이 함수의 그래프를 그리기 위해서는 우선 두 축(axes)(수직축과 수평축)을 그린다. 그림 2-3과 같이 이 두 축은 직각을 이루고 두 축은 원점에서 교차한다.

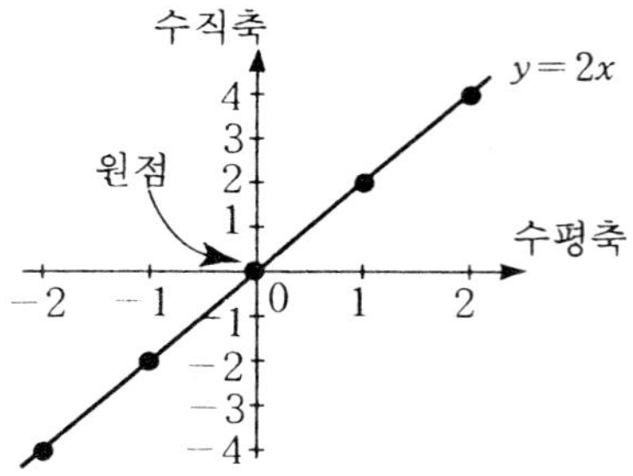

• • 그림 2-3 표 2-1의 그래프($y=2x$) • •

입력값과 출력값은 그래프상의 한 점이고 입력값은 수평축에 출력값은 수직축에 나타낸다. 수평축은 x축, 수직축을 y축으로 하면 $y=f(2x)=2x$, 간략하게 $y=2x$라고 한다.

입력값 x와 출력값 y는 그림 2-3과 같이 하나의 점으로 표시할 수 있고 그 점을 좌표 (x, y)라고 표현하고 좌표들을 연결하면 그래프는 직선이 된다.

key point

$y=f(x)$에서 x는 독립변수이고 y는 종속변수이다. x값의 집합은 그 함수의 **정의역**(domain)이고, y값의 집합은 **치역**(値域 : range)이다.

예제 $f(x)=x^2+2$, $-3 \le x \le 3$의 경우, 다음 질문에 답하여라.

(a) 정의역을 구하여라.

(b) 입력값과 출력값을 표로 작성하여라.

x	-3	-2	-1	0	1	2	3
x^2+2		6		2			

(c) 함수의 그래프를 그려라.

(d) 치역을 구하여라.

풀이 (a) 함수 $f(x)$의 정의역은 x의 값의 집합이다. 구간으로 표현하면 $[-3, 3]$

(b) 몇 개의 값들이 이미 제시되어 있다. 표를 완성하면 다음과 같다.

x	-3	-2	-1	0	1	2	3
x^2+2	11	6	3	2	3	6	11

(c)

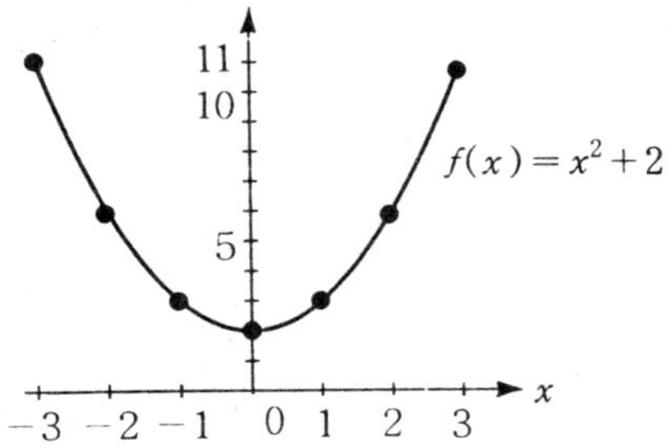

• • 그림 2-4 $f(x)=x^2+2$의 그래프 • •

(d) 치역은 다양한 x값에 따른 함수값의 집합이며 구간으로 표현하면 [2, 11]

2.2.2 직 선

(1) 직선 방정식

1차식(linear function)의 $ax+by+c=0$(a, b, c는 상수)은 직선을 의미하기 때문에 직선(straight line)방정식이라 한다.

> **key point**
> 모든 직선방정식은 다음의 형태로 표현된다.
> $f(x)=ax+b$, a는 x의 **계수**(coefficient)이고, b는 **상수항**(cons-tant term)이다. 또는 $y=ax+b$로 나타낸다.

$y=ax+b$의 경우 a가 양수이면 왼쪽에서 오른쪽 위로 향하는 그래프가 되고 a의 값이 커질수록 그래프의 경사는 가파르다. 또한 음수 a는 왼쪽 위에서 오른쪽 아래로 향하는 그래프를 만든다.

a가 0 즉, 기울기가 0인 경우는 직선은 수평이 되고 동일한 기울기를 갖는 직선을 **평행선**(parallel lines)이라 한다.

그림 2-5는 $y = ax + b$의 그래프이며, 기울기 a가 다양한 경우의 그래프이다.

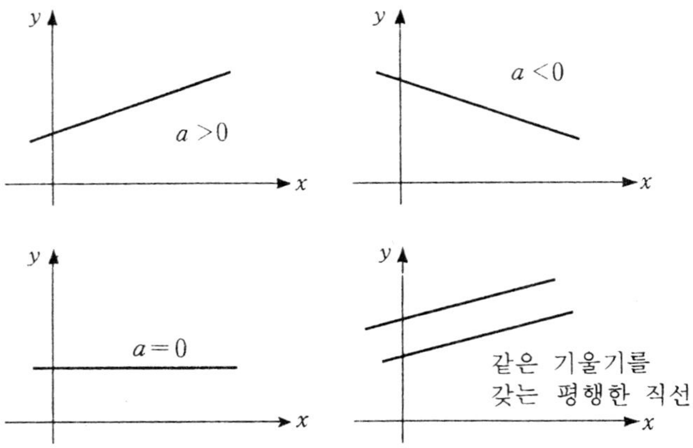

•• 그림 2-5 a의 값이 다양한 $y = ax + b$의 그래프 ••

key point

직선방정식 $y = ax + b$에서 a는 그래프의 기울기를, b는 y절편을 나타낸다.

▌예제▌ $-2 \leq x \leq 2$일 때 (a) $y = 4x - 3$, (b) $y = 4x$, (c) $y = 4x + 5$의 그래프를 그려라.

풀이 우선 각 함수마다 두 개의 점을 찾는다.

(a) $y = 4x - 3$인 경우 $(0, -3)$, $(2, 5)$을 설정하여 두 점을 연결하면 그림 2-6이 된다.

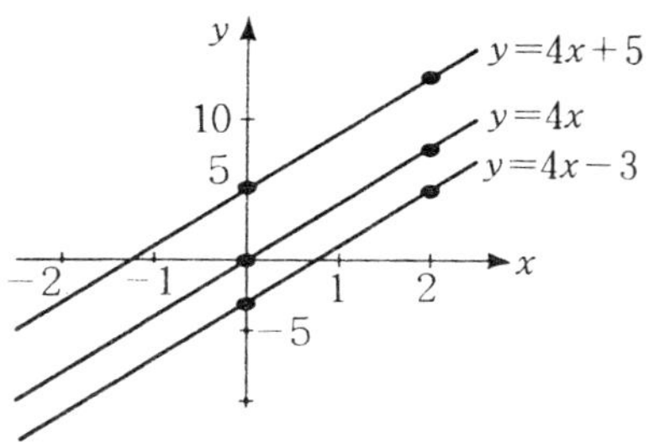

•• 그림 2-6 상수항의 변화에 따른 그래프 ••

(b) $y=4x$인 경우 (0, 0), (2, 8)을 연결한다.

(c) $y=4x+5$인 경우에는 (0, 5), (2, 13)을 연결하면 그림 2-6과 같다.

예제 $y=3x+3$, $y=5x+3$, $y=-2x+3$의 그래프를 그려라.

풀이 위 3개의 식은 동일한 상수항 3을 가지며 모든 직선은 y절편 (0, 3)을 지난다. 또 다른 한 점을 설정하여 그리면 그림 2-7과 같다.

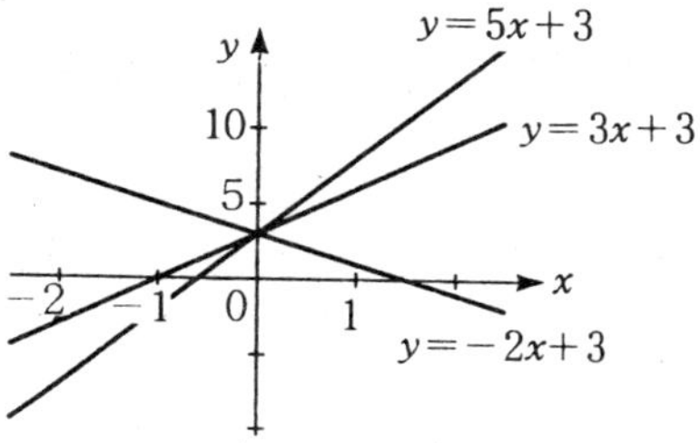

• • 그림 2-7 동일한 y절편을 갖고 기울기가 다른 그래프 • •

(2) 두 점이 주어진 직선 방정식

두 점이 주어졌을 경우에 그래프의 기울기(gradient)를 알아낼 수 있다. 그림 2-8에서 $A(x_1,\ y_1)$, $B(x_2,\ y_2)$가 주어졌을 경우, A와 B사이의 y좌표의 거리(수직거리)는 y_2-y_1이고 두 지점간의 x좌표의 거리(수평거리)는 x_2-x_1이다. 그래프의 기울기는 다음과 같다.

$$\text{기울기}=\frac{\text{수직 거리}}{\text{수평 거리}}=\frac{y\text{의 값의 증가량}}{x\text{의 값의 증가량}}$$

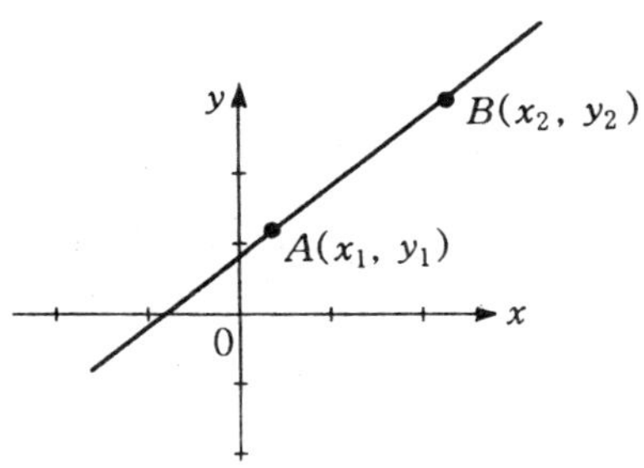

• • 그림 2-8 $A(x_1,\ y_1)$, $B(x_2,\ y_2)$인 좌표 • •

key point

$A(x_1, y_1)$와 $B(x_2, y_2)$를 연결한 직선의 기울기는 다음과 같다.

$$\text{기울기} = \frac{\text{수직 거리}}{\text{수평 거리}} = \frac{y_2 - y_1}{x_2 - x_1}$$

key point

$A(x_1, y_1)$, $B(x_2, y_2)$를 지나는 직선의 방정식은 다음과 같다.

$$\frac{y - y_1}{y_2 - y_1} = \frac{x - x_1}{x_2 - x_1}$$

▌예제▐ 다음 두 점을 연결하는 직선의 기울기를 구하여라.

(a) $A(0, 3)$, $B(4, 5)$

(b) $A(-1, 4)$, $B(2, 1)$

풀이 (a) $\text{기울기} = \frac{y_2 - y_1}{x_2 - x_1} = \frac{5-3}{4-0} = \frac{1}{2}$

(b) $\text{기울기} = \frac{y_2 - y_1}{x_2 - x_1} = \frac{1-4}{2-(-1)} = -1$

▌예제▐ 기울기가 11이고, 좌표 (2, 3)을 지나가는 직선의 방정식을 구하여라.

풀이 기울기가 11이므로 $y = 11x + c$

직선방정식에 $x = 2$, $y = 3$을 대입하면

$3 = 11(2) + c$에서 $c = -19$

직선방정식은 $y = 11x - 19$

▌예제▐ $A(-7, 11)$, $B(1, 3)$을 지나는 직선방정식을 구하여라.

풀이 $x_1 = -7$, $x_2 = 1$과 $y_1 = 11$, $y_2 = 3$를 식에 대입하면

$$\frac{y - y_1}{y_2 - y_1} = \frac{x - x_1}{x_2 - x_1} = \frac{y - 11}{3 - 11} = \frac{x + 7}{1 + 7}$$

이를 정리하면

$y = 4 - x$

2.2.3 두 점 사이의 거리

key point

> 두 점 $A(x_1, y_1)$, $B(x_2, y_2)$사이의 거리 (L)는 다음과 같다.
>
> 거리 $=\sqrt{(x_2-x_1)^2+(y_2-y_1)^2}$

▌예제▐ $A(-7, 11)$, $B(1, 3)$ 사이의 거리를 구하여라.

풀이 거리 $=\sqrt{(x_2-x_1)^2+(y_2-y_1)^2}=\sqrt{128}$

2.3 합성함수

그림 2-9는 두 함수 $g(x)=x^2$, $h(x)=3x+5$의 블럭선도이다.

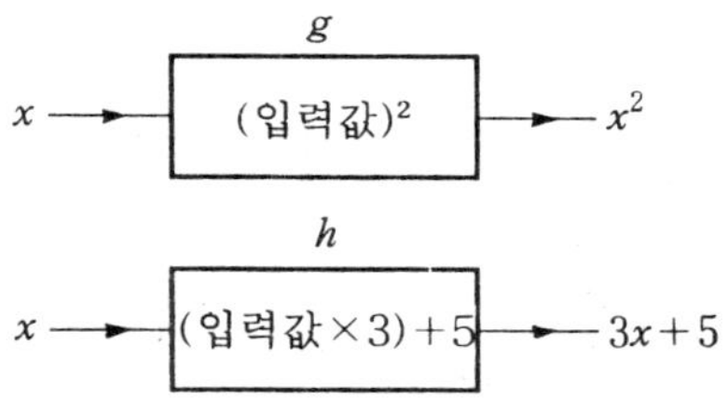

• • 그림 2-9 함수 g와 h의 블럭선도 • •

그림 2-10은 두 블록선도를 직렬로 연결하면 g함수의 출력이 h함수의 입력이 되는 것을 보여준다.

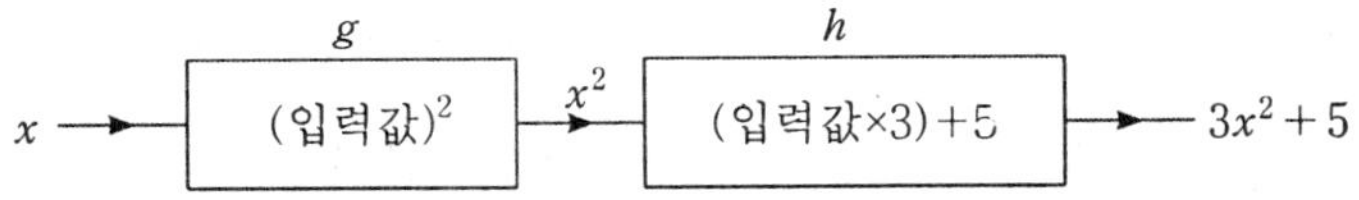

• • 그림 2-10 합성함수 $h(g(x))$ • •

g의 입력이 x일 때, 합성된 함수의 출력은 $3x^2+5$이며 g의 출력이 h의 입력이기 때문에 다음과 같이 쓸 수 있다.

$$h(g(x)) = h(x^2) = 3x^2 + 5$$

$h(g(x)) = (h \cdot g)(x)$로 나타내며 $h \cdot g$을 함수 g와 h의 합성함수(composi-tion of function)라 한다. 그림 2-11은 h를 먼저 적용한 형태이다.

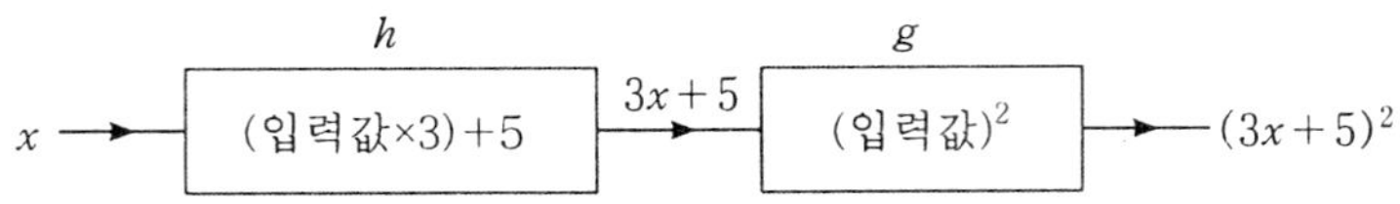

• • 그림 2-11 두 함수의 합성 $g(h(x))$ • •

h에 x를 입력하면 출력은 $(3x+5)^2$이다.

$$g(h(x)) = (3x+5)^2$$

$h(g(x))$와 $g(h(x))$는 다르다는 것을 주의해야 한다.

▌예제▐ $g(t) = 3t + 2$, $h(t) = t + 3$일 경우, 다음과 같은 합성함수를 구하여라.

(a) $g(h(t))$ (b) $h(g(t))$

풀이 (a) $g(h(t)) = g(t+3)$

g의 규칙은 "입력을 3배하고 2를 더하라"는 것이므로

$g(t+3) = 3(t+3) + 2 = 3t + 11$

(b) $h(g(t)) = h(3t+2) = 3t + 5$

$h(g(t)) \neq g(h(t))$임을 알 수 있다.

2.4 함수의 매개 변수

두 개 이상의 종속변수가 동일한 독립변수를 가질 때 그 독립변수를 매개변수(parametric variation)라고 한다. 독립변수 t를 매개변수로 하는 x, y함수

$$x = 4t, \ y = 2t^2, \ -1 \leq t \leq 1 \qquad (1)$$

-1과 1사이의 변수인 t의 값에 따라 x와 y값이 정해진다. 예를 들어 $t = 1$인

경우 $x=4(1)$, $y=2\times(1^2)$가 된다. 다시 말해 $t=1$인 경우, 좌표 (4, 2)가 된다.

표 2-2

t	-1	-0.5	0	0.5	1
x	-4	-2	0	2	4
y	2	0.5	0	0.5	2

그림 2-12는 (1)의 그래프이며 그래프의 화살은 증가하는 t의 방향이고 매개변수로 된 식을 합성함수를 사용하여 $y=f(x)$형태로 바꿀 수 있다.

$x=4t$, $t=\dfrac{x}{4}$ 이므로

$$y=2t^2=2\left(\frac{x}{4}\right)^2=\frac{2x^2}{16}=\frac{x^2}{8}$$

이 관계식은 x를 대입하여 y값을 얻을 수 있다.

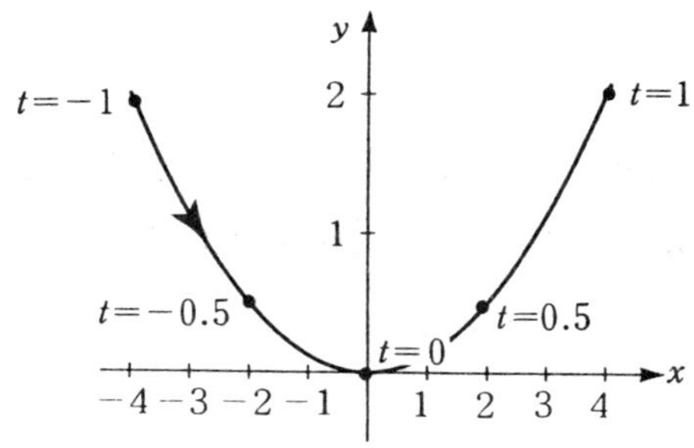

•• 그림 2-12 매개변수 함수 그래프[$x=4t$, $y=2t^2$, $-1\le t\le 1$] ••

▮ 예제 ▮ $x=\dfrac{1}{2}\left(t+\dfrac{1}{t}\right)$, $y=\dfrac{1}{2}\left(t-\dfrac{1}{t}\right)$, $1\le t\le 8$ 함수가 있을 때,

(a) 이 함수의 값을 표로 작성하여라.

(b) 이 함수의 그래프를 그려라.

풀이 (a) 표에 이미 부분적으로 값이 주어져 있다. 표를 완성하여라.

t	1	2	3	4	5	6	7	8
x	1	1.25	1.67					4.06
y	0	0.750.5						3.94

(b) 그래프의 화살은 증가하고 있는 t의 방향을 표시.

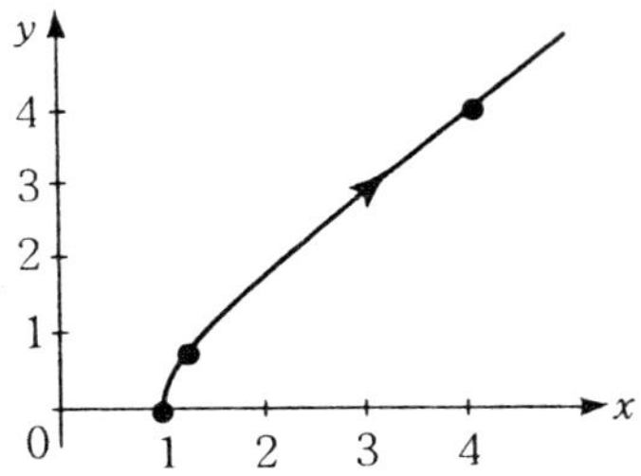

• • 그림 2-13 $x=\frac{1}{2}\left(t+\frac{1}{t}\right)$, $y=\frac{1}{2}\left(t-\frac{1}{t}\right)$, $1\le t\le 8$의 그래프 • •

매개변수를 소거하여 $x^2-y^2=1$이 되도록 할 수 있다.

2.5 연속함수

그림 2-14 (a)의 곡선은 왼쪽에서 오른쪽까지 끊어짐 없이 그려져 있는 함수를 연속함수(continuous function)라 하고 반면에 (b)의 곡선과 같이 끊어져 있는 함수를 불연속함수(discontinuous function)라 부른다.

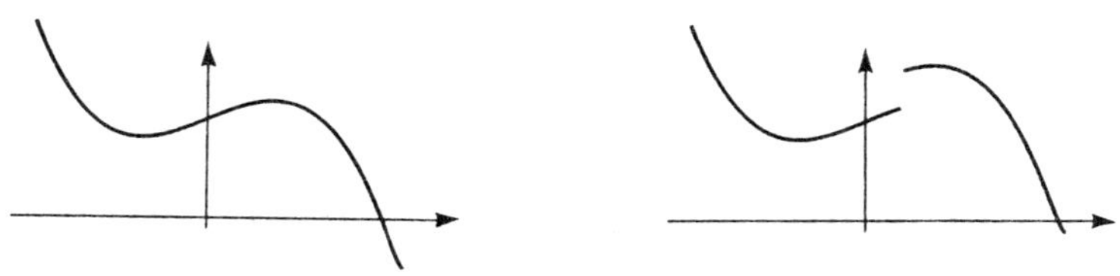

(a) 연속함수 (b) 불연속함수

• • 그림 2-14 • •

▌예제▐ 다음과 같이 정의된 어떤 함수가 있다. 그래프를 그리고 설명하여라.

$$f(x) = \begin{cases} 3, & x < 0 \\ x^2, & x \geq 0 \end{cases}$$

풀이 그림 2-15는 위 문제 함수의 그래프이다. ●는 끝점을 포함한다는 표시로서 사용하고 ○는 끝점을 제외한다는 표시이다.

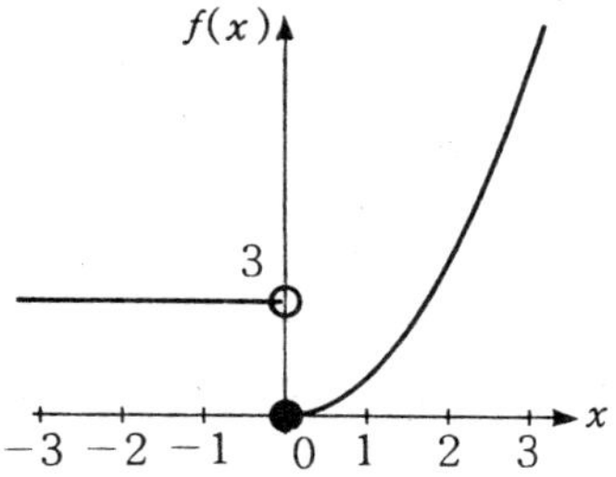

• • 그림 2-15 불연속함수 • •

2.5.1 함수의 극한

그림 2-15에서 x가 0에 접근함에 따라 $f(x)$는 어떤 값에 접근하고 있는가? 이런 물음은 x가 0일 때 $f(x)$의 값이 무엇인가라는 질문과는 분명히 다른 것임을 유의하여라.

x가 우측에서 0으로 점점 다가감에 따라 $f(x)$의 값도 0에 가까워진다. 이것을 기호화하면 다음과 같이 쓰고 " x가 우측에서 0으로 갈 때, $f(x)$의 우극한 값은 0이다"라고 읽는다.

$$\lim_{x \to 0^+} f(x) = 0$$

lim밑에 붙어있는 위첨자 "+"표시는 우측에서 0으로 접근해감을 뜻하기 위해 사용한다.

x가 좌측에서 0으로 접근해 갈 때 $f(x)$의 값은 3이므로 $\lim_{x \to 0^-} f(x) = 3$이라고 쓰고 " x가 좌측에서 0으로 갈 때 $f(x)$의 좌극한값은 3이다"라고 읽고 "−"표시는 좌측에서 0으로 접근해간다는 것을 의미한다.

$x=a$에서 $f(x)$의 우극한값과 좌극한값이 일치할 경우 $f(x)$의 극한이 존재하고 우극한값(=좌극한값)을 극한값이라 하고 기호는 $\lim_{x \to a} f(x)$을 사용한다.

① $x \to a^+$일 때 $f(x)$의 우극한값은 b이다. 즉, $\lim_{x \to a^+} f(x) = b$

② $x \to a^-$일 때 $f(x)$의 좌극한값은 c이다. 즉, $\lim_{x \to a^-} f(x) = c$

③ $x \to a$일 때 $f(x)$의 극한값은 b이다.
즉, $\lim_{x \to a+} f(x) = \lim_{x \to a-} f(x) = \lim_{x \to a} f(x) = b$

▌예제▐ 그림 2-15의 함수를 보고 (a) $f(3)$, (b) $\lim_{x \to 3^+} f(x)$, (c) $\lim_{x \to 3^-} f(x)$를 구하여라.

$$f(x) = \begin{cases} 3, & x < 0 \\ x^2, & x \geq 0 \end{cases}$$

(풀이) (a) $f(3) = 9$

(b) x가 우측에서 0으로 접근할 때 y는 어떤 값으로 접근하는가에 대한 물음과 같다. 답은 9.

(c) x가 좌측에서 3으로 접근할 때 y는 어떤 값으로 접근하는가에 대한 물음과 같다. 답은 9.

이 함수에서는 우극한, 좌극한이 모두 같다. 그러므로 다음과 같이 나타낸다.

$\lim_{x \to 3} f(x) = 9$

2.5.2 연속함수

함수 $f(x)$가 $x=a$에서 극한값을 가지며 그 극한값이 $f(a)$와 일치한다면 그 함수는 $x=a$인 점에서 연속이라고 한다.

즉, $\lim_{x \to a^+} f(x) = \lim_{x \to a^-} f(x) = f(a)$

모든 x에 대하여 연속이면 $f(x)$를 연속함수라 하고, 연속이 아닌 함수를 불연속함수라고 한다.

key point

함수 $f(x)$는 $x = a$에서 연속이다.

$$\lim_{x \to a^+} f(x) = \lim_{x \to a^-} f(x) = f(a)$$

2.5.3 주기함수

일정한 간격을 두고 같은 그래프가 반복되는(cycle) 그래프의 함수를 **주기함수**라고 한다. 반복이 일어나는 간격을 함수의 주기(period)라고 하며 T로 표시한다.

예제 그림 2-16은 주기함수이다. x축은 t로 표시되고, 각 눈금은 1/1000초 단위로 한다.

(a) 이 함수의 주기를 구하여라.

(b) 1초에 몇 cycle이 나타나는가?

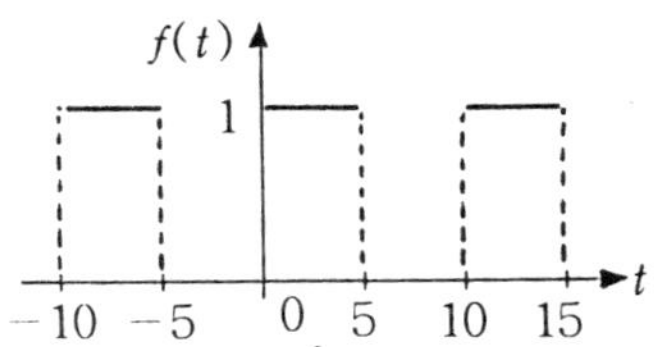

•• 그림 2-16 주기함수 ••

풀이 (a) 10[ms] (b) 100

2.5.4 우함수와 기함수

함수의 그래프가 y축을 중심으로 대칭을 이루는 함수를 **우함수**(even function), 원점을 중심으로 대칭인 함수를 **기함수**(odd function)라고 한다. 우함수와 기함수는 다음과 같은 특성을 가진다.

key point

① 우함수는 모든 x에 대해 $f(-x)=f(x)$인 함수이다.
우함수의 그래프는 y축에 대칭이다.

② 기함수는 모든 x에 대해 $f(-x)=-f(x)$인 함수이다.
기함수의 그래프는 원점에 대해 대칭이다.

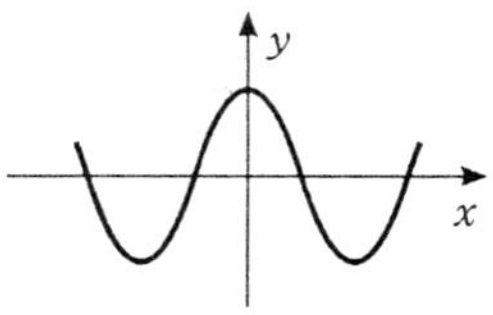

(a) cos(우함수)

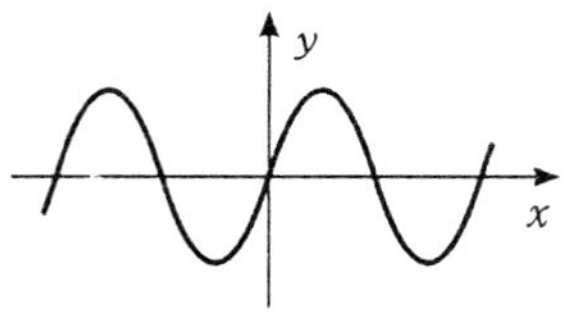

(b) sin(기함수)

•• 그림 2-17 주기함수 ••

2.6 공학함수

2.6.1 절대함수

절대값(absolute value)은 부호와 상관없는 수의 크기이며, 예로서 -7의 절대값은 7이고 마찬가지로 $+7$의 절대값은 7이다. 절대함수(absolute function)의 출력은 입력의 절대값으로 한다. 그림 2-18은 $f(x)=|x|$를 나타내고 연속함수가 된다.

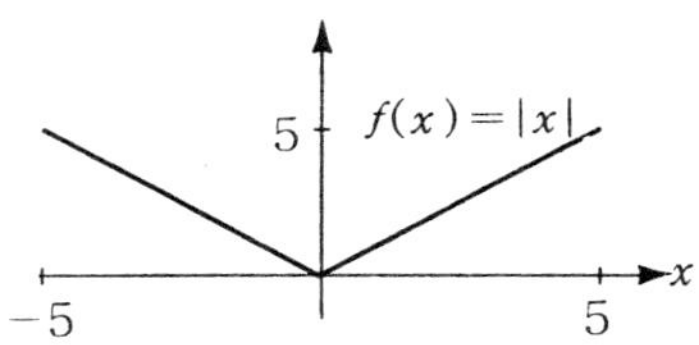

•• 그림 2-18 절대함수 ••

그림 2-18의 경우, x가 양수이면 그래프는 $y=x$인 경우이고 x가 음수이면,

$y=-x$인 경우이므로 다음과 같이 절대함수를 쓸 수 있다.

$$f(x)=|x|=\begin{cases} x, & x \geq 0 \\ -x, & x<0 \end{cases}$$

예제 $-3 \leq x<5$일 때, $f(x)=|x-2|$의 값의 표를 작성하고, 이 함수의 그래프를 그려라.

풀이 다음 표를 완성하여라.

x	−3	−2	−1	0	1	2	3	4	5
$f(x)$	5		3	2		0			

그래프는 그림 2-19와 같다. 그래프에 나머지 구한 값을 그려라.

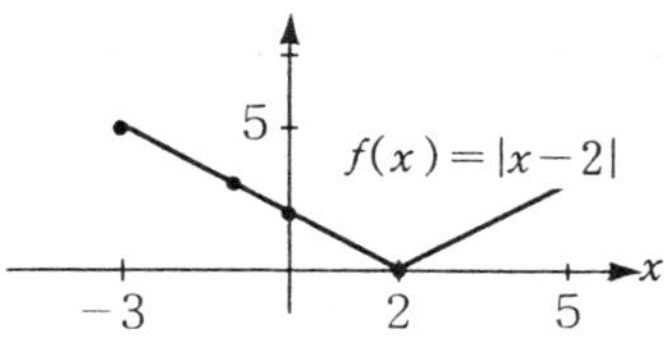

• • 그림 2-19 • •

2.6.2 계단함수

key point

계단함수는 다음과 같다.

$$u(t)=\begin{cases} 1, & t \geq 0 \\ 0, & t<0 \end{cases}$$

위 함수는 두 부분으로 나누어지며, 한 부분은 t가 0과 같거나 클 경우, 다른 한 부분은 t가 0보다 작을 경우이다. 그림 2-20은 단위계단함수(unit step fun-ction)의 그래프를 나타내고 있다.

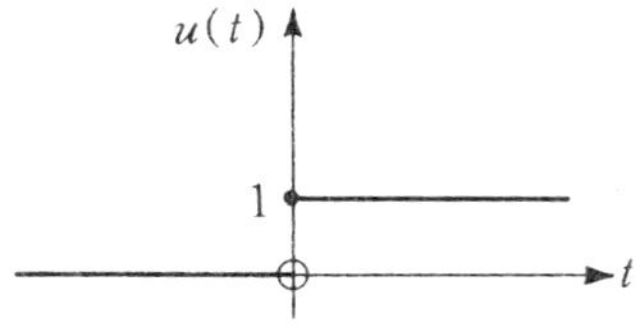

• • 그림 2-20 단위계단함수 • •

그림 2-21은 $u(t-d)$의 그래프의 불연속점의 위치를 왼쪽에서 오른쪽으로 이동한 것이다.

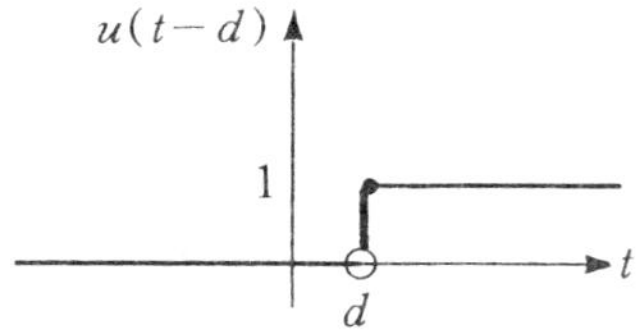

• • 그림 2-21 $u(t-d)$의 그래프 • •

그림 2-20과 그림 2-21의 함수는 0 또는 1의 값을 가지며, 그림 2-22는 함수값 2, 0을 가지는 계단함수이다. 함수값을 다르게 한다든지 그림 2-22와 같이 불연속점의 위치를 이동시킴으로 해서 다양한 계단함수를 정의할 수 있다.

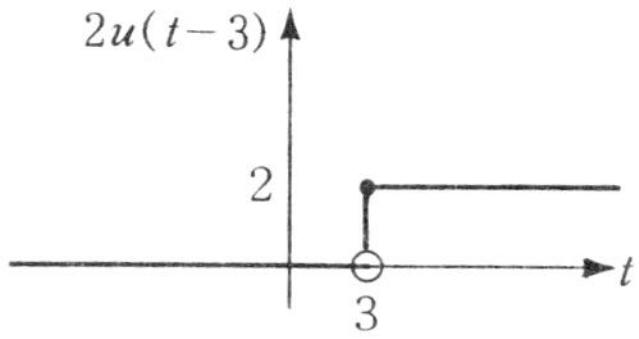

• • 그림 2-22 $2u(t-3)$의 그래프 • •

2.6.3 델타함수 또는 단위 임펄스 함수 $\delta(t)$

그림 2-23의 직사각형 모양의 함수 $R(t)$의 경우, 직사각형은 너비가 h이고 높이가 $\frac{1}{h}$이다. 그러므로 직사각형의 면적이 1이다.

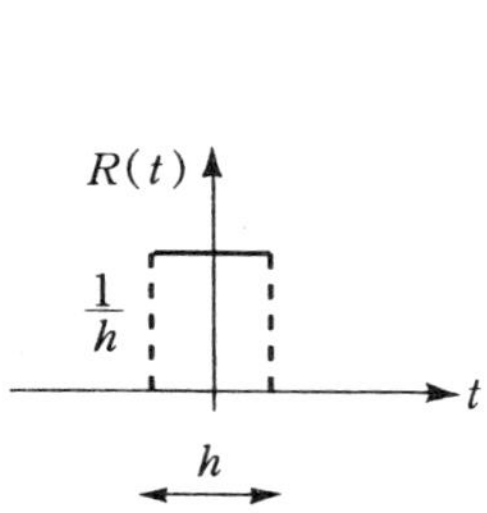

•• 그림 2-23 넓이 h와 높이 $\frac{1}{h}$의 직사각형 모양의 함수 ••

그림 2-23은 임펄스 함수(impulse function) 즉 델타 함수(delta function ; $\delta(t)$)로서 직사각형의 높이가 커지면 h는 점점 더 작아져 전체적인 면적은 항상 1의 값을 가질 때 얻어진다.

따라서 $\delta(t)=0$은 h가 0에 접근하게 하는 직사각형 함수이다.

함수 $k\delta(t)$는 k지역을 둘러싸고 있어서 강도 k의 임펄스로 불린다.

무한하게 큰 값은 그래프에서 취급하기 어려워 델타함수는 그림 2-24와 같이 표현되며, 화살표의 높이는 임펄스의 강도를 나타낸다.

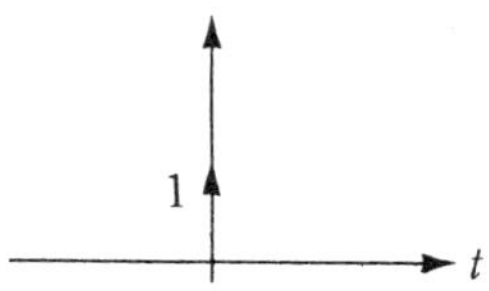

•• 그림 2-24 화살표의 임펄스 ••

델타함수의 위치는 왼쪽에서 오른쪽으로 이동할 수 있다. $\delta(t-d)$는 $t=d$일 때 일어나는 임펄스이다.

연 습 문 제

1. 만약 $F(s)=\dfrac{1}{s+1}$ 의 함수가 있을 때 다음을 구하여라.

(a) $F(s-1)$ (b) $F(s+1)$ (c) $F(s^2+\omega^2)$

2. $-4\leq x\leq 4$ 의 구간에서 함수 $y=x^2$과 $y=-x^2$의 그래프를 그려라.
그리고 함수의 변역과 치역을 설명하여라.

3. $y=7x+1$와 $y=7x+2$의 그래프를 같은 용지에 그려라. 두 개의 그래프 상에서 유사성을 설명하여라.

4. 다음 함수의 그래프를 그려라.

$f(x)=(x-2)(x+4)$

그리고 이 함수의 치역은 얼마인가?

5. $f(x)=\dfrac{x-3}{x+1}$과 $g(x)=\dfrac{1}{x}$일 때 $g(f(x))$를 구하여라.

6. 만약 $f(x)=x+9$, $g(x)=3-x^2$, $h(x)=1+2x$로 주어지는 함수에서 다음의 값을 구하여라.

(a) $g(f(x))$ (b) $h(g(f(x)))$ (c) $f(h(g(x)))$ (d) $f(f(x))$

7. $y(x)=x^2+3$과 $z(x)=\sqrt{x}$ 로 주어지면 $y(z(x))$와 $z(y(x))$의 값을 구하여라.

8. 만약 $r(t)=2t+3$이고 $s(t)=7t^2-t$ 일 때 다음의 값을 구하여라.

(a) $r(s(t))$ (b) $s(r(t))$

9. 만약 $f(x)=\dfrac{1}{x-3}$ 과 $g(x)=\dfrac{1}{x+3}$ 로 주어질 때 다음의 값을 구하여라.

(a) $f(g(x))$ (b) $g(f(x))$ (c) $f(f(x))$

10. $f(x)=\dfrac{2}{x}$ 와 $g(x)=7-x$ 일 때 $g(f(x))$의 값을 구하여라.

그리고 $g(f(x))$의 변역은 얼마인가?

11. $x=3t,\ \ y=9t^2$인 방정식에서 다음을 구하여라.

(a) 이 함수의 그래프를 그려라.

(b) x의 항에서 y에 대하여 표현하여라.

12. 다음의 함수를 그려라.

$$f(x)=\begin{cases} x^2 & x<0 \\ x+2 & 0\le x\le 2 \\ 4 & x>2 \end{cases}$$

그리고 다음을 구하여라.

(a) $\lim\limits_{x\to 0^-} f(x)$ (b) $\lim\limits_{x\to 0^+} f(x)$ (c) $\lim\limits_{x\to 0} f(x)$

(d) $\lim\limits_{x\to 2^-} f(x)$ (e) $\lim\limits_{x\to 2^+} f(x)$ (f) $\lim\limits_{x\to 2} f(x)$

13. 다음 A와 B점을 지나는 선의 방정식을 구하여라.

(a) $A(0,\ 3),\ B(11,\ -1)$ (b) $A(2,\ -1),\ B(5,\ 8)$

14. $(-19,\ 2),\ (-12,\ 1)$의 좌표에서 거리를 구하여라.

제 3 장 방정식 · 부등식의 해

3.1 다항식

3.1.1 단항식

$3x^2y^3$과 같이 수와 문자의 곱으로 이루어진 식을 말한다.

(1) 차수 및 계수

단항식에서는 몇 개의 지정된 문자에 대하여 주목하는 문자의 곱해진 개수를 그 문자의 **차수**라 하고, 그 문자를 제외한 나머지 부분을 그 문자의 **계수**라고 말한다.

예 4는 문자를 포함하지 않으므로 차수가 0이고(0차) 계수는 4이다.

$3x^2y^3$은 x에 관한 차수가 2이고(2차), 계수는 $3y^3$, y에 관한 차수가 3이고(3차), 계수는 $3x^2$이다. 또 x, y에 주목할 때에는 차수는 5이고(5차) 계수는 3이다.

3.1.2 다항식

단항식 또는 단항식의 합을 **다항식(정식)**이라 하고, 다항식에 포함된 각 단항식을 항, 다항식에서 주목하는 문자를 포함하지 않는 항을 **상수항**이라고 한다.

다항식은 그 항의 개수에 따라서, 단항식, 2항식, 3항식, …… 이라고 한다.

key point

다항식은 다음과 같이 표현된다.

$$a_0 + a_1x + a_2x^2 + \cdots\cdots + a_nx^n$$

이때 a_0, a_1, a_2, a_3, ……은 상수로서 다항식의 **계수**(coefficients)라 부르며, a_0는 **상수항**(constant term)이다. 다항식의 가장 높은 지수를 다항식의 **차수**(degree)라 한다.

다항식	차수	이름
$ax^3 + bx^2 + cx + d$	3	3차식(cubic)
$ax^2 + bx + c$	2	2차식(quadratic)
$ax + b$	1	1차식(linear)
a	0	상수(constant)

n차(다항)식이 0과 같다는 식을 n차 방정식이라고 한다.

$$a_0 + a_1x + a_2x^2 + \cdots\cdots + a_nx^n = 0$$

n차 (다항)함수는 $a_0 + a_1x + a_2x^2 + \cdots\cdots + a_nx^n$형태를 말한다.

$x^3 - 2x^2 + 5x - 3 \Rightarrow$ 내림차순

$-3 + 5x - 2x^2 + x^3 \Rightarrow$ 오름차순

3.1.3 다항식의 연산

(1) 덧셈, 뺄셈(+, -)

두 다항식의 합과 차도 다항식이며, 다항식의 덧셈, 뺄셈에 대하여는 다음과 같다.

key point

A, B, C를 다항식이라고 하면

① 교환법칙 $A+B=B+A$

② 결합법칙 $A+(B+C)=(A+B)+C$

③ 뺄셈에서는 교환법칙, 결합법칙이 성립하지 않는다.

이와 같이 다항식의 덧셈, 뺄셈은 정수의 덧셈, 뺄셈과 거의 같은 성질을 갖는다.

예제 다음을 계산하여라.

(a) $A=2a-3b-4c$, $B=-b+3c-a$ 일 때 $A+B$

(b) $A=2x^2+3x-2$, $B=-6x^2+5$일 때 $A-B$

풀이 (a) $A+B=(2a-3b-4c)+(-b+3c-a)$

$$=a-4b-c$$

또는

$$\begin{array}{r} 2a-3b-4c \\ +)\,-a-\ \ b+3c \\ \hline a-4b-\ \ c \end{array}$$

(b) $A-B=(2x^2+3x-2)-(-6x^2+5)$

$$=2x^2+3x-2+6x^2-5$$

$$=8x^2+3x-7$$

또는

$$\begin{array}{r} 2x^2+3x-2 \\ -)\,-6x^2\qquad +5 \\ \hline 8x^2+3x-7 \end{array}$$

key point

$A,\ B,\ C$를 다항식이라고 하면

① 교환법칙 $AB = BA$

② 결합법칙 $(AB)C = A(BC)$

③ 배분법칙 $A(B+C) = AB + AC$

이와 같이 다항식의 곱셈은 정수의 곱셈과 거의 같은 성질을 갖는다.

▌예제▐ $(2x^2-4x+3)(x-2)$를 계산하여라.

풀이 $(2x^2-4x+3)x+(2x^2-4x+3)(-2)$

$= 2x^3-4x^2+3x-4x^2+8x-6$

$= 2x^3-8x^2+11x-6$

또는

$$\begin{array}{rr} & 2x^2-4x+3 \\ +) & x-2 \\ \hline & 2x^3-4x^2+3x \\ & -4x^2+8x-6 \\ \hline & 2x^2-8x^2+11x-6 \end{array}$$

두 다항식의 곱을 계산하여 한 다항식으로 나타내는 일을 그 다항식을 전개한다라고 하며, $2x^3-2x+3$은 $2x^3+0x^2-2x+3$처럼 생각하여야 한다는 것이다.

▌예제▐ 다음 다항식을 전개하여라.

$(3x^3-2x+4)(x^2-2x-3)$

풀이 $3x^3-2x+4$에는 x^2의 항이 없으나 $3x^3-0x^2-2x+4$로 계산한다.

$$\begin{array}{rllllll} & 3x^3 & & & -2x & +4 & \\ \times) & & & x^2 & -2x & -3 & \\ \hline & 3x^5 & & -2x^3 & +4x^2 & & \\ & & -6x^4 & & +4x^2 & -8x & \\ & & & -9x^3 & & +6x & -12 \\ \hline & 3x^5 & -6x^4 & -11x^3 & +8x^2 & -2x & -12 \end{array}$$

다항식의 곱을 전개할 때에는 다음 곱셈공식을 이용하면 편리하다.

key point

① $m(a+b\pm c)=ma+mb\pm mc$

② $(a+b)^2=a^2+2ab+b^2$

$(a-b)^2=a^2-2ab+b^2$

③ $(a+b)(a-b)=a^2-b^2$

④ $(x+a)(x+b)=x^2+(a+b)x+ab$

$(ax+b)(cx+d)=acx^2+(ad+bc)x+bd$

⑤ $(a+b)^3=a^3+3a^2b+3ab^2+b^3$

$(a-b)^3=a^3-3a^2b+3ab^2-b^3$

⑥ $(a+b)(a^2-ab+b^2)=a^3+b^3$

$(a-b)(a^2+ab+b^2)=a^3-b^3$

⑦ $(a+b+c)^2=a^2+b^2+c^2+2ab+2bc+2ac$

⑧ $(a^2+ab+b^2)(a^2-ab+b^2)=a^4+a^2b^2+b^4$

▌예제▌ 공식을 이용하여 다음을 전개하여라.

(a) $(3x-2y)^3$ (b) $(2x+3)(4x^2-6x+9)$

풀이 (a) $(3x-2y)^3=(3x)^3-3(3x)^3(2y)+3(3x)(2y)^2-(2y)^3$

(b) $(2x+3)(4x^2-6x+9)=(2x+3)\{(2x)^2-(2x)\cdot 3+3^2\}=(2x)^3+3^3$

$=8x^3+27$

3.2 1차 방정식의 해법

1차 방정식 $ax+b=0$을 만족하는 x를 해 또는 근이라고 한다.

> **key point**
>
> 1차 방정식(linear equation)
>
> $$ax+b=0$$
>
> a, b는 이미 알고 있는 수이고, x는 구하고자 하는 미지수이다.

위 식에서 a는 x의 계수이며 b는 상수항이라 하며, 1차 방정식은 다음과 같은 등식의 성질을 이용하여 푼다.

① 양변에 같은 수를 더하거나 빼도 등식은 성립한다.

② 양변에 0이 아닌 같은 수를 곱하거나 나누어도 등식은 성립한다.

▌예제▐ 다음의 방정식을 풀어라.

(a) $x+14=5$　(b) $19y=38$　(c) $4x+12=0$　(d) $14t-56=0$

풀이 (a) 양변에 14를 뺀다.

$x+14-14=5-14,\ x=-9$

(b) 양변을 19로 나눈다.

$\dfrac{19y}{19}=\dfrac{38}{19},\ y=\dfrac{38}{19}=2$

(c) 양변에 12를 뺀다.

$4x+12-12=0-12$

$4x=-12,\ x=\dfrac{-12}{4}=-3$

(d) 양변에 56을 더한다.

$14t-56+56=0+56$

$14t=56,\ t=\dfrac{56}{14}=4$

3.3 2차 방정식의 해

2차 방정식(quadratic equation) $ax^2+bx+c=0$을 만족하는 해(근) x을 구해 보자. 인수분해나 근의 공식을 사용하여 x를 구하는 과정을 2차 방정식을 푼다라고 한다.

3.3.1 근의 공식

2차 방정식은 일반적으로 근의 공식은 다음과 같다.

$$ax^2+bx+c=0 \text{의 근은 } x=\frac{-b\pm\sqrt{b^2-4ac}}{2a}$$

일차항의 계수가 짝수일 때는 다음과 같다.

$$ax^2+2b'x+c=0$$

$$\text{근은 } x=\frac{-b'\pm\sqrt{b'^2-ac}}{a}$$

key point

$ax^2+bx+c=0$일 때 근의 공식은

$$x=\frac{-b\pm\sqrt{b^2-4ac}}{2a}$$

key point

· 2차 방정식의 근의 판별

2차 방정식 $ax^2+bx+c=0$일 때

① $b^2-4ac>0$이면, 서로 다른 두 실근

② $b^2-4ac=0$이면, 중근(같은 두 실근)

③ $b^2-4ac<0$이면, 서로 다른 두 허근

▌예제▌ 다음 2차 방정식을 풀어라.

(a) $x^2+x-6=0$ (b) $4x^2+12x+9=0$ (c) $7x^2-20x-3=0$

풀이 방정식을 인수분해 하면,

(a) $x^2+x-6=(x+3)(x-2)=0$

따라서 근은 $x=-3$과 $x=2$이다.

(b) $4x^2+12x+9=(2x+3)(2x+3)=(2x+3)^2$

방정식 $(2x+3)^2=0$에서 인수 $2x+3$이 두 번 나타나므로 중근이며

$x=-\frac{3}{2}$ 이다.

(c) $7x^2-20x-3=(7x+1)(x-3)=0$

따라서 근은 $x=-\frac{1}{7}$과 $x=3$이다.

▌예제▌ 방정식 $3x^2-x-6=0$을 풀어라.

풀이 $a=3,\ b=-1,\ c=-6$를 공식에 대입하여 x의 값을 구한다.

$$x=\frac{-b\pm\sqrt{b^2-4ac}}{2a}$$

$$=\frac{-(-1)\pm\sqrt{(-1)^2-(4)(3)(-6)}}{(2)(3)}=\frac{1\pm\sqrt{73}}{6}$$

$x=1.5907,\ -1.2573$

3.3.2 2차 방정식의 풀이와 계수

$ax^2+bx+c=0$의 근을 $\alpha,\ \beta(\alpha>\beta)$라고 하면 풀이와 계수의 관계는 다음과 같이 된다.

$$\alpha+\beta=\frac{-b+\sqrt{b^2-4ac}}{2a}+\frac{-b-\sqrt{b^2-4ac}}{2a}=\frac{-2b}{2a}=-\frac{b}{a}$$

$$\alpha\beta=\frac{-b+\sqrt{b^2-4ac}}{2a}\times\frac{-b-\sqrt{b^2-4ac}}{2a}=\frac{b^2-(b^2-4ac)}{4a^2}=\frac{4ac}{4a^2}=\frac{c}{a}$$

따라서 $\alpha+\beta=\frac{-b}{a}$, $\alpha\beta=\frac{c}{a}$이 된다. 또 2차식을 1차식의 곱 형태로 인수분

해하면 다음과 같이 표시된다.

$\alpha+\beta=\frac{-b}{a}$, $\alpha\beta=\frac{c}{a}$ 이므로

$$ax^2+bx+c=a\left(x^2+\frac{b}{a}x+\frac{c}{a}\right)=ax^2-(\alpha+\beta)x+\alpha\beta$$
$$=a(x-\alpha)(x-\beta)$$
$$\therefore\ ax^2+bx+c=a(x-\alpha)(x+\beta)$$

가 된다.

이상에서 이차방정식의 근을 구하는 방법은 다음 두 개가 된다.

① 인수 분해를 한다.
② 근의 공식을 사용한다.

▌예제▐ $-x^2-2x+8=0$인 2차 방정식을 근의 공식과 인수 분해로 구하여라.

(풀이) 근의 공식을 사용하면

$$x=\frac{2\pm\sqrt{2^2-4\times(-1)\times8}}{2\times(-1)}=\frac{2\pm\sqrt{36}}{-2}=\frac{2\pm6}{-2}$$

$$\therefore\ x=\frac{2+6}{-2}=\frac{8}{-2}=-4 \text{ 또는 } x=\frac{2-6}{-2}=\frac{-4}{-2}=2$$

인수분해를 사용하면

$$-x^2-2x+8=(-x+2)(x+4)=0$$

$-x+2=0 \quad \therefore\ x=2$, 또는 $x+4=0 \quad \therefore\ x=-4$

3.3.3 완전제곱에 의한 방법

2차 방정식을 풀 때, 인수분해가 쉽게 안 되는 경우 완전 제곱식으로 고쳐서 풀 수 있다.

▌예제▐ 다음 방정식을 풀어라.

$$2x^2-3x-1=0$$

(풀이) 양변을 x^2의 계수 2로 나누면

$$x^2 - \frac{3}{2}x - \frac{1}{2} = 0$$

상수항을 우변으로 이항하고, x의 계수의 $\frac{1}{2}$의 제곱을 양변에 더하여 완전제곱식으로 나타내면

$$x^2 - \frac{3}{2}x + \left(\frac{3}{4}\right)^2 = \frac{1}{2} + \left(\frac{3}{4}\right)^2$$

$$\therefore \left(x - \frac{3}{4}\right)^2 = \frac{17}{16}$$

따라서 $x - \frac{3}{4} = \pm\sqrt{\frac{17}{16}} = \pm\frac{\sqrt{17}}{4}$

$$\therefore x = \frac{3 \pm \sqrt{17}}{4}$$

3.4 고차 방정식의 해

이 절에서는 다항식의 인수분해와 고차 방정식을 푸는 방법에 대하여 알아보자.

3.4.1 고차 다항식의 인수분해

10을 인수분해 하면 (2)(5)가 되어서 인수 2, 5를 가진다는 것을 알고 있다. 이것은 10을 인수 2나 5로 나누면 나머지가 0이라는 의미이며, 고차 다항식의 인수분해는 나머지가 0이 되는 인수를 찾음으로써 가능해진다.

예제 인수 중 하나가 $(x-4)$일 때 $x^3 - 17x^2 + 54x - 8$ 을 인수분해 하여라.

풀이 인수 중 하나가 $x-4$이므로

$$x^3 - 17x^2 + 54x - 8 = (x-4) \times (2\text{차 방정식})$$

좌측의 식은 3차 방정식이므로 미지의 다항식은 2차 방정식이어야 한다.

$$x^3 - 17x^2 + 54x - 8 = (x-4)(\alpha x^2 + \beta x + \gamma)$$

우측의 두 식을 곱한 뒤 같은 항끼리 묶으면 아래와 같다.

$$x^3 - 17x^2 + 54x - 8 = \alpha x^3 + (\beta - 4\alpha)x^2 + (\gamma - 4\beta)x - 4\gamma$$

계수방정식(Equating coefficients)란 좌측 각 항의 계수를 우측의 항과 비교하여 미지수를 구하는 것이다.

$x^3 = \alpha x^3$, $\alpha = 1$

$-17 = \beta - 4\alpha$, $\beta = -13$

$-8 = -4\gamma$, $\gamma = 2$

따라서 다항식은 다음과 같이 인수분해되며 2차식은 더 이상 인수분해 되지 않는다.

$$x^3 - 17x^2 + 54x - 8 = (x-4)(x^2 - 13x + 2)$$

이 예제에서 다음과 같은 중요한 사실을 얻었다.

key point

3차 방정식=1차 방정식×2차 방정식
=1차 방정식×1차 방정식×1차 방정식

3.4.2 고차 방정식의 해

고차 방정식은 인수분해를 해서 근(해)을 구하거나 그래프를 이용하여 구할 수 있다. 고차 방정식 $P(x)=0$의 실근은 함수 $y=P(x)$와 x축이 교차되는 점이라는 것을 이용하여 그래프를 그려 고차 방정식을 풀 수 있는 뛰어난 컴퓨터 소프트웨어 패키지와 그래픽 계산기들이 있다.

$y=P(x)$의 그래프를 그리고 그림 3-1과 비슷한 형태를 얻었다고 가정하자. 그래프는 $x=x_1$, $x=x_2$, $x=x_3$에서 x축과 만나므로 방정식 $P(x)=0$의 실근은 x_1, x_2, x_3이다.

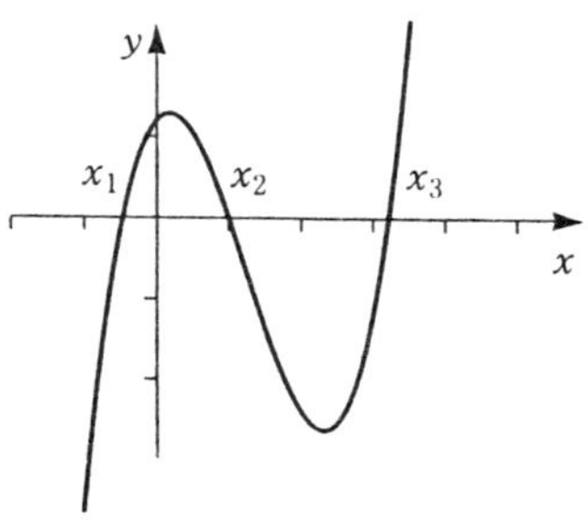

• • 그림 3-1 x_1, x_2, x_3에서 x축과 만나는 다항 함수 • •

▌예제▐ $x=4$가 방정식 $P(x)=x^3-17x^2+54x-8=0$의 근이라는 것을 증명하고 나머지 다른 근들도 구하여라.

(풀이) $x=4$를 방정식의 좌변에 대입한다.

$$4^3-17(4^2)+54(4)-8=64-272+216-8=0$$

$x=4$이면 좌변은 0이므로 4는 방정식의 근이며, $x=4$가 근이라면 $(x-4)$는 $P(x)$의 인수이므로 $P(x)$는 다음과 같이 쓸 수 있다.

$$P(x)=x^3-17x^2+54x-8$$
$$=(x-4)\times 2\text{차 다항식}$$

이미 문제의 다항 방정식의 인수는 위 예제에서 살펴본 바 있다.

$$P(x)=x^3-17x^2+54x-8$$
$$=(x-4)(x^2-13x+2)=0$$

$x-4=0$ 또는 $x^2-13x+2=0$

$x=4$이며, $x^2-13x+2=0$의 근은

$$x=\frac{-b\pm\sqrt{b^2-4ac}}{2a}=\frac{13\pm\sqrt{(-13)^2-4\cdot1\cdot2}}{2}=\frac{13\pm\sqrt{161}}{2}$$
$$=\frac{13\pm12.6886}{2}=12.844,\ 0.516$$

따라서 근은 $x=4$, $x=12.844$, $x=0.156$이다.

3.5 연립방정식의 해

두 개 이상의 미지항을 포함하는 방정식은 미지항의 개수만큼의 방정식이 있어야 해를 구할 수 있으며 2개 이상의 방정식을 **연립방정식**(simultaneous equa-tions)이라 한다.

▌예제▐ 다음의 연립방정식을 풀어라.

$$-3x+y=18 \quad ①$$
$$7x-3y=-44 \quad ②$$

(풀이) x항을 소거하려면 먼저 ①식의 양변에 7을 곱하고 ②식의 양변에 3을 곱한다.

$$-21x+7y=126$$

$$21x-9y=-132$$

두 방정식을 더하면, x항을 소거할 수 있다.

$$-2y=-6,\ y=3$$

방정식 ①에 $y=3$을 대입하면 x값을 구할 수 있다.

$$-3x+3=18,\ -3x=15,\ x=-5$$

그러므로 $x=-5,\ y=3$

3.6 부등식의 해

3.6.1 부등호

key point

$>$는 "~보다 큰" $\geq$은 "~보다 크거나 같은"

$<$는 "~보다 작은" $\leq$은 "~보다 작거나 같은"

부호 $>$, $<$, $\geq$, $\leq$를 **부등호**라고 한다.

수직선은 흔히 부등식을 나타내는 유용한 도구이며, $b>a$인 두 숫자 a와 b는 그림 3-2에서와 같이 수직선에서 b가 a의 우측에 있다.

•• 그림 3-2 $b>a$의 표현 ••

그림 3-3에서 $-3>-5$, $4>-2$, $8>5$에서 큰 수는 비교하는 수보다 항상 우측에 있음을 알 수 있다.

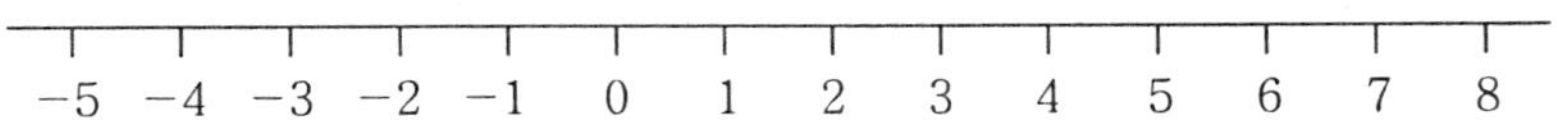

•• 그림 3-3 ••

▌예제▐ "~보다 큰"을 의미하는 부호 >을 사용하여 부등식 $-\frac{2}{5} < x$를 다시 써라.

(풀이) $-\frac{2}{5} < x$는 $x > -\frac{2}{5}$로 쓸 수 있다.

3.6.2 부등식의 해

부등식은 등식과 마찬가지로 다음의 성질을 가진다.

key point

① 부등식의 양변에서 같은 수를 빼거나 더해도 부등호의 방향은 변하지 않는다.
② 양변을 양수로 곱하거나 나누어도 부등호의 방향은 변하지 않는다.
③ 양변을 음수로 곱하거나 나누면 부등호의 방향이 바뀐다.

예로서 8>5의 양변에 k를 더하면 다음과 같다.

$$8 + k > 5 + k$$

이 경우 k가 어떤 값을 가져도 무관하며, $8 > 5$의 양변에 양수 k를 곱하면,

$$8k > 5k$$

그러나 k가 음수이면 부등호의 방향은 반대로 바뀐다.

$$8k < 5k$$

key point

$|x| < k$는 $-k < x < k$

$|x| > k$는 $x > k$ 또는 $x < -k$(단, k는 양수)

▌예제▐ 부등식 $-18 < 9$의 양변을 -3으로 곱하여라.

(풀이) $54 > -27$

▌예제▐ 부등식 $17x+2 < 4x+1$를 풀어라.

(풀이) 좌변에 x만 두고 나머지는 우변에 둔다.

$13x+2<1$

$13x<-1$

$x<-\frac{1}{13}$

▌예제▐ $|5x-2|<4$를 풀고 그래프를 그려라.

(풀이) 먼저 부등식에서 절대값 기호를 없앤다.

$-4<5x-2<4$

각 부분을 따로 계산하며, $-4<5x-2$를 계산하면 $-2<5x$, $-\frac{2}{5}<x$

두 번째 부분은 $5x-2<4$를 계산하면 $5x<6$, $x<\frac{6}{5}$

따라서 근의 범위는 $-\frac{2}{5}<x<\frac{6}{5}$

•• 그림 3-4 ••

3.7 부분 분수

3.7.1 개 요

복잡한 분수를 좀 더 간단한 분수들의 합으로 나타내는 것이 유용할 때가 있다. 예를 들어,

$\dfrac{4x+7}{x^2+3x+2} = \dfrac{1}{x+2} + \dfrac{3}{x+1}$ 이므로

$\dfrac{4x+7}{x^2+3x+2}$ 의 부분분수는 $\dfrac{1}{x+2}$ 과 $\dfrac{3}{x+1}$ 이며 부분분수(Partial fractions)는 적분으로 정의되는 Laplace변환과 제어이론을 공부하는데 특히 유용하게 사용된다.

3.7.2 부분분수

부분분수를 만들기 위하여 우선 분수식의 분모와 분자의 차수를 비교한다.

(1) 분모의 차수 > 분자의 차수인 경우

① 주어진 분수식의 분모를 인수분해 한다.

② 각각의 인수를 분모로 하고 분모가 된 인수의 차수보다 1차원 낮은 다항식의 일반 형태를 분자에 놓는다.

즉, 1차 인수 $ax+b$는 $\dfrac{A}{ax+b}$ 를 만들고 2차 인수 ax^2+bx+c 을 가지면 $\dfrac{Ax+B}{ax^2+bx+c}$ 로 한다. 분자의 상수들은 A, B, C등으로 쓰고 같은 문자가 사용되지 않도록 주의한다.

③ 만들어진 부분분수들을 "+"로 연결한다.

④ 주어진 분수식과 부분분수의 합이 같아지도록 A, B, C 등을 구한다.

(2) 분모의 차수 ≤ 분자의 차수인 경우

① 분모÷분자를 해서 몫+나머지 형태로 나타낸다.

② 나머지는 분모의 차수 > 분자의 차수인 경우이므로 (1)의 ①, ②와 ③의 순서로 한다.

③ 주어진 분수식과 몫+②에서 만들어진 부분분수가 같아지도록 A, B, C를 구한다.

key point

중복인수 $(ax+b)^2$는 다음과 같은 부분분수로 나타낸다.

$$\frac{A}{(ax+b)}+\frac{B}{(ax+b)^2}$$

▌예제▐ $\dfrac{7x+10}{2x^2+5x+3}$를 부분분수들로 나타내어라.

(풀이) 분모는 $(2x+3)(x+1)$으로 인수분해되고 인수 $2x+3$은 부분분수 $\dfrac{A}{2x+3}$로 $x+1$은 부분분수 $\dfrac{B}{x+1}$로 나누어 나타낼 수 있다.

$$\frac{7x+10}{2x^2+5x+3}=\frac{A}{2x+3}+\frac{B}{x+1}$$

미지의 상수 A와 B를 구하기 위해서 양변에 $(2x+3)(x+1)$를 곱한다.

$$7x+10=A(x+1)+B(2x+3) \qquad ①$$

먼저 A를 삭제하려면 x에 -1을 대입하면,

$$7(-1)+10=A(0)+B(-2+3)$$

$$B=3$$

$$7x+10=(A+2B)x+(A+3B)$$

양변에 있는 x의 계수를 비교하면 $7=A+2B$이며 $B=3$이므로 아래의 계산에 의해서 $A=1$임을 알 수 있다.

$$7=A+2(3)=A+6$$

따라서 문제의 식을 부분분수로 쓰면 다음과 같다.

$$\frac{7x+10}{2x^2+5x+3}=\frac{1}{2x+3}+\frac{3}{x+1}$$

▌예제▐ $\dfrac{10x+18}{4x^2+12x+9}$를 부분분수로 나타내어라.

(풀이) 먼저 분모를 인수분해 한다.

$$4x^2+12x+9=(2x+3)(2x+3)=(2x+3)^2$$

중복인수 $(2x+3)^2$를 아래와 같이 두 부분분수로 나타낸다.

$$\frac{10x+18}{(2x+3)^2}=\frac{A}{2x+3}+\frac{B}{(2x+3)^2}$$

A와 B의 값을 구하기 위한 방정식을 도출하기 위해서 양변에 $(2x+3)^2$를 곱한다.

$$10x+18=A(2x+3)+B$$

상수 A와 B는 계수 방정식으로 구한다.

$10=2A,\ A=5$와 $18=3A+B,\ B=3$

문제의 식을 부분분수들로 나타내면 다음과 같다.

$$\frac{10x+18}{(2x+3)^2}=\frac{5}{2x+3}+\frac{3}{(2x+3)^2}$$

▌예제▐ $\dfrac{3x+1}{(x^2+x+10)(x-1)}$를 부분분수로 나타내어라.

풀이 이 경우 2차 인수는 더 이상 인수분해 될 수 없다.

$$\frac{3x+1}{(x^2+x+10)(x-1)}=\frac{Ax+B}{x^2+x+10}+\frac{C}{x-1}$$

양변에 $(x^2+x+10)(x-1)$를 곱한다.

$$3x+1=(Ax+B)(x-1)+C(x^2+x+10)$$

x에 1을 대입하면 식의 첫 항이 없어지므로 C의 값을 구할 수 있다.

$$4=12C,\ C=\frac{1}{3}$$

양변 x^2의 계수들을 일치시키면 A값을 구할 수 있다. 마지막으로 x에 어떤 값을 대입하거나 x의 계수들을 일치시키면 B의 값을 얻을 수 있다.

$$A=-\frac{1}{3},\ B=\frac{7}{3}$$

끝으로 A, B, C의 값을 대입하여 부분분수들로 나타낸다.

$$\frac{3x+1}{(x^2+x+10)(x-1)}=\frac{-\frac{1}{3}x+\frac{7}{3}}{x^2+x+10}+\frac{\frac{1}{3}}{x-1}$$

$$=\frac{1}{3}\frac{7-x}{x^2+x+10}+\frac{1}{3(x-1)}$$

▌예제▐ $\dfrac{2x^2-x-2}{x+1}$를 부분분수로 나타내어라.

풀이 이 분수는 분자의 차수(n)가 2이고 분모식의 차수(d)가 1이므로 가분수이며 $n-d=1$이다.

그러므로 부분분수에 여분의 항 $Ax+B$가 추가되어야 할 것이다.

$$\frac{2x^2-x-2}{x+1}=Ax+B+\frac{C}{x+1}$$

위에서 마지막 항은 분모의 1차 약수를 그대로 가져온 것이다. A, B, C을 구하기 위해서 양변에 $x+1$을 곱하면 아래의 식과 같다.

$$\begin{aligned}2x^2-x-2&=(Ax+B)(x+1)+C\\&=Ax^2+(A+B)x+(B+C)\end{aligned}$$

양변의 x^2의 계수들을 일치시키면 $A=2$, x의 계수끼리 일치시키면

$$-1=A+B,\ B=-1-A=-3$$

상수항들을 일치시키면

$$-2=B+C,\ C=-2-B=-2-(-3)=1$$

A와 B, C에 각각 그 값을 대입하여 부분분수로 나타낼 수 있다.

$$\frac{2x^2-x-2}{x+1}=2x-3+\frac{1}{x+1}$$

연 습 문 제

1. $u(t-6)$, $u(t-5)$, $u(t-6)-u(t-5)$의 그래프를 그려라.

2. 다음의 2차 방정식을 풀어라.

(a) $3x^2-12=0$ (b) $s^2-25=0$ (c) $x^2-9=0$

(d) $x^2-5x+6=0$ (e) $6s^2+s-15=0$ (f) $x^2+7x=0$

(g) $2x^2-3x-7=0$

3. $x^3-x^2-65x-63$를 $(x+7)$로 인수분해 하여라.

4. $x=-1$은 $x^3+11x^2+31x+21=0$의 근이다. 이 때 다른 근을 구하여라.

5. $x^4-2x^2+1=0$의 방정식을 풀어라.

6. $x^4+3x^3-7x^2-27x-18=0$의 방정식을 풀어라.

7. 다음의 연립 방정식을 풀어라.

(a) $3x+2y=7$, $x+y=3$ (b) $3s+4t=0$, $2s-2t=7$

8. 다음의 연립 방정식을 풀어라.

$$\frac{3}{s}+\frac{2}{t}=11,\quad -\frac{7}{s}-\frac{5}{t}=-26$$

【힌트】 $x=\frac{1}{s}$, $y=\frac{1}{t}$로 둔다.

9. 점 $\left(4,\ 13\frac{3}{4}\right)$과 $\left(1,\ \frac{13}{4}\right)$을 지나는 직선 방정식을 구하여라.

10. 방정식 $y = ax^2 + bx$이 있다. 만약 점 (1, 2), (3, 5)를 지나는 그래프가 있다면 a와 b를 구하여라.

11. 다음의 부등식을 풀어라.

(a) $5 - 4x \le -2$

(b) $\left|2x - \frac{1}{2}\right| < 2$

(c) $|3x + 4| > 8$

(d) $|4x + 3| \ge 1$

(e) $|5x - 2| < 10$

12. $\frac{K(1 + \alpha s)}{(1 + \tau s)s}$을 부분분수로 표현하여라. 단, K, α, τ는 상수이다.

제 4 장 지수와 로그

4.1 지수함수

4.1.1 지수식

지수(指數)는 거듭제곱 또는 멱(冪)의 다른 이름으로서 지수를 포함한 식을 지수식(exponential expressions)이라 한다.

예를 들어, a^x의 경우 a는 밑(base), x는 지수라 한다.

$$a^m a^n = a^{m+n},\quad \frac{a^m}{a^n} = a^{m-n},\quad (a^m)^n = a^{mn},\quad (ab)^n = a^n b^n$$

이 장에서는 밑이 지수상수(exponential constant)인 지수식을 다룰 것이며, 공학에서 주로 사용되는 지수 상수는 기호가 e이고 대략적으로 2.718이다.

▌예제▐ (a) $e^{2x}e^{3x}$ (b) $\dfrac{e^{4x}}{e^{7x}}$ (c) $(e^{2x})^3$을 간단히 하여라.

풀이 (a) $e^{2x}e^{3x} = e^{2x+3x} = e^{5x}$

(b) $\dfrac{e^{4x}}{e^{7x}} = e^{4x-7x} = e^{-3x}$ 또는 $\dfrac{1}{e^{3x}}$로 쓸 수 있다.

(c) $(e^{2x})^3 = e^{2x \times 3} = e^{6x}$

▌예제▐ 다음을 전개하여 간단히 하여라.

(a) $e^x(e^{-x}+1)$ (b) $(e^x+1)^2-1$ (c) $(e^x+e^{-x})^2-2$

풀이 (a) $e^x(e^{-x}+1)=e^xe^{-x}+e^x$

$$=e^0+e^x=1+e^x$$

(b) $(e^x+1)^2-1=e^xe^x+2e^x+1-1$

$$=e^{2x}+2e^x$$

(c) $(e^x+e^{-x})^2-2=e^xe^x+2e^xe^{-x}+e^{-x}e^{-x}-2$

$$=e^{2x}+2+e^{-2x}-2$$

$$=e^{2x}+e^{-2x}$$

4.1.2 지수함수

key point

지수 함수

$y=a^x$ 이때 a는 양의 상수로 밑이라고 부른다.

그러므로 $y=(0.4)^x$, $y=2.5^x$, $y=10^x$는 모두 지수함수이다.

key point

주로 사용되는 지수 함수는 $y=e^x$

이 때 밑 e는 지수 상수이며 이 값은 $e=2.71828182$…………이다.

그림 4-1은 x값에 따라 달라지는 지수함수 e^x의 값을 보여주고 있다.

표 4-1 e^x의 값

x	e^x	x	e^x
-3	0.05	0.5	1.65
-2.5	0.08	1.0	2.72
-2.0	0.14	1.5	4.48
-1.5	0.22	2.0	7.39
-1.0	0.37	2.5	12.18
-0.5	0.61	3.0	20.09
0	1.00		

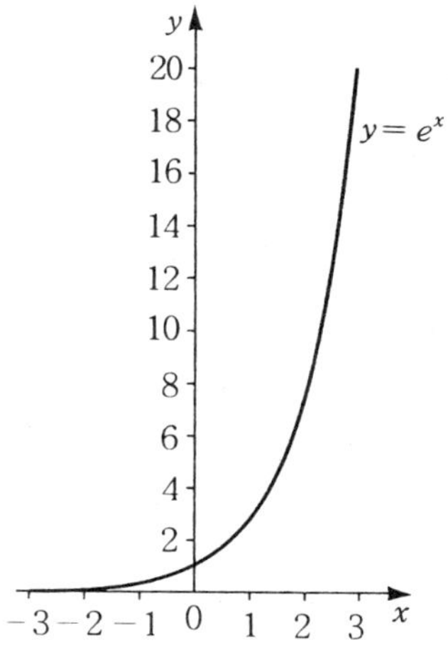

•• 그림 4-1 $y=e^x(-3\leq x\leq 3)$의 그래프 ••

그림 4-1로부터 지수함수의 성질은 다음과 같다.

① x가 양수이고 증가하면, e^x는 무한대로 증가하고, 이를 수학적으로 $x\to\infty$일 때 $e^x\to\infty$로 표기한다.

② x가 음수이고 증가하면, e^x는 0에 가까워진다. $x\to-\infty$일 때 $e^x\to 0$로 표기한다.

③ e^x는 결코 음수가 되지 않는다.

x가 증가하면서 e^x가 증가하는 것을 **지수의 증가**라고 말한다.

그림 4-2는 정의역이 $-3\leq x\leq 3$인 $y=e^{-x}$의 그래프이고 표 4-2는 e^{-x}의 개략값이다.

표 4-2 e^{-x}의 값

x	e^x	x	e^x
-3	20.09	0.5	0.61
-2.5	12.18	1.0	0.37
-2.0	7.39	1.5	0.22
-1.5	4.48	2.0	0.14
-1.0	2.72	2.5	0.08
-0.5	1.65	3.0	0.05
0	1.00		

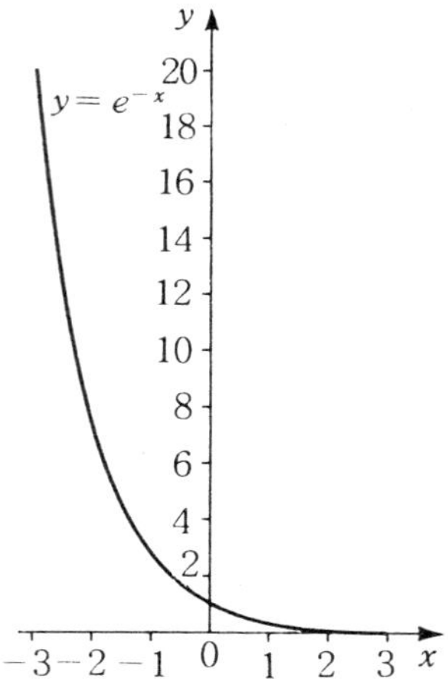

• • 그림 4-2 $y= e^{-x}$(지수감쇠)의 그래프 • •

그림 4-2에서 x가 증가하면 e^{-x}의 값이 감소하며, 이를 **지수감쇠**(exponential decay)라 말한다.

▌예제▐ $0 \leq x \leq 3$ 일 때 $y= e^{0.5x}$과 $y= e^{0.7x}$에 대한 그래프를 그리고 설명하여라.

(풀이) 표 4-3은 $0 \leq x \leq 3$일 때 $e^{0.5x}$와 $e^{0.7x}$값을 나타내며, 그래프를 나타내면 그림 4-3과 같다. $y= e^{0.7x}$은 $y= e^{0.5x}$보다 급격하게 증가한다.

표 4-3 $y= e^{0.7x}$은 $y= e^{0.5x}$의 값

x	$y= e^{0.7x}$	$y= e^{0.5x}$
0	1.00	1.00
0.5	1.28	1.42
1.0	1.65	2.01
1.5	2.12	2.86
2.0	2.72	4.06
2.5	3.49	5.75
3.0	4.48	8.17

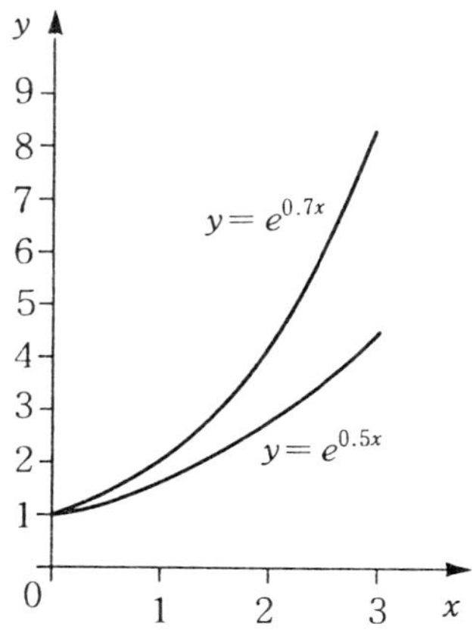

• • 그림 4-3 $y= e^{0.7x}$와 $y= e^{0.5x}$의 그래프 • •

▌예제▐ 커패시터의 방전

용량이 C인 커패시터에 충전된 전하 $q(t)$가 저항 R를 통해 방전되는 식은 다음과 같다.

$$q(t)=Qe^{-\frac{t}{CR}}\,[\mathrm{C}]$$

이때 Q는 초기의 전하량이다.

(a) $Q=50$, $C=0.25$, $R=2$, $t=1$인 경우 전하량의 값을 구하여라.

(b) $t=1$일 때 R값이 2배로 증가할 경우, 새롭게 충전된 전하량을 구하여라.

풀이 (a) $q(1)=50\,e^{-\frac{1}{(0.25)(2)}}=50\ e^{-2}=6.77[\mathrm{C}]$

(b) $q(1)=50\,e^{-\frac{1}{(0.25)(4)}}=50\ e^{-1}=18.39[\mathrm{C}]$

▌예제▐ 전류의 감쇠

저항 R, 인덕턴스 L, 초기 전류 i_0의 회로가 있다. $i(t)=i_0e^{-\frac{Rt}{L}}$의 법칙에 의해 시간 t에 따라 전류 $i(t)$가 감소한다.

(a) $i_0=12$, $R=2$, $L=6$인 경우, $t=1.5$일 때의 전류를 계산하여라.

(b) L이 6에서 9로 증가할 경우, $i(1.5)$의 값을 구하여라.

풀이 (a) $i(1.5)=12\,e^{-\frac{2(1.5)}{6}}=12e^{-0.5}=7.28[\mathrm{A}]$

(b) $i(1.5)=12\,e^{-\frac{2(1.5)}{9}}=12\,e^{-\frac{1}{3}}=8.60[\mathrm{A}]$

4.1.3 쌍곡선 함수

지수함수와 관련된 함수가 쌍곡선 함수(hyperbolic function)이며 다음과 같이 정의한다.

key point

쌍곡 sin : $\sinh x = \dfrac{e^x - e^{-x}}{2}$

쌍곡 cos : $\cosh x = \dfrac{e^x + e^{-x}}{2}$

쌍곡 tan : $\tanh x = \dfrac{\sinh x}{\cosh x} = \dfrac{e^x - e^{-x}}{e^x + e^{-x}}$

$$\operatorname{cosec} hx = \frac{1}{\sinh x} = \frac{2}{e^x - e^{-x}}$$

$$\sec hx = \frac{1}{\cosh x} = \frac{2}{e^x + e^{-x}}$$

$$\coth x = \frac{1}{\tanh x} = \frac{e^x + e^{-x}}{e^x - e^{-x}}$$

대부분의 과학용 계산기에는 쌍곡선 함수의 값이 내장되어 있다.

▌예제▐ $7e^x + 3e^{-x}$를 $\sinh x$와 $\cosh x$로 표현하여라.

풀이

$$\cosh x + \sinh x = \frac{e^x + e^{-x}}{2} + \frac{e^x - e^{-x}}{2} = e^x$$

$$\cosh x - \sinh x = \frac{e^x + e^{-x}}{2} - \frac{e^x - e^{-x}}{2} = e^{-x}$$

그러므로

$$\begin{aligned} 7e^x + 3e^{-x} &= 7(\cosh x + \sinh x) + 3(\cosh x - \sinh x) \\ &= 10\cosh x + 4\sinh x \end{aligned}$$

현수선(catenary)예로 양 끝에 매달린 무거운 체인이 다음 함수에 의해 정의된 모양으로 걸려있다.

$$y = a\cosh\left(\frac{x}{b}\right)$$

$x = 0$일 때, $y(0) = a\ \cosh 0 = a$이다.

$x = b$일 때, $y(b) = a\ \cosh\left(\dfrac{b}{b}\right) = a\ \cosh 1 = 1.54a$ 이다.

점 $(0,\ a)$와 $(b,\ 1.54a)$가 그림 4-4에 표시되어 있으며, 이런 곡선을 현수선

(catenary)이라 한다.

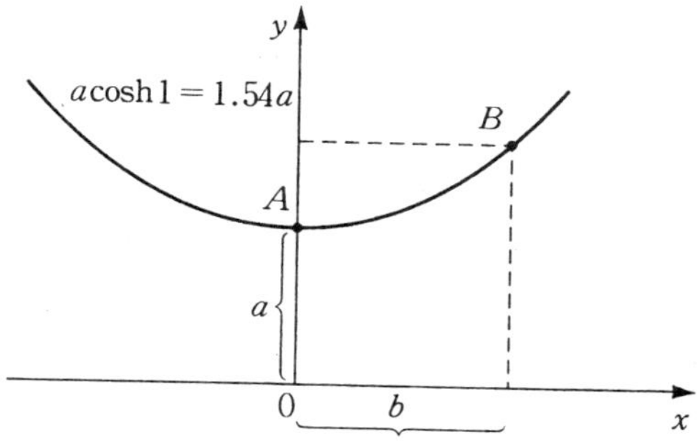

•• 그림 4-4 $y = a\cosh\left(\frac{x}{b}\right)$의 현수선 ••

표 4-4 쌍곡선 함수의 성질

$$e^x = \cosh x + \sinh x$$
$$e^{-x} = \cosh x - \sinh x$$
$$\cosh^2 x - \sinh^2 x = 1$$
$$1 - \tanh^2 x = \sec h^2 x$$
$$\coth^2 x - 1 = \operatorname{cosec} h^2 x$$
$$\sinh(x \pm y) = \sinh x \ \cosh y \pm \cosh x \ \sinh y$$
$$\cosh(x \pm y) = \cosh x \ \cosh y \pm \sinh x \ \sinh y$$
$$\sinh 2x = 2\sinh x \ \cosh x$$
$$\cosh 2x = \cosh^2 x + \sinh^2 x$$
$$\cosh^x = \frac{\cosh 2x + 1}{2}$$
$$\sinh^x = \frac{\cosh 2x - 1}{2}$$

▌예제▐ 다음이 항등식임을 증명하여라.

(a) $\cosh^2 x - \sinh^2 x = 1$ (b) $\sinh 2x = 2\sinh x \ \cosh x$

풀이 (a) $\cosh x + \sinh x = e^x$, $\cosh x - \sinh x = e^{-x}$

$$\cosh^2 x - \sinh^2 x = (\cosh x + \sinh x)(\cosh x - \sinh x)$$
$$= (e^x)(e^{-x}) = 1$$

(b) $\sinh 2x = \dfrac{e^{2x} - e^{-2x}}{2}$

또한 $2\sinh x \cosh x = 2\left(\dfrac{e^x - e^{-x}}{2}\right)\left(\dfrac{e^x + e^{-x}}{2}\right)$

$$= \frac{(e^x - e^{-x})(e^x + e^{-x})}{2}$$

$$= \frac{(e^x)^2 + e^x e^{-x} - e^{-x}e^x - (e^{-x})^2}{2}$$

$$= \frac{e^{2x} + 1 - 1 - e^{-2x}}{2}$$

$$= \frac{e^{2x} - e^{-2x}}{2}$$

따라서 $\sinh 2x = 2\sinh x \cosh x$

4.2 로그함수

로그는 멱과 지수를 포함하는 표현의 다른 방법이며 소리의 강도는 데시벨을 사용하며 로그의 크기로 한다.

4.2.1 로그함수

$16 = 2^4$은 2를 4승하면 16이라는 것으로 16은 밑을 2로 하며 지수가 4이다.

지수를 구하는 것은 "로그(log)"라는 기호를 사용하여 2를 밑으로 하는 진수 16의 로그는 $\log_2 16$으로 표현하고 그 값을 4로 한다.

즉, $\log_2 16 = 4$ 이것은 "4는 2를 밑으로 하는 진수 16의 로그이다"라고 읽는다.

key point

$x > 0,\ a > 0,\ a \neq 1$에 대해

$N = a^x \Leftrightarrow x = \log_a N$

예 $\log_3 27 = x$에서 $3^x = 27 = 3^3$이므로 $x = 3$이다.

지수함수와 로그함수는 역함수 관계이며 a는 로그의 밑이며 10이나 e를 사용한다.

x가 양수이고 $y=\log x$와 $y=\ln x$의 그래프는 그림 4-5와 같다.

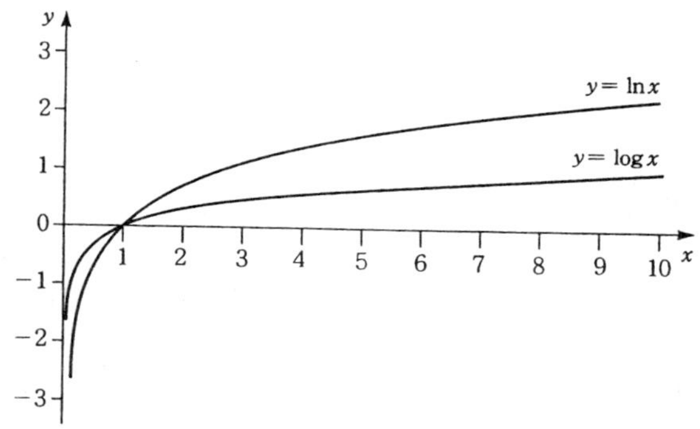

• • 그림 4-5 $y=\log x$, $y=\ln x$의 그래프 • •

표 4-5

x	$y=\log x$	$y=\ln x$
0.1	−1	−2.30
0.2	−0.70	−1.61
0.5	−0.30	−0.69
1	0	0
2	0.30	0.69
3	0.48	1.10
4	0.60	1.39
5	0.70	1.61
6	0.78	1.79
7	0.85	1.95
8	0.90	2.08
9	0.95	2.20
10	1	2.30

그림 4-5에서 로그함수의 공통특성은 다음과 같다.

① x가 증가할 때 $\log x$와 $\ln x$는 무한대로 증가하고 수학적으로 표현하면 $x \to \infty$일 때 $\log x \to \infty$ 또는 $\ln \to \infty$가 된다.

② x가 0에 접근하면 $\log x$와 ln가 $-\infty$에 접근하며 $x\to-\infty$일 때 $\log x\to-\infty$ 또는 $\ln\to-\infty$가 된다.

③ $\log 1=\ln 1=0$

④ x가 음수이거나 0일 경우 $\log x$와 $\ln x$는 정의할 수 없고 로그함수의 정의역은 $x>0$이다. 로그함수의 치역은 $(-\infty, \infty)$이다.

4.2.2 로그성질

로그의 밑은 보통 10 또는 e이며, 밑이 10인 로그는 **상용로그**, 밑이 e인 로그는 **자연로그**(natural logarithm)라 한다.

자연로그의 경우 $\log_e$를 간단히 ln으로 표기한다.

key point

$N=10^x$이면 $x=\log_{10}N=\log N$

$N=e^x$이면 $x=\log_e N=\ln N$

과학용 계산기에는 자연로그와 상용로그가 모두 내장되어 있으며, 밑이 a인 로그를 밑이 b인 로그로 계산하기 위해서 다음을 사용한다.

key point

$$\log_a N=\frac{\log_b N}{\log_b a}$$

▌예제▐ 로그를 이용하여 다음을 표현하여라.

(a) $10^3=1000$ (b) $10^{-2}=0.01$ (c) $12.1825=e^{2.5}$ (d) $e^{-2.3026}=0.1$

풀이 (a) $\log 1000=3$ (b) $\log 0.01=-2$ (c) $\ln 12.1825=2.5$

(d) $\ln 0.1=-2.3026$

▌예제▐ $\log_3 40$을 구하여라.

(풀이) $\log_3 40 = \dfrac{\log 40}{\log 3} = \dfrac{1.6021}{0.4771} = 3.358$

로그의 덧셈, 뺄셈은 다음과 같은 등식이 성립한다.

key point

$$\log A + \log B = \log AB$$

$$\log A - \log B = \log\left(\frac{A}{B}\right)$$

▌예제▐ 다음을 하나의 로그식으로 간단히 하여라.

(a) $\log 7 + \log 2$ (b) $\ln 9 + \ln 10$ (c) $\log x + \log x^2$ (d) $\ln 2y + \ln 3y$

(풀이) (a) $\log 7 + \log 2 = \log(7\times 2) = \log 14$

(b) $\ln 9 + \ln 10 = \ln 90$

(c) $\log x + \log x^2 = \log(xx^2) = \log x^3$

(d) $\ln 2y + \ln 3y = \ln(2y\ 3y) = \ln 6y^2$

▌예제▐ 다음을 간단히 하여라.

(a) $3\log 2 - \log 6$ (b) $\ln 250 + 2\ln 2$

(c) $\log 3x^3 + 2\log x$ (d) $\ln t^5 - 3\ln t^2$

(풀이) (a) $3\log 2 - \log 6 = \log 2^3 - \log 6 = \log 8 - \log 6$

$$= \log\left(\frac{8}{6}\right) = \log\left(\frac{4}{3}\right)$$

(b) $\ln 250 + 2\ln 2 = \ln 250 + \ln 2^2 = \ln 250 + \ln 4 = \ln(250\times 4)$

$$= \ln 1000$$

(c) $\log 3x^3 + 2\log x = \log 3x^3 + \log x^2$

$$= \log 3x^5$$

(d) $\ln t^5 - 3\ln t^2 = \ln t^5 - \ln(t^2)^3 = \ln t^5 - \ln t^6$

$$= \ln\frac{t^5}{t^6} = \ln\frac{1}{t}$$

지수법칙에서 모든 수의 0승은 1이고 위의 덧셈성질을 이용하여 다음을 얻는다.

key point

$$\log 1 = 0$$
$$\log A^n = n\log A$$

▌예제▐ 다음을 간단히 하여라.

(a) $3\log x - 2\log\left(\frac{1}{x}\right) - \frac{1}{2}\log 9$ (b) $4\log t^2 - 2\log t^3 + \log\left(\frac{1}{t^2}\right)$

풀이 (a) $3\log x = \log x^3$, $2\log\frac{1}{x} = \log\frac{1}{x^2} = \log x^{-2}$, $\frac{1}{2}\log 9 = \log 9^{\frac{1}{2}} = \log 3$

따라서 $3\log x - 2\log\left(\frac{1}{x}\right) - \frac{1}{2}\log 9 = \log x^3 - \log x^{-2} - \log 3$

$$= \log\left(\frac{x^3}{3x^{-2}}\right) = \log\left(\frac{x^5}{3}\right)$$

(b) $4\log t^2 = \log(t^2)^4 = \log t^8$, $2\log t^3 = \log(t^3)^2 = \log t^6$,

$$\log\left(\frac{1}{t^2}\right) = \log t^{-2}$$

$$4\log t^2 - 2\log t^3 + \log\left(\frac{1}{t^2}\right) = \log t^8 - \log t^6 + \log t^{-2}$$

$$= \log\left(\frac{t^8 t^{-2}}{t^6}\right) = \log 1 = 0$$

4.3 지수와 로그 방정식의 해

지수방정식과 로그방정식의 해는 지수함수와 로그함수가 역함수 관계를 이용하여 해를 구한다.

지수방정식의 해를 구할 때는 주어진 지수방정식을 로그방정식으로 바꾸어 구하고 로그방정식의 해는 지수방정식으로 바꾸어 구하면 된다.

▌예제▐ 다음의 지수방정식을 풀어라.

(a) $10^{2x} = 39$ (b) $e^{3x-1} = 75$

풀이 (a) $10^{2x} = 39$인 경우 로그를 취하면

$$2x = \log 39$$

$$x = \frac{\log 39}{2} = 0.7955$$

(b) $e^{3x-1} = 75$인 경우 로그를 취하면

$$3x = \ln 75 + 1$$

$$x = \frac{\ln 75 + 1}{3} = 1.7725$$

▌예제▐ 다음 로그방정식을 풀어라.

(a) $\log(x^2+2) = 2.6$ (b) $3\ln(5x+1) = 9.3$

풀이 (a) $\log(x^2+2) = 2.6$

$$x^2 + 2 = 10^{2.6}$$

$$x^2 = 10^{2.6} - 2$$

$$x = \sqrt{10^{2.6} - 2} = \pm 19.90$$

(b) $3\ln(5x+1) = 9.3$

$$\ln(5x+1) = \frac{9.3}{3} = 3.1$$

$$5x + 1 = e^{3.1}$$

$$5x = e^{3.1} - 1$$

$$x = \frac{e^{3.1} - 1}{5} = 4.24$$

▌예제▐ 다이오드를 통해 흐르는 전류

다이오드를 통해 흐르는 전류 I는

$$I = I_s(e^{40V} - 1)$$

이때, I_s는 역포화 전류이고 V는 다이오드를 통해 흐르는 전압이다.

(a) V를 구하여라.

(b) $I = 3\times10^{-2}$, $I_s = 1.5\times10^{-4}$일 때 V를 구하여라.

풀이 (a) $I = I_s(e^{40V} - 1)$,

$$(e^{40V} - 1) = \frac{I}{I_s}$$

$$e^{40V} = \frac{I}{I_s} + 1$$

로그를 취하면

$$40V = \ln\left(\frac{I}{I_s} + 1\right)$$

$$V = \frac{1}{40}\ln\left(\frac{I}{I_s} + 1\right)$$

(b) I와 I_s를 V식에 대입하면

$$V = \frac{1}{40}\ln\left(\frac{3\times10^{-2}}{1.5\times10^{-4}} + 1\right)$$

$$= \frac{1}{40}\ln(200+1) = \frac{1}{40}\ln 201$$

$$= 0.133$$

4.3.1 데시벨

데시벨이란 증폭도의 단위를 말한다. 배율 그 자체에 상용대수 값을 사용하면 배율을 10의 배수로 표시할 수 있다. 데시벨이라는 용어의 유래에 관해 언급하면 데시벨이란 (데시)+(벨)의 합성어다. 데시(deci)란 $\frac{1}{10}$을 말한다. 예를 들면 1[l]의 $\frac{1}{10}$을 우리는 데시리터[dl]라고 한다. 또 벨(Bell)은 데시벨이라는 단위를 생각해 낸 옛날 전기학자의 이름이다.

증폭 관계에서 자주 데시벨이 사용되지만 증폭도란 출력을 입력으로 나눈 값, 즉 배율이다.

가령 입력 전압 1[μV]가 1[V]로 되어 출력된 경우, 그 배율은 마이크로가 10^{-6}이므로 1,000,000배다. 그러나 이 1,000,000배를 대수로 표시하면 6이라는 간결한 숫자로 표현된다.

또 1[μV]의 신호를 100[V]로 증폭한 경우는 1,000,000×100이라는 계산식을 만들어야 한다.

대수를 사용하면 6+2=8로 극히 간결하게 계산된다. 데시벨이란 기본적으로 10배의 대수(배율)를 말한다. 이 예를 몇 가지 들어보기로 한다.

1배인 것은 $10\times\log_{10}1 = 10\times0 = 0$[dB]

10배인 것은 $10 \times \log_{10} 10 = 10 \times 1 = 10$[dB]

100배인 것은 $10 \times \log_{10} 100 = 10 \times 2 = 20$[dB]

동일하게 우리들의 일상 2배, 3배라고 하는 말을 데시벨로 표시하면

2배는 $10 \times \log_{10} 2 = 10 \times 0.301 \fallingdotseq 3$[dB]

3배는 $10 \times \log_{10} 3 = 10 \times 0.477 \fallingdotseq 4.77$[dB]

이라는 정도로 대답하면 된다. 이와 같이 배율 표시에 대해 데시벨 단위를 사용한 것을 **이득 표시**라고 한다.

▌예제▐ 증폭기의 이득(Gain of an amplifier)

하나의 증폭기의 전압이득은 다음과 같다.

$$\text{이득} = 20\log\left(\frac{V_0}{V_i}\right)$$

이때 V_i는 입력 전압이고 V_0는 출력 전압이다.

증폭기의 출력 전압은 250[mV]이다. 증폭기가 17[dB] 증가할 때, 입력 전압을 구하여라.

풀이 이득 $= 20\log\left(\frac{V_0}{V_i}\right)$에서 이득은 17[dB], $V_0 = 250$[mV]이다. 따라서

$$17 = 20\log\left(\frac{250}{V_i}\right)$$

$$\log\left(\frac{250}{V_i}\right) = \frac{17}{20} = 0.85$$

$$\frac{250}{V_i} = 10^{0.85}$$

$$V_i = \frac{250}{10^{0.85}} = 35.31$$

입력전압은 35.3[mV]이다.

연 습 문 제

1. 다음을 간단히 하여라.

(a) $e^{-7x}e^{4x}$ (b) $2e^{3x}e^{5x}$

(c) $(3e^{3x})(2e^{2x})(-e^{-x})$ (d) $\dfrac{8e^{6x}}{2e^{-2x}}$

2. 다음이 같음을 증명하여라.

(a) $\cosh 2x = \cosh^2 x + \sinh^2 x$

(b) $\sinh(x+y) = \sinh x \cosh y + \cosh x \sinh y$

3. $y = a + be^{-t}$의 함수에서 t가 증가할 때 y의 값을 구하여라.

4. 로그를 사용하여 다음을 표현하여라.

(a) $2^7 = 128$ (b) $4^5 = 1024$ (c) $243 = 3^5$

(d) $0.125 = 2^{-3}$ (e) $4^{-1/2} = 0.5$

5. 다음을 지수로 표현하여라.

(a) $\log_3 81 = 4$ (b) $\log_{10} 0.0001 = -4$ (c) $\log_{16} 8 = 0.75$

(d) $\log_4 8 = 1.5$ (e) $\log_4 0.125 = -1.5$

6. 다음을 간단한 로그로 표현하여라.

(a) $2\log y + 3\log x$ (b) $3\log AB - 2\log B - \log A$

(c) $\dfrac{1}{2}\log 4x^2 - \dfrac{1}{3}\log x$ (d) $\dfrac{1}{2}\log 8x + \dfrac{3}{2}\log 2x$

(e) $\log 2x - 2\log x + x\log 2$

제 5 장 삼각법

5.1 각

물체나 직선이 기준선과 벌어진 정도를 각(angle)이라 하고, 각의 단위로 도(degree)나 호도(radian)를 사용한다. 그리스 문자 α, θ, ϕ를 이용하여 각을 나타내고 호도는 [rad]로 표기하고 또는 생략되기도 한다. 그림 5-1에서 선 AB와 AC사이의 각은 θ이다.

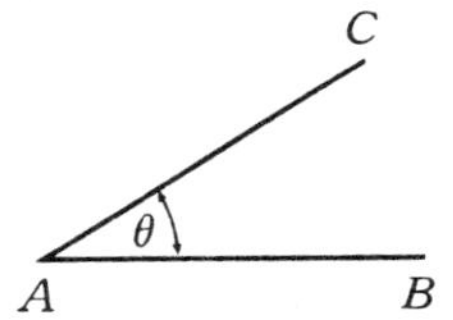

•• 그림 5-1 AB와 AC사이의 각 θ ••

선 AC는 AB의 자리로부터 각 θ만큼 회전한 것이라고 생각할 수 있다.

5.1.1 도

그림 5-2에 중심이 O인 원이 있다.

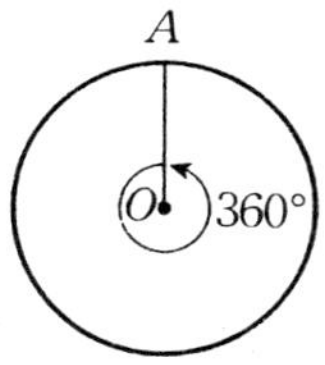

●● 그림 5-2 1회전은 360° ●●

반지름 OA가 돌아서 제자리로 올 때 1회전한 것이며 이 때 1회전은 360도를 말하며 360°라고 표기한다.

5.1.2 호 도

중심 O, 반지름 r인 원에서 길이가 r인 호 AB를 생각하면, 호 AB는 중심 O의 각에 끼어 있고 이 때 각 AOB를 의미한다.

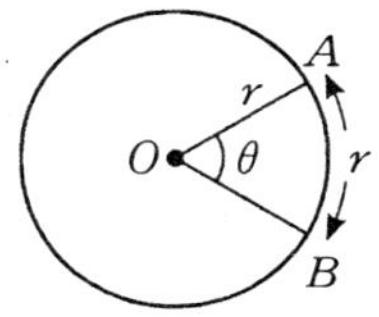

●● 그림 5-3 호 AB의 길이는 r ●●

이렇게 호의 길이 AB가 반지름의 길이 r과 같을 때 $\angle AOB$의 크기를 1[rad](호도)로 정의한다.

key point

$$\pi[\text{rad}]=180° \Rightarrow \begin{cases} 1[\text{rad}] = \dfrac{180°}{\pi} \fallingdotseq 57°\,17'\,45'' \\ 1° = \dfrac{\pi}{180}[\text{rad}] \fallingdotseq 0.01745[\text{rad}] \end{cases}$$

길이가 $2r$인 호는 비례식을 사용하여 2호도가 되며 길이가 αr인 호는 α호도이다. 특히, 1회전의 호의 길이는 $2\pi r$(원의 둘레)이고 2π호도를 가지며 $2\pi[\text{rad}]=360°$이다.

그림 5-4는 도와 [rad]을 같이 표시한 예이다.

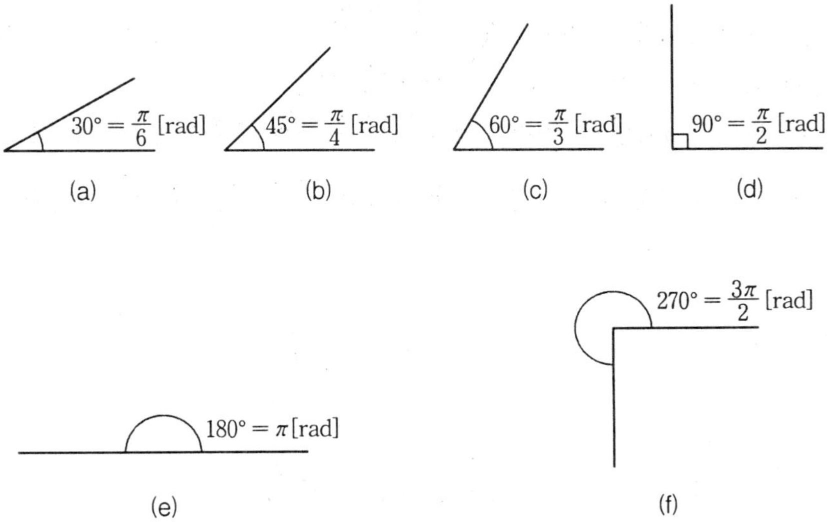

•• 그림 5-4 도와 호도의 표시 ••

▌예제▐ 37°를 [rad]로 바꾸어라.

(풀이) $180° = \pi\,[\text{rad}],\ 1° = \frac{\pi}{180}\,[\text{rad}]$

$37° = 37 \times \frac{\pi}{180}\,[\text{rad}] = 0.6458\,[\text{rad}]$

▌예제▐ 1.2[rad]를 도로 바꾸어라.

(풀이) $\pi[\text{rad}],\ 1[\text{rad}] = \frac{180}{\pi}$

$1.2[\text{rad}] = 1.2 \times \frac{180°}{\pi} = 68.75°$

▌예제▐ 117°를 [rad]로 표현하여라.

(풀이) $180° = \pi[\text{rad}],\ 1° = \frac{\pi}{180}\,[\text{rad}]$

$117° = 117 \times \frac{\pi}{180} = 2.0420[\text{rad}]$

5.2 삼각비

삼각형은 3변과 3각을 가지고 있는 도형을 말하며 3변중 가장 긴변을 빗변이라 하며 빗변이 바라보고 있는 각(대각)이 3각 중 가장 크다.

그림 5-5에서 $\triangle ABC$는 AB는 빗변이고 대각이 직각 C인 직각삼각형이며, 각 BAC을 지시할 경우 보통 A라고 쓴다. 위에서 말한 C도 각 BCA을 의미한다.

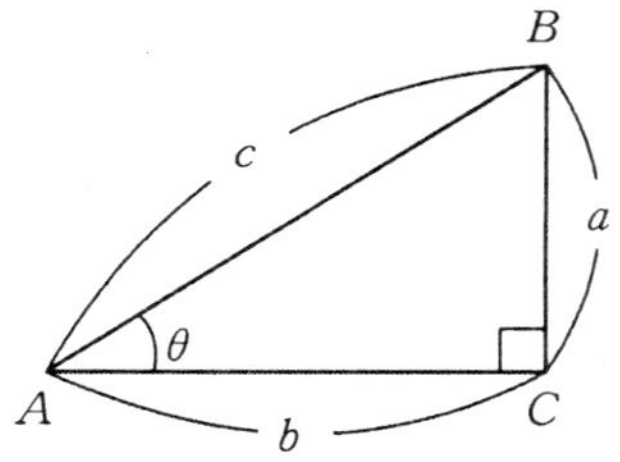

•• 그림 5-5 빗변 AB인 직각 삼각형 ••

5.2.1 삼각비의 정의

그림 5-5의 직각 삼각형에서 삼각비(trigonometrical ratios) $\sin\theta$, $\cos\theta$, $\tan\theta$를 정의해 보자.

key point

$$\sin\theta = \frac{BC\text{의 길이}}{AB\text{의 길이}} = \frac{a}{c}$$

$$\cos\theta = \frac{AC\text{의 길이}}{AB\text{의 길이}} = \frac{b}{c}$$

$$\tan\theta = \frac{BC\text{의 길이}}{AC\text{의 길이}} = \frac{a}{b}$$

5.2.2 특수각의 삼각비의 값

θ가 0°부터 90°까지 변할 때의 $\sin\theta$, $\cos\theta$, $\tan\theta$의 값을 계산한 표를 삼각비의 표(삼각함수표)라 한다.

그런데 30°, 45°, 60°에 대한 삼각비의 값은 정삼각형과 정사각형의 성질을 이용하면(삼각비의 표를 보지 않고서도) 쉽게 구할 수 있다. 곧, 그림 5-6과 같이 한 변의 길이가 2인 정삼각형과 한 변의 길이가 1인 정사각형으로부터 각각 직각삼각형을 잘라내어 보면 30°, 45°, 60°에 대한 삼각비의 값을 쉽게 얻어낼 수 있다.

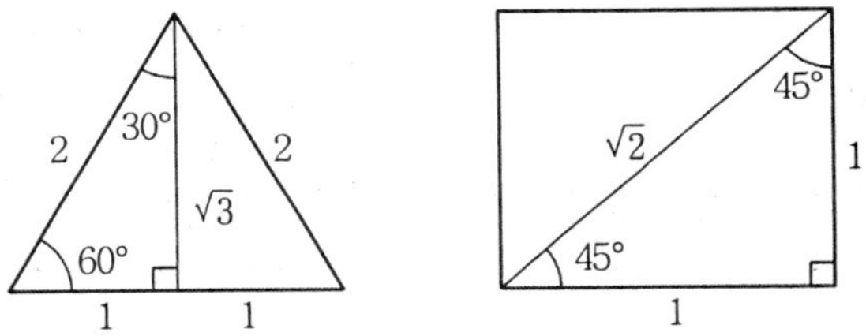

• • 그림 5-6 특수각의 삼각비 • •

key point

· 특수각의 삼각비의 값

θ	30°	45°	60°
$\sin\theta$	$\frac{1}{2}$	$\frac{1}{\sqrt{2}}$	$\frac{\sqrt{3}}{2}$
$\cos\theta$	$\frac{\sqrt{3}}{2}$	$\frac{1}{\sqrt{2}}$	$\frac{1}{2}$
$\tan\theta$	$\frac{1}{\sqrt{3}}$	1	$\sqrt{3}$

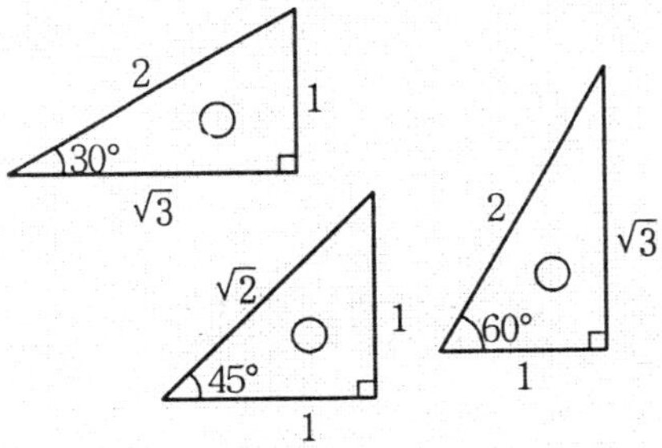

key point

· 상제관계

$$\tan\theta = \frac{\sin\theta}{\cos\theta}, \quad \cot\theta = \frac{\cos\theta}{\sin\theta}$$

각 A에 대하여

$$\sin A = \cos(90° - A),\ \cos A = \sin(90° - A),\ \tan A = \frac{1}{\tan(90° - A)}$$

5.2.3 Secant, cosecant, cotangent

이 비는 cosine, sine, tangent의 역수로서 secant, cosecant, cotangent는 보통 sec, cosec, cot로 각각 쓴다.

key point

· 역수관계

$$\sec A = \frac{1}{\cos A},\ \operatorname{cosec} A = \frac{1}{\sin A},\ \cot A = \frac{1}{\tan A}$$

예제 다음 값을 구하여라.

(a) cosec 50° (b) cot 20° (c) sec 70° (d) cot 0.7

풀이 (a) $\operatorname{cosec} 50° = \frac{1}{\sin 50°} = 1.3054$ (b) $\cot 20° = \frac{1}{\tan 20°} = 2.7475$

(c) $\sec 70° = \frac{1}{\cos 70°} = 2.9238$

(d) 호도법으로 표현된 것에 주의하고 $\cot 0.7 = \frac{1}{\tan 0.7} = 1.1872$

5.3 삼각비의 응용

5.3.1 피타고라스의 정리

피타고라스의 정리(Pythagoras's theorem)는 직각삼각형에만 적용된다.

key point

피타고라스의 정리 $c^2 = a^2 + b^2$
빗변의 제곱의 합은 다른 두 변의 제곱의 합과 같다.

▌예제▐ 그림 5-7의 $\triangle ABC$에서 $AC = 9$[cm], $BC = 14$[cm]이다. AB를 구하여라.

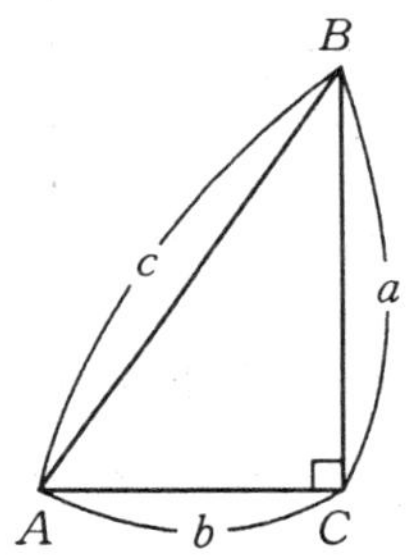

•• 그림 5-7 직각 삼각형 $\triangle ABC$ ••

풀이 $b = AC = 9$[cm], $a = BC = 14$[cm]이므로, 피타고라스 정리에 의하면,

$c^2 = a^2 + b^2 = 14^2 + 9^2 = 277$

$c = \sqrt{277} = 16.64$ 빗변 AB는 16.64[cm]이다.

▌예제▐ 그림 5-8 $\triangle ABC$는 C가 직각이고, $A = 53°$, $BC = 9$[cm]이다.
(a) AC와 (b) AB를 구하여라.

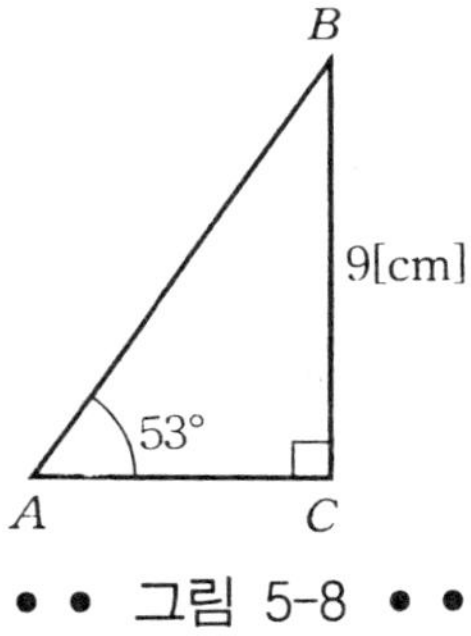

•• 그림 5-8 ••

풀이 (a) $\tan A = \frac{BC}{AC}$, $\tan 53° = \frac{9}{AC}$, $AC = \frac{9}{\tan 53°} = 6.7820$

(b) $\sin A = \frac{BC}{AB}$, $\sin 53° = \frac{9}{AB}$, $AB = \frac{9}{\sin 53°} = 11.2692$

▌예제▐ 그림 5-9는 $\triangle XYZ$는 직각삼각형으로, $XY = 23$[cm], $YZ = 14$[cm]이다. $\triangle XYZ$에서 X와 Y의 각과 XZ의 길이를 구하여라.

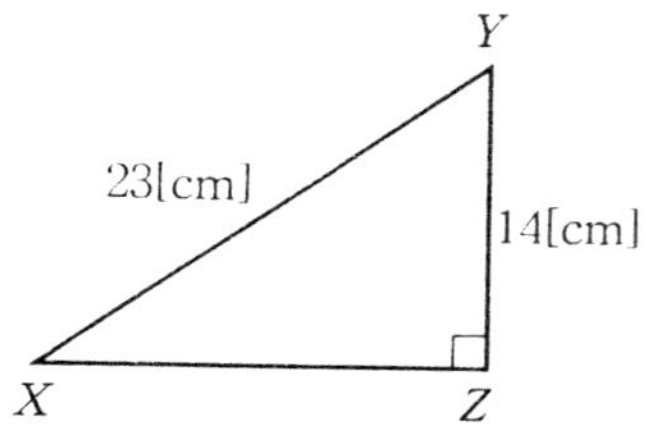

• • 그림 5-9 • •

풀이 우선 X를 구하면

$$\sin X = \frac{14}{23},\ X = \sin^{-1}\left(\frac{14}{23}\right) = 37.50°$$

X를 대입하여 Y를 구하면

$$X + Y + Z = 180°,\ Y = 52.50°$$

피타고라스의 정리에 의해 XZ를 구한다.

$$(XY)^2 = (XZ)^2 + (YZ)^2$$

$$(XZ)^2 = (XY)^2 - (YZ)^2 = 333$$

$$XZ = \sqrt{333} = 18.25[\text{cm}]$$

5.3.2 사인 법칙

그림 5-10에 $\triangle ABC$가 있다.

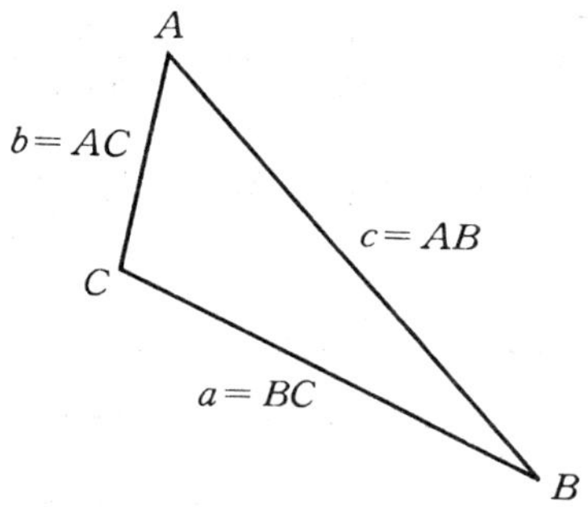

•• 그림 5-10 $a=BC,\ b=AC,\ c=AB$인 삼각형 ••

그림 5-10에서 a와 마주보는 각을 A, b와 마주보는 각을 B, c와 마주보는 각을 C라 하면 다음의 sin법칙을 유도할 수 있다.

key point

사인법칙

$$\frac{a}{\sin A}=\frac{b}{\sin B}=\frac{c}{\sin C}$$

이 법칙은 한 변과 두 각, 두 변에 낀 한 각이 주어졌을 때 삼각형의 면적을 구하는데 매우 유용하다.

예제 $A=46°,\ B=32°,\ BC=13[\text{cm}]$일 경우 $\triangle ABC$를 풀어라.

풀이 두 각과 한 변이 주어졌으므로, sin 법칙을 사용할 수 있다.

$A=46°,\ B=32°,\ a=BC=13[\text{cm}]$이다. 우선 C를 구하면 $A+B+C=180°$

$C=180°-A-B=180°-46°-32°=102°$

sine 법칙을 적용하면

$$\frac{a}{\sin A}=\frac{b}{\sin B}=\frac{c}{\sin C}$$

$$\frac{13}{\sin 46°}=\frac{b}{\sin 32°}=\frac{c}{\sin 102°}$$

다시 정리하면

$$b=\frac{13\sin 32°}{\sin 46°},\ c=\frac{13\sin 102°}{\sin 46°}$$

즉, $b=9.58[\text{cm}],\ c=17.68[\text{cm}]$

그러므로 $C=102°,\ b=AC=9.58[\text{cm}]\ c=AB=17.68[\text{cm}]$

5.3.3 코사인 법칙

임의의 $\triangle ABC$에서 cos법칙은 다음과 같다.

key point

코사인 법칙 $\triangle ABC$에서

$$a^2 = b^2 + c^2 - 2bc\cos A$$

$$b^2 = a^2 + c^2 - 2ac\cos B$$

$$c^2 = a^2 + b^2 - 2ab\cos C$$

예제 $\triangle ABC$는 $AB = 17.3[\text{cm}]$, $BC = 23.9[\text{cm}]$, $B = 71°$ 이다. $\triangle ABC$에 대하여 풀어라.

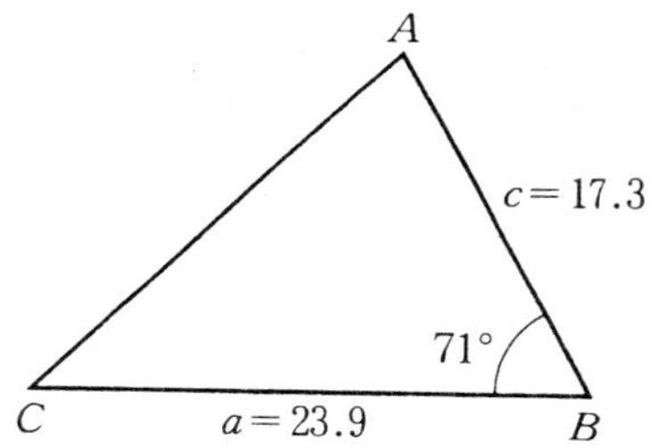

• • 그림 5-11 두변과 한각이 주어진 삼각형 • •

풀이 두 변과 그 사이 각이 주어졌으므로 코사인 법칙을 적용할 수 있다.
$a = BC = 23.9[\text{cm}]$, $c = AB = 17.3[\text{cm}]$, $B = 71°$ 이다. 우선 b를 구하기 위해 cos법칙을 적용한다.

① $b^2 = a^2 + c^2 - 2ac\cos B$

$$= 23.9^2 + 17.3^2 - 2(23.9)(17.3)\cos 71°$$

$$= 601.27$$

$b = 24.52[\text{cm}]$

② A를 구하기 위해서는 sin법칙, cos법칙 모두 이용할 수 있고 sin법칙을 이용하면,

$$\frac{a}{\sin A}=\frac{b}{\sin B},\ \frac{23.9}{\sin A}=\frac{24.52}{\sin 71^\circ},\ \sin A=\frac{23.9\sin 71^\circ}{24.52}=0.9216$$

$A=67.16^\circ$ 또는 112.84°

③ $B=71^\circ$ 이고, 삼각형 내각의 합은 180° 이므로, $A=112.84^\circ$ 는 버린다.

$C=180^\circ-A-B=41.84^\circ$

【답】 $A=67.16^\circ$, $C=41.84^\circ$, $AC=24.52$[cm]

5.4 4분면에서 삼각비

5.4.1 4분면

삼각함수의 정의에서 r은 동경 OP의 길이이므로 그 부호는 양이고, x, y는 동점 P의 x좌표, y좌표이므로 그 부호는 점 P가 어느 사분면의 각인가에 따라 정하여진다.

지금 P의 위치에 따른 삼각함수값의 부호를 살펴 보면 다음과 같다.

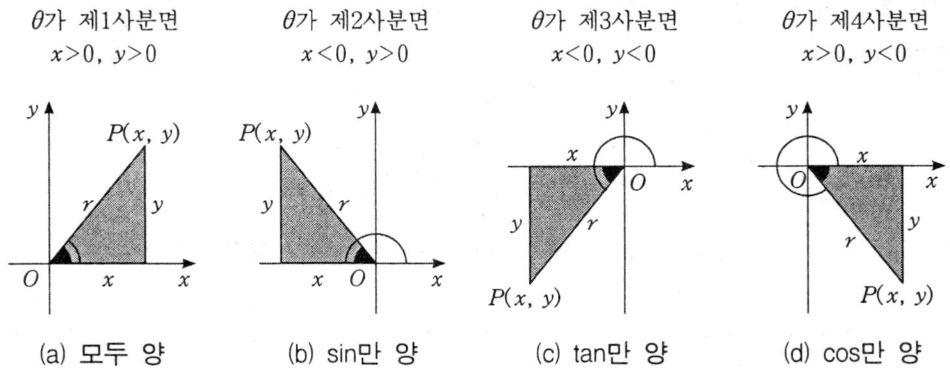

• • 그림 5-12 • •

곧, θ가 제1사분면의 각일 때에는 $x>0$, $y>0$이고, r은 항상 양이므로

$$\sin\theta=\frac{y}{r}>0,\ \cos\theta=\frac{x}{r}>0,\ \tan\theta=\frac{y}{x}>0$$

또, θ가 제2사분면의 각일 때에는 $x<0$, $y>0$이고, r은 항상 양이므로

$$\sin\theta = \frac{y}{r} > 0, \ \cos\theta = \frac{x}{r} < 0, \ \tan\theta = \frac{y}{x} < 0$$

이 됨을 알 수 있다.

같은 방법으로 생각하면 θ가 제3사분면의 각일 때에는 $\tan\theta$만 양이고, 제4사분면의 각일 때에는 $\cos\theta$만 양이 됨을 알 수 있다.

이와같이 하여 각 사분면에서 삼각함수의 값이 양인 것만을 조사하여 나타내어 보면 그림 5-13과 같다.

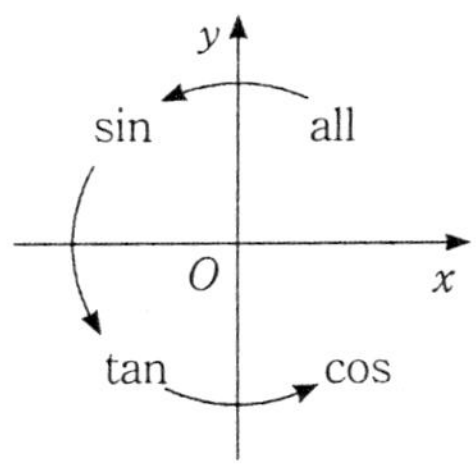

• • 그림 5-13 삼각함수값이 양인 것 • •

▌예제 ▌ $\sin 17°$ 와 $\sin 163°$ 가 같음을 설명하여라.

풀이

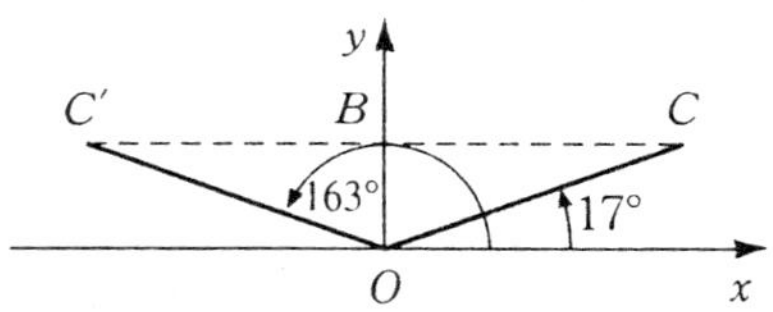

• • 그림 5-14 OC와 OC'는 y의 같은 투영 • •

그림 5-14에서 OC와 OC'는 같은 길이를 갖고, OC는 x축의 $17°$ 이며 OC'는 x축에 대하여 $163°$ 이다. $163° = 180° - 17°$ 이므로 OC'는 y축에 대하여 대칭이 OC이다.

OC와 OC'의 y투영은 모두 대칭이므로 OB이다. 따라서 $\sin 163° = \sin 17°$ 이다.

key point $\sin(180° - \theta) = \sin\theta$

▌예제▐ $\tan\theta > 0$이고 $\sin\theta < 0$인 각 θ가 있다. θ는 몇 4분면에 있는가?

풀이 $\tan\theta > 0$일 때 θ는 제1사분면과 제3사분면에 있다. 또한 $\sin\theta < 0$일 때 θ는 제3사분면과 제4사분면에 있다. 그러므로 θ은 제3사분면에 있다.

5.5 삼각함수와 역삼각함수

각 또는 호도[rad]에 대한 sin, cos, tan을 구하고자 할 때는 삼각비를 사용하여 각이나 호도를 입력값 x로 하여 삼각함수 $y = \sin x$, $y = \cos x$, $y = \tan x$를 구할 수 있다.

5.5.1 삼각함수의 그래프

$\sin x = MP$, $\cos x = OM$, $\tan x = AT$에서 x의 값의 변화에 따른 MP, OM, AT의 변화를 조사하면 다음과 같은 그래프를 얻게 된다.

(1) 함수 $y = \sin x$

표 5-1은 계산기를 사용하여 얻은 x값에 따른 $\sin x$의 값이다.

표 5-1

x	0	30	60	90	120	150	180	210	240	270	300	330	360
$\sin x$	0	0.500	0.866	1	0.866	0.500	0	−0.500	−0.866	−1	−0.866	−0.500	0

위의 값을 그래프로 그리면 그림 5-15가 된다.

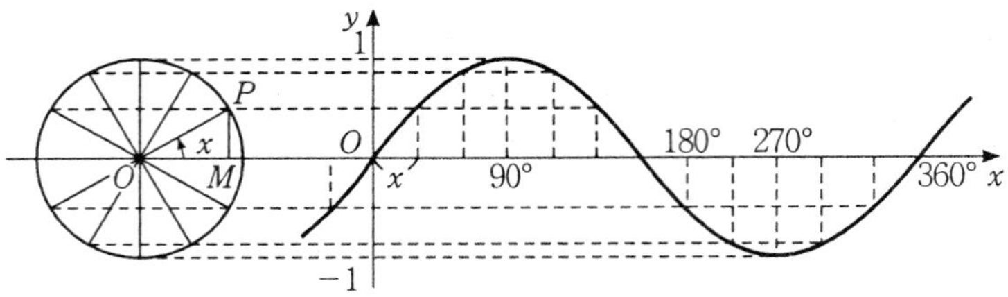

최대값 1, 최소값 −1, 곧, $-1 \le \sin x \le 1$, 주기 : $360°(=2\pi)$

•• 그림 5-15 $y=\sin x$의 그래프($\sin x = MP$) ••

$\sin x$의 최대값은 1이고 최소값은 −1이 되며 호도법으로 계산하려면 $0° \le x \le 360°$는 $0° \le x \le 2\pi$로 대체되어야 한다. 이 sin함수의 그래프를 sin파형(sine wave) 또는 cycle이라고 부른다.

$$\sin x = \sin(x+360°) = \sin(x+720°)$$
$$\sin x = \sin(x-360°) = \sin(x-720°)$$

다시 말해서 그래프는 주기 $360°(2\pi)$마다 똑같은 모양의 cycle를 반복하면서 좌측과 우측으로 확장된다.

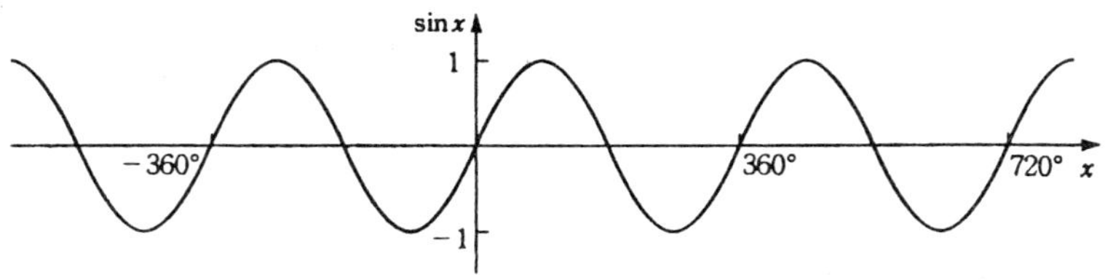

•• 그림 5-16 360°마다 반복되는 cycle ••

▮예제▮ 그림 5-15와 그림 5-16의 그래프를 이용하여 다음의 문제를 풀어라.

(a) 함수 $y=\sin x$의 정의역은 얼마인가?

(b) 함수 $y=\sin x$의 치역은 얼마인가?

(c) 함수 $y=\sin x$는 1 : 1 함수인가 아니면 다대일 함수인가?

풀이 (a) 모든 x (b) $[-1, 1]$ (c) 다대일

(2) 함수 $y=\cos x$

표 5-2는 계산기를 이용하여 구한 x값에 따른 $\cos x$값이다.

표 5-2

x	0	30	60	90	120	150	180	210	240	270	300	330	360
$\sin x$	1	0.866	0.500	0	−0.500	−0.866	−1	−0.866	−0.500	0	0.500	0.866	1

위 값을 그래프로 나타내면 그림 5-17과 같다.

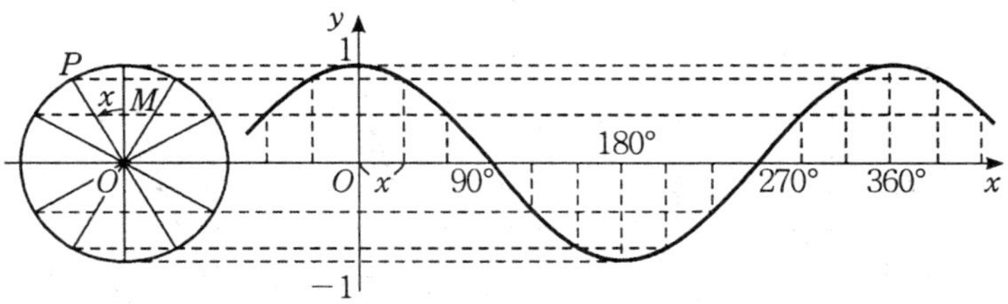

최대값 1, 최소값 −1, 곧, $-1\le\cos x\le 1$, 주기 : 360°$(=2\pi)$

• • 그림 5-17 $y=\cos x$의 그래프($\cos x=OM$) • •

$\cos x$의 최대값은 1이고 최소값은 −1이다.

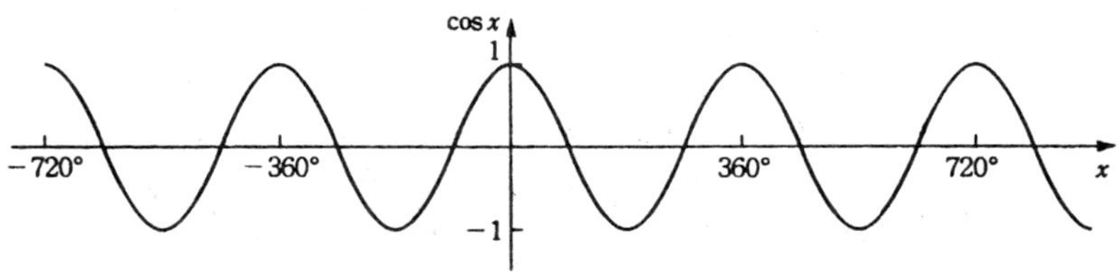

• • 그림 5-18 함수 $y=\cos x$는 360°마다 완전한 cycle를 형성 • •

$y=\sin x$와 같이 함수 $y=\cos x$도 좌측과 우측으로 확장될 수 있으며 $y=\cos x$는 360° 또는 2π[rad]마다 주기를 형성한다.

▌예제▐ 그림 5-17과 그림 5-18의 그래프를 이용하여 다음 문제를 풀어라.

(a) 함수 $y=\cos x$의 가능한 정의역은 얼마인가?

(b) $y=\cos x$의 치역은 얼마인가?

(c) 함수 $y=\cos x$는 1 : 1 함수인가 다대일 함수인가?

풀이 (a) 모든 x (b) $[-1, 1]$ (c) 다대일

(3) 함수 $y=\tan x$

표 5-3은 x값과 그에 해당하는 $\tan x$값이다.

표 5-3

x	0	30	60	90	120	150	180	210	240	270	300	330	360
$\tan x$	0	0.557	1.732	-	−1.732	−0.577	0	0.577	1.732	-	−1.732	−0.577	0

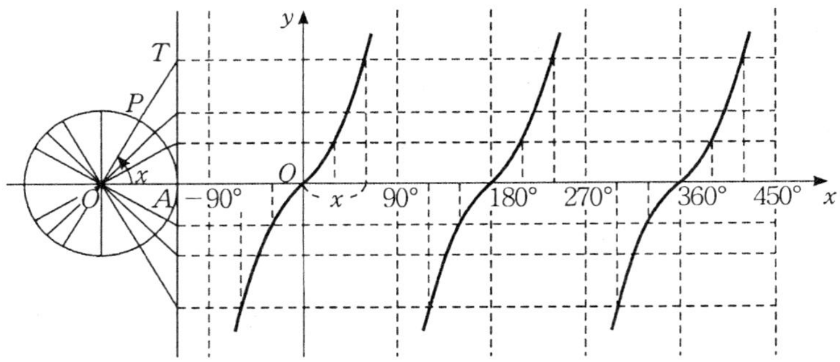

최대값, 최소값은 없다. 주기 : 180°(= π)

•• 그림 5-19 $y=\tan x$의 그래프($\tan x = AT$) ••

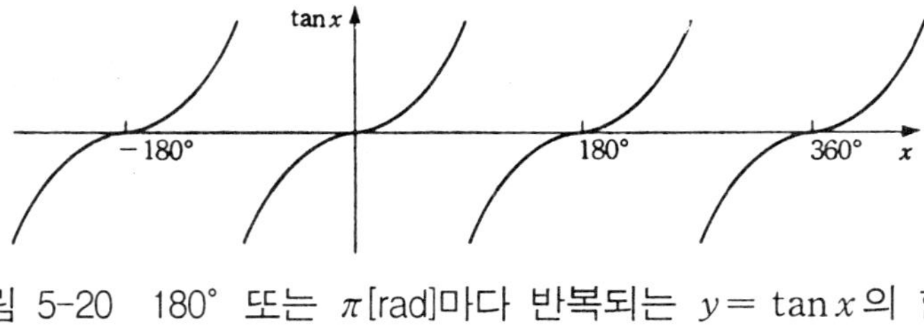

•• 그림 5-20 180° 또는 π[rad]마다 반복되는 $y=\tan x$의 함수 ••

$y=\sin x$와 $y=\cos x$의 그래프와 달리 함수 $y=\tan x$는 최대값과 최소값을 가지지 않는다.

각에 180°의 배수를 더하거나 빼는 것은 tan값을 변화시키지 않는다는 것을 살펴보았다. 그림 5-19의 그래프를 좌측과 우측으로 확장하면 그림 5-20과 같다.

함수는 $x= \cdots -270°, -90°, 90°, 270° \cdots$ 에서 불연속이다.

▌예제▐ 그림 5-19와 그림 5-20을 이용하여 다음 문제를 풀어라.

(a) 함수 $y=\tan x$의 정의역은 얼마인가?

(b) $y=\tan x$의 치역은 얼마인가?

(c) 함수 $y=\tan x$는 1 : 1 함수인가 아니면 다대일 함수인가?

풀이 (a) $x= \cdots -270°, -90°, 90°, 270° \cdots$ 인 경우를 제외한 모든 값이며 이 값들은 범위에서 제외되어야 한다.

(b) $(-\infty, \infty)$

(c) 다대일

5.5.2 삼각함수의 진폭과 주기

(1) 삼각함수의 주기와 진폭

sin과 cos값은 변화하지 않으므로 다음과 같다.

$$\sin\theta = \sin(\theta + 360°) = \sin(\theta + 720°) = \sin(\theta + 1080°) = \cdots\cdots$$

또한

$$\sin\theta = \sin(\theta - 360°) = \sin(\theta - 720°) = \sin(\theta - 1080°) = \cdots\cdots$$

key point

$$\sin\theta = \sin(\theta \pm n360°) \quad n = 1, 2, 3, \cdots$$
$$\cos\theta = \cos(\theta \pm n360°) \quad n = 1, 2, 3, \cdots$$

$\tan\theta$는 $\tan\theta = \dfrac{y \text{ 투영}}{x \text{ 투영}}$ 으로 정의된다. 따라서 $\tan\theta$는

key point

$$\tan\theta = \tan(\theta \pm n180°) \quad n = 1, 2, 3, \cdots$$

그러므로 180°를 더하거나 뺄 때 $\tan\theta$값은 변화지 않고 $\sin\theta$이나 $\cos\theta$의 경우에는 360°의 배수를 더하거나 뺄 수 있고 $\tan\theta$의 경우에는 180°의 배수를 더하고 뺄 수 있다. 그리고 일정한 주기 값을 가지므로 $\sin\theta$, $\cos\theta$, $\tan\theta$는 모두 주기함수이다.

▌예제▐ 다음을 간단히 하여라.

(a) $\sin(\theta+1000°)$ (b) $\cos(x-900°)$ (c) $\tan(z-540°)$

풀이 (a) $\theta+1000°$에서 360°의 배수를 빼도 sin은 변하지 않으므로

$\sin(\theta+1000°)=\sin[\theta+1000°-2(360°)]=\sin(\theta+280°)$

(b) $x-900°$에서 360°의 배수를 더해도 cosine은 변하지 않으므로

$\cos(x-900°)=\cos[x-900°+3(360°)]=\cos(x+180°)$

(c) $z-540°$에 180°의 배수를 더해도 tan의 값은 변치 않는다.

$\tan(z-540°)=\tan[z-540°+3(180°)]=\tan z$

▌예제▐ 다음 함수의 그래프를 그리고 최대값, 최소값, 주기를 말하여라.

(a) $y=\sin(x-60°)$ (b) $y=2\sin x$ (c) $y=\sin 2x$

풀이 $y=\sin x$에서 (a)는 x 대신 $x-60°$를, (b)는 y대신 $\frac{1}{2}y$를, (c)는 x대신 $2x$를 각각 대입한 것이므로 $y=\sin x$의 그래프를 기준으로 하여 그린다.

(a) $y=\sin(x-60°)$의 그래프

$y=\sin x$의 그래프를 x축의 방향으로 60°만큼 평행이동한 것이다.

최대값 : 1, 최소값 : −1

주기 : 360°(=2π)

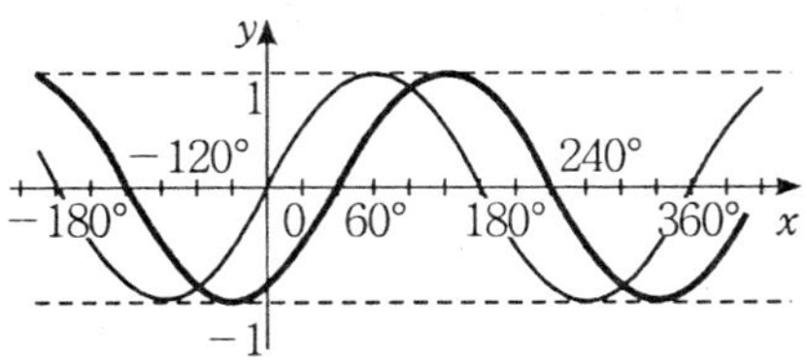

(b) $y=2\sin x$의 그래프

$y=\sin x$의 그래프를 y축의 방향으로 2배 확대한 것이다.

최대값 : 2, 최소값 : −2

주기 : 360°(=2π)

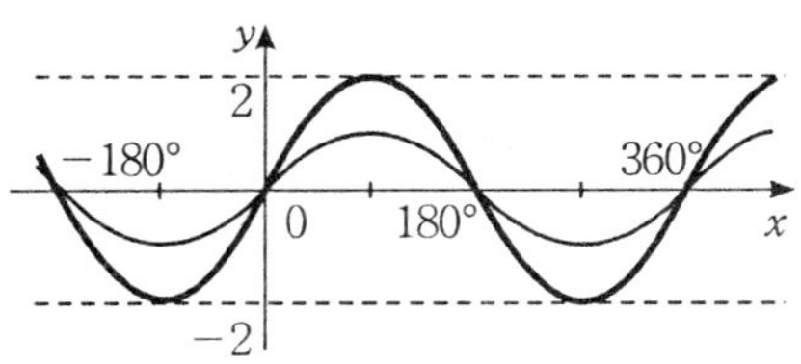

(c) $y=\sin 2x$의 그래프

$y=\sin x$의 그래프를 x축의 방향으로

$\frac{1}{2}$배 축소한 것이다.

최대값 : 1, 최소값 : −1

주기 : 180°($=\pi$)

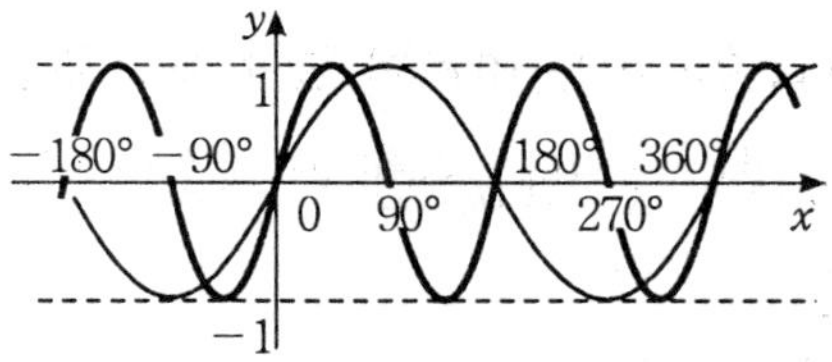

•• 그림 5-21 ••

key point

· $y=r\sin(\omega x+\alpha)$의 성질

① r의 값이 변함에 따라 최대값, 최소값이 변한다.

최대한 : $|r|$, 최소값 : $-|r|$

그러나 r의 값이 변하더라도 주기는 변하지 않는다.

② ω의 값이 변함에 따라 주기가 변한다.

주기 : $360° \div |\omega|$

그러나 ω의 값이 변하더라도 최대값, 최소값에는 관계가 없다.

5.5.3 역삼각함수

삼각함수의 역함수를 역삼각함수라 하며 기호는 $\sin^{-1}$, $\cos^{-1}$, $\tan^{-1}$을 사용하고 역sin, 역con, 역tan 또는 arc sin, arc cos, arc tan로 읽는다.

삼각함수는 주기함수가 되므로 한 주기에 대해서만 역삼각함수가 존재한다.

예로서 $\sin A=0.6513$일 때 A의 값을 구해 보자.

$$\sin A=0.6513$$
$$A=\sin^{-1}(0.6513)$$

이것은 A가 sin이 0.6513인 각이라는 것을 뜻한다.

$$A=\sin^{-1}(0.6513) \text{ 또는 } A=\text{arc}\ \ \sin(0.6513)$$

유사하게

$\cos B = 0.3619$라면 $B = \cos^{-1}(0.3619)$이고,

$\tan C = 1.4703$이면 $C = \tan^{-1}(1.4703)$이다.

key point

> $\sin^{-1}$은 "sin이 …인 각"을 의미한다.
> $\cos^{-1}$은 "cos이 …인 각"을 의미한다.
> $\tan^{-1}$은 "tan가 …인 각"을 의미한다.

역sin, 역cos, 역tan 값을 구하려면 계산기(calculator)를 사용한다.

▌예제▐ A 값을 구하여라.

(a) $\sin A = 0.4213$ (b) $\cos A = 0.5316$ (c) $\tan A = 1.7503$

풀이 (a) $\sin A = 0.4213$

$A = \sin^{-1}(0.4213) = 24.92°$

(b) $\cos A = 0.5316$

$A = \cos^{-1}(0.5316) = 57.89°$

(c) $\tan A = 1.7503$

$A = \tan^{-1}(1.7503) = 60.26°$

▌예제▐ 계산기를 사용하여 $\sin\theta = -0.2000$ 일 때 θ를 구하여라.

풀이 $\sin\theta = -0.2000$

$\theta = \sin^{-1}(-0.2000) = -11.54°$

▌예제▐ 구간 $0 \le x \le 2\pi$에서 $\cos x = 0.3456$를 구하여라.

풀이 $0 \le x \le 2\pi$인 $y = \cos x$의 그래프는 그림 5-22와 같으며 각도는 호도[rad]이다.

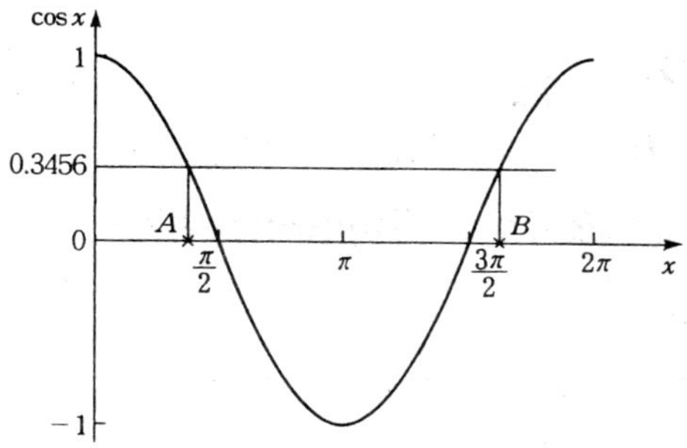

• • 그림 5-22 $\cos x = 0.3456$ 의 그래프 • •

그림 5-22에서 2개의 근 A, B를 알 수 있으며, 근 A는 0과 $\frac{\pi}{2}$사이인 제1사분면에 있고 근 B는 제4사분면 즉 $\frac{3\pi}{2}$와 2π사이에 있다.

$$\cos x = 0.3456, \ x = \cos^{-1}(0.3456) = 1.2179[\text{rad}]$$

이것이 바로 A로 표시된 근이며, 제4사분면의 근은 대칭성을 이용하여 다음과 같이 구할 수 있다.

$$x = 2\pi - 1.2179 = 5.0653$$

구하고자 하는 근은 $x = 1.2179, \ 5.0653[\text{rad}]$

5.6 삼각함수의 성질

표 5-4 삼각함수의 항등식

$$\sin^2 A + \cos^2 A = 1$$
$$\frac{\sin A}{\cos A} = \tan A$$
$$\sin(A+B) = \sin A\cos B + \cos A\sin B$$
$$\sin(A-B) = \sin A\cos B - \cos A\sin B$$
$$\cos(A+B) = \cos A\cos B - \sin A\sin B$$
$$\cos(A-B) = \cos A\cos B + \sin A\sin B$$
$$\sin 2A = 2\sin A\cos A$$
$$\cos 2A = 1 - 2\sin^2 A = 2\cos^2 A - 1 = \cos^2 A - \sin^2 A$$
$$\tan(A+B) = \frac{\tan A + \tan B}{1 - \tan A\tan B}$$
$$\tan(A-B) = \frac{\tan A - \tan B}{1 + \tan A\tan B}$$
$$2\cos A\cos B = \cos(A+B) + \cos(A-B)$$
$$2\sin A\cos B = \sin(A+B) + \sin(A-B)$$
$$2\sin A\sin B = \cos(A-B) - \cos(A+B)$$
$$\sin^2 A = \frac{1}{2}(1 - \cos 2A)$$
$$\cos^2 A = \frac{1}{2}(1 + \cos 2A)$$

표 5-4에서 $\sin^2 A$는 $(\sin A)^2$와 $\cos^2$는 $(\cos A)^2$와 같으며 위 공식은 삼각법을 포함하고 있는 식을 간단히 하는데 유용하다.

표 5-4의 첫 항목은 특히 중요하여 여기서 다시 한번 강조한다.

key point

$$\sin^2 A + \cos^2 A = 1$$

예제 삼각함수의 항등식을 사용하여 $\cos A\tan A$를 간단히 하여라.

풀이 $\tan A = \dfrac{\sin A}{\cos A}$

$$\cos A \tan A = \cos A \frac{\sin A}{\cos A} = \sin A$$

그러므로 $\cos A \tan A = \sin A$

예제 $\cos(-\theta) = \cos\theta$임을 보여라.

풀이 $A = 0$이고 $B = \theta$인 $\cos(A - B)$를 위한 항등 함수를 표 5-4에서 찾는다.

$$\cos(A - B) = \cos A \cos B + \sin A \sin B$$

$A = 0$이고 $B = \theta$일 때

$$\cos(-\theta) = \cos 0 \cos\theta + \sin 0 \sin\theta$$

$\sin 0 = 0$이고 $\cos 0 = 1$이므로 위의 식은 $\cos\theta$으로 간단하게 될 수 있다.

그러므로 $\cos(-\theta) = \cos\theta$

예제 $\tan(\theta + 45°) = \dfrac{1 + \tan\theta}{1 - \tan\theta}$ 임을 보여라.

풀이 항등식 $\tan(A + B) = \dfrac{\tan A + \tan B}{1 - \tan A \tan B}$ 에 $A = \theta$, $B = 45°$ 를 대입하면

$$\tan 45° = 1$$

따라서 $\tan(\theta + 45°) = \dfrac{\tan\theta + 1}{1 - \tan\theta} = \dfrac{1 + \tan\theta}{1 - \tan\theta}$

5.7 공학 파형

(1) 파형의 진폭

이미 설명한 진폭(amplitude)의 개념을 상기시키면서 $A > 0$인 함수 $y = A\sin t$를 살펴보자. A는 파형의 진폭이면서 파형의 최대값이며 $y = A\cos t$의 진폭도 A이다.

key point

$y = A\sin t$와 $y = A\cos t$의 진폭은 모두 A이다.

(2) 파형의 각(角) 주파수

파형 $y=A\sin\omega t$에서 ω는 파형의 각주파수이며 ω의 단위는 초당 [rad]을 사용한다. t는 초를 단위로 하고 ωt는 [rad]을 단위로 한다.

예를 들어 $y=\sin 4t$는 초당 4[rad]이라는 각 주파수를 가지며 $y=A\cos\omega t$의 각주파수는 초당 ω[rad]이다.

key point $y=A\sin\omega t$와 $y=A\cos\omega t$의 각 주파수는 초당 ω[rad]이다.

예제 다음 각 파형의 각 주파수를 말하여라.

(a) $y=5\sin 3t$ (b) $y=7\cos\dfrac{t}{2}$ (c) $y=\cos\dfrac{2t}{3}$

풀이 (a) $5\sin 3t$와 $A\sin\omega t$를 비교하면 $\omega=3$ 이고 각주파수는 초당 3[rad]이다.

(b) 각주파수는 초당 $\dfrac{1}{2}$[rad]

(c) 각주파수는 초당 $\dfrac{2}{3}$[rad]

(3) 파형의 주기

하나의 사이클을 만드는데 소요되는 시간을 **파형의 주기**(period of a wave)라 하고 이는 파형의 각속도와 관련이 있으며 $y=A\sin\omega t$에서 t가 0초일 때 $\omega t=0$ [rad]이고 $t=\dfrac{2\pi}{\omega}$ 초이면 $\omega t=2\pi$[rad]이다.

따라서 t가 $\dfrac{2\pi}{\omega}$ 초까지 증가할 때 각도 ωt는 2π[rad]까지 증가하고 sin함수는 2π까지 각도가 증가할 때 주기를 만든다.

그러므로 $y=A\sin\omega t$는 t가 $\dfrac{2\pi}{\omega}$ 초까지 증가할 때 주기를 만들며 y의 주기는 $\dfrac{2\pi}{\omega}$ 초이며 동일한 방법으로 $y=A\cos\omega t$의 주기도 역시 $\dfrac{2\pi}{\omega}$ 초이며 주기는 T로 나타낸다.

key point

$y = A\sin\omega t$와 $y = A\cos\omega t$의 주기는 $T = \frac{2\pi}{\omega}$로 구할 수 있다.

▌예제▐ 다음 각 함수의 주기를 구하여라.

(a) $y = 3\sin 6t$　　(b) $y = 5.6\cos\pi t$　　(c) $y = 50\sin 100\pi t$

풀이 (a) $\omega = 6$, $T = \frac{2\pi}{6} = \frac{\pi}{3}$, 주기는 $\frac{\pi}{3}$초

(b) $\omega = \pi$, $T = \frac{2\pi}{\pi} = 2$, 주기는 2초

(c) $\omega = 100\pi$, $T = \frac{2\pi}{100\pi} = 0.02$, 주기는 0.02초

▌예제▐ 오실로스코프의 궤적

그림 5-23은 sin파를 이루는 오실로스코프 궤적이다. 이 파형의 방정식을 구하여라.

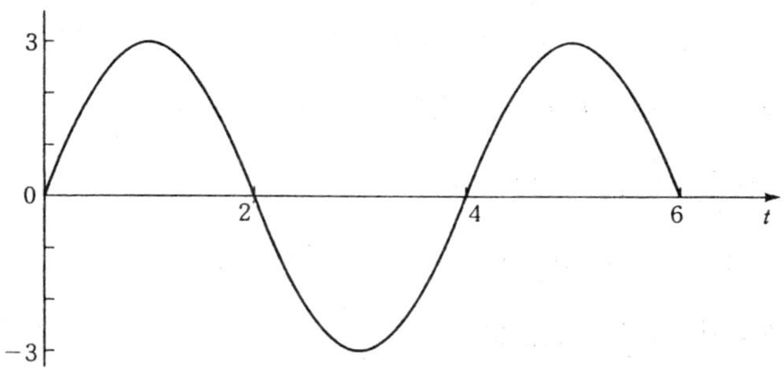

•• 그림 5-23 오실로스코프 궤적 ••

풀이 이 파형의 방정식은

$$y = A\sin\omega t$$

이 파형의 최대값은 3, 진폭 A는 3, 4초마다 하나의 완전한 주기가 형성된다.

$$T = \frac{2\pi}{\omega} = 4,\quad \omega = \frac{\pi}{2}$$

파형의 방정식은 $y = 3\sin\frac{\pi t}{2}$

(4) 파형의 주파수

파형의 주파수(frequency of a wave) f는 1초에 형성되는 사이클의 수이며 단위는 Hertz(Hz)를 사용한다. 1[Hz]는 초당 1 사이클(cycle)을 말한다.

key point

$$\text{주파수 } f=\frac{\omega}{2\pi}$$

$T=\dfrac{2\pi}{\omega}$ 이고 주파수는 $f=\dfrac{\omega}{2\pi}$ 이므로

key point

$$\text{주기 } T=\frac{1}{f}$$

▌예제▐ 다음 파형의 주기와 주파수를 구하여라.

(a) $y=2\sin 4t$ (b) $y=3\cos 2t$ (c) $y=\sin \pi t$

풀이 (a) $2\sin 4t$와 $A\sin\omega t$를 비교하면 $\omega=4$, 주파수 f는

$$f=\frac{\omega}{2\pi}=\frac{4}{2\pi}=\frac{2}{\pi}=0.6366[\text{Hz}]$$

그러므로 1초마다 0.6366 사이클이 만들어지고 주기 T는

$$T=\frac{1}{f}=\frac{\pi}{2}=1.5708$$

따라서 1 cycle을 만드는데 1.5708초가 걸린다.

(b) $\omega=2,\ f=\dfrac{\omega}{2\pi}=\dfrac{2}{2\pi}=\dfrac{1}{\pi}=0.3183[\text{Hz}]$

따라서 초당 0.3183 사이클이 만들어지며 주기 T는 $T=\dfrac{1}{f}=\pi=3.1416$

따라서 1 cycle을 만드는데 π초가 걸린다.

(c) $\omega=\pi,\ f=\dfrac{\omega}{2\pi}=\dfrac{\pi}{2\pi}=\dfrac{1}{2}[\text{Hz}],\ T=\dfrac{1}{f}=2$

따라서 하나의 완전한 주기를 형성하는데는 2초가 걸린다.

(5) 파형의 위상과 시간 이동

$y=A\sin(\omega t+\alpha)$와 $y=A\cos(\omega t+\alpha)$의 파형을 보자. α를 도입하는 것은 파형을 좌측이나 우측으로 이동(displacement)시키는데 영향을 주기 때문이다.

그림 5-24는 $y=\sin 2t$와 $y=\sin(2t+1)$의 그래프이다.

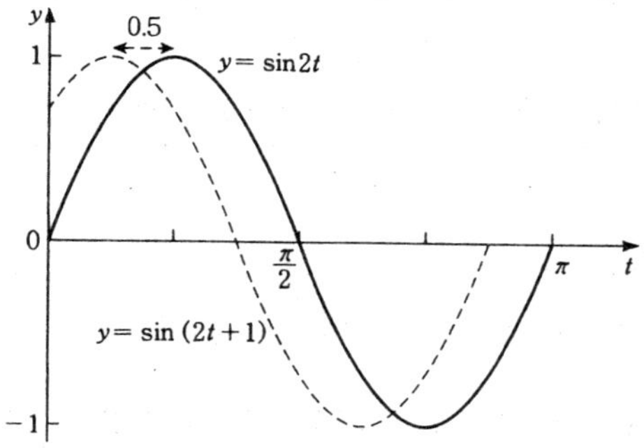

•• 그림 5-24 파형 $y=\sin 2t$와 $y=\sin(2t+1)$ ••

그림 5-24에서 $y=\sin(2t+1)$의 최대값은 $y=\sin 2t$의 최대값보다 0.5초 이전에 발생한다. $\sin(2t+1)$은 $y=\sin 2t$보다 앞선다(lead)라고 말하며 0.5초 차이로 $\sin 2t$를 앞선다. 이런 경우 $y=\sin(2t+1)$가 0.5초만큼 시간이동(time displace-ment) 되었다고 한다.

그림 5-25는 $y=\sin 2t$와 $y=\sin(2t-1)$의 그래프이다.

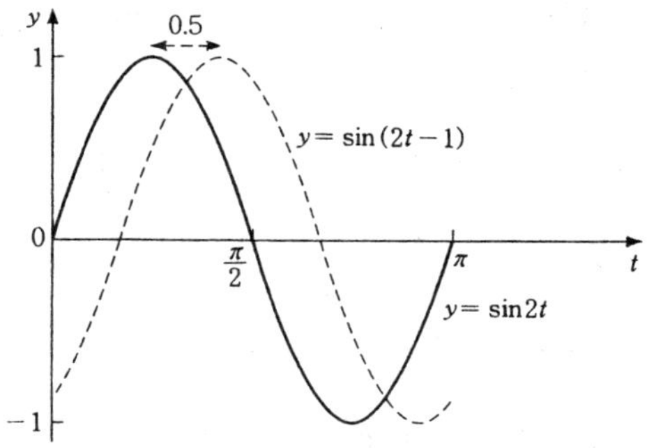

•• 그림 5-25 $y=\sin 2t$와 $y=\sin(2t-1)$의 파형 ••

$y=\sin(2t-1)$의 최대값은 $y=\sin 2t$의 최대값으로부터 0.5초 후에 발생하고 $\sin(2t-1)$은 $\sin 2t$보다 0.5초 뒤진다(lag)라 하고 $\sin(2t-1)$의 시간이동은

-0.5초이다.

파형 $y=A\sin(\omega t+\alpha)$에서 각 α는 위상각(phase angle) 또는 간단히 위상(phase)이라고 부르며 y는 다음과 같이 다시 쓸 수 있다.

$$y=A\sin\left[\omega\left(t+\frac{\alpha}{\omega}\right)\right]$$

위 식에서 $\frac{\alpha}{\omega}$는 파형의 시간이동이라 부른다.

key point

> $y=A\sin(\omega t+\alpha)$의 위상(phase)은 α[rad]이다.
>
> $y=A\sin(\omega t+\alpha)$의 시간이동은 $\frac{\alpha}{\omega}$초이다.

예제 다음 함수의 위상과 시간이동을 구하여라.

(a) $y=\sin(2t+1)$ (b) $y=\sin(2t-1)$ (c) $y=3\cos\left(\frac{t}{2}+3\right)$

풀이 (a) $\omega=2$, $\alpha=1$ 이므로 위상은 1[rad], 시간이동은 $\frac{\alpha}{\omega}=\frac{1}{2}=0.5$초

(b) $\omega=2$, $\alpha=-1$이므로 위상은 -1[rad], 시간이동은 $\frac{\alpha}{\omega}=\frac{-1}{2}=-0.5$초

(c) $\omega=0.5$, $\alpha=3$이므로 위상은 3[rad], 시간이동은 $\frac{3}{(0.5)}=6$초

연 습 문 제

1. 다음의 라디안을 각도로 변환하여라.

(a) 0.4771 (b) $\frac{\pi}{3}$ (c) $\frac{2\pi}{3}$

(d) $\frac{\pi}{5}$ (e) $\frac{3\pi}{2}$

2. 다음의 각도를 라디안으로 변환하여라.

(a) 65° (b) 200° (c) 340° (d) 1000°

3. 각 θ가 0°와 90°사이에 있을 경우에 θ값을 구하여라.

(a) $\sin\theta = 0.3467$ (b) $\cos\theta = 0.6419$ (c) $\tan\theta = 1.7500$

(d) $\sin\theta = \cos\theta$ (e) $\sin\theta = 2\cos\theta$

4. 다음을 풀어라.

(a) sec 37° (b) cot 75° (c) cosec 17° (d) cosec 1

5. $\triangle ABC$에서 $AC = 6$[cm], $BC = 10$[cm], $AB = 11.66$[cm]이다. 다음을 구하여라.

(a) $\sin A$ (b) $\cos A$ (c) $\tan A$ (d) $\sin B$

(e) $\cos B$ (f) $\tan B$ (g) A (h) B

6. 다음을 간단히 하여라.

(a) $\cos(450° - \theta)$ (b) $\tan(y + 1260°)$ (c) $\sin(-1260° - \theta)$

7. 다음 함수의 진폭을 구하여라.

(a) $y=3\sin 4x$ (b) $\frac{3}{7}\cos 2x$ (c) $y=0.96\sin x$ (d) $y=-2\cos 7x$

8. 다음 함수의 주기를 구하여라.

(a) $y=2\sin 3x$ (b) $y=-2\sin 3x$ (c) $y=4\cos\frac{5x}{6}$ (d) $0.5\cos 0.5x$

(e) $y=6\tan 6x$ (f) $y=-3\tan 9x$

9. $0°\leq x\leq 360°$ 에서 $y=\sin(-x)$를 그려라.

10. $0°\leq x\leq 360°$ 에서 $y=\tan\frac{x}{2}$를 그려라.

11. 다음을 간단히 하여라.

(a) $\sin A\cos A\tan A+\dfrac{2\sin A\cos^3 A}{\sin 2A}$

(b) $\tan A+\dfrac{1}{\tan A}$

12. 다음에서 위상차를 구하여라.

(a) $y=3\sin(t+2)$ (b) $y=2.3\cos(4t-2)$ (c) $y=\cos\left(\frac{3t-1}{2}\right)$

(d) $y=\sin(0.5t+3)$ (e) $y=\sin\left(\frac{2t}{3}-\frac{\pi}{2}\right)$

제 6 장 행렬과 행렬식

6.1 행렬의 개요

6.1.1 개 요

행렬(matrix)은 수, 문자나 식을 직사각형 모양 속에 배열한 것을 말하며, 알파벳 대문자로 행렬을 나타내면 다음과 같은 예를 들 수 있다.

$$A=\begin{bmatrix} 4 & 1 \\ 3 & 6 \\ -1 & 0 \end{bmatrix},\quad B=\begin{bmatrix} 1 & 0 & -1 & 3 \\ 6 & 1 & 4 & 2 \end{bmatrix}$$

행렬은 가로의 줄 행(row)과 세로의 줄 열(column)로 이루어지며 행렬 A는 3개의 행과 2개의 열로 3행 2열 간단히 3×2로 기술한다. 행렬 B는 2행 4열로 2×4 행렬이다.

행렬을 나타내는 괄호 속의 각각을 성분(elements)이라 하고 소문자로 표기된다. 위의 예에서 A의 1행 2열의 성분은 $a_{12}=1$, 3행 1열의 성분은 $a_{31}=-1$ 등으로 나타낸다.

일반적으로 $n\times m$ 행렬

$$A = \begin{bmatrix} a_{11} & \cdots & a_{1m} \\ \vdots & \ddots & \vdots \\ a_{n1} & \cdots & a_{nm} \end{bmatrix}$$

으로 나타낸다.

▌예제▐ 행렬 C가 다음과 같을 경우 (a) c_{13} (b) c_{21} (c) c_{22}를 구하여라.

$$C = \begin{bmatrix} 3 & 0 & 4 & x \\ \lambda & 1 & z & -1 \end{bmatrix}$$

풀이 (a) c_{13}은 1행 3열의 성분, $c_{13} = 4$

(b) c_{21}은 2행 1열의 성분, $c_{21} = \lambda$

(c) c_{22}는 2행 2열의 성분, $c_{22} = 1$

6.1.2 행렬의 종류

(1) 정방행렬

정방행렬(square matrix)은 행과 열의 수가 동일한 행렬로서 다음의 행렬 D와 E는 정방행렬이다.

$$D = \begin{bmatrix} 3 & 1 \\ 4 & 2 \end{bmatrix}, \quad E = \begin{bmatrix} 1 & -1 & 3 \\ 0 & \lambda & 3 \\ -1 & y & 7 \end{bmatrix}$$

정방행렬의 주 대각(main diagonal)성분은 왼쪽 위에서 오른쪽 아래로의 대각선이다. D의 주대각성분은 3과 2이다.

일반적으로 $n \times n$행렬 A는 주 대각성분 a_{11}, a_{22}, $a_{33}, \cdots$, a_{nn}을 갖는다.

(2) 단위행렬

단위행렬(identity matrix)은 주 대각성분이 모두 1이고 나머지 모든 성분에 0을 갖는 정방행렬이다. 단위행렬은 I라 표기하고, 아래첨자로 크기를 나타낸다. 2×2 단위행렬 I_2는

$$I_2=\begin{bmatrix}1 & 0\\ 0 & 1\end{bmatrix}$$

3×3 단위행렬 I_3는

$$I_3=\begin{bmatrix}1 & 0 & 0\\ 0 & 1 & 0\\ 0 & 0 & 1\end{bmatrix}$$

(3) 전치행렬

전치(transpose)행렬은 행과 열을 바꾼 행렬이다. 예를 들어 아래와 같다.

$$A=\begin{bmatrix}6 & 1 & -3 & 0\\ 9 & 2 & 3 & 7\end{bmatrix}$$

행렬 A의 전치행렬은 A^T라 표기하고, 다음과 같다.

$$A^T=\begin{bmatrix}6 & 9\\ 1 & 2\\ -3 & 3\\ 0 & 7\end{bmatrix}$$

▌예제▐ 행렬 B가 다음과 같을 경우 B의 전치행렬을 구하여라.

$$B=\begin{bmatrix}1 & -2 & 4\\ 3 & 1 & 0\\ 7 & 5 & 9\end{bmatrix}$$

(풀이) $$B^T=\begin{bmatrix}1 & 3 & 7\\ -2 & 1 & 5\\ 4 & 0 & 9\end{bmatrix}$$

(4) 대각행렬

주 대각선의 위와 아래의 모든 요소가 0인 정방행렬 $A=(a_{jk})$ 즉 모든 $j\neq k$에 대하여 $a_{jk}=0$를 대각행렬이라고 부른다.

$$\begin{bmatrix} 2 & 0 & 0 \\ 0 & 1 & 0 \\ 0 & 0 & 4 \end{bmatrix}, \quad \begin{bmatrix} 2 & 0 & 0 \\ 0 & 2 & 0 \\ 0 & 0 & 2 \end{bmatrix}$$ 은 대각선행렬이다.

(5) 영행렬

모든 요소가 0인 행렬을 영행렬이라고 한다.

(6) 대칭행렬

정방행렬 $A=(a_{jk})$는 만일 이의 A^T가

$$A^T=A \text{ 즉 } (a_{jk})=(a_{kj}) \quad (j,\ k=1,\ 2,\ 3\cdots\cdots\cdots,\ n)$$

이면 대칭행렬이라고 말한다.

$$A=\begin{bmatrix} -3 & 1 & 5 \\ 1 & 0 & -2 \\ 5 & -2 & 4 \end{bmatrix}$$

$$A^T=\begin{bmatrix} -3 & 1 & 5 \\ 1 & 0 & -2 \\ 5 & -2 & 4 \end{bmatrix}=A$$

이므로 대칭행렬이다.

(7) 반대칭행렬(교대행렬)

$A=(a_{jk})$는 만일 이의 A^T가

$$A^T=-A, \text{ 즉 } (a_{jk})=-(a_{jk}) \quad (j,\ k=1,\ 2,\ 3\cdots\cdots\cdots n)$$

이면 반대칭행렬(교대행렬)이라고 하며, $k=j$에 대하여 $a_{ij}=-a_{ij}$가 되고, 이는 반대칭행렬의 주대각선의 요소는 0임을 뜻한다.

$$A=\begin{bmatrix} 0 & -4 & 1 \\ 4 & 0 & -5 \\ -1 & 5 & 0 \end{bmatrix}$$

$$A^T = \begin{bmatrix} 0 & 4 & -1 \\ -4 & 0 & 5 \\ 1 & -5 & 0 \end{bmatrix} = -A$$

이므로 반대칭행렬이다.

임의의 정방행렬 A는 대칭행렬 R과 반대칭행렬 S의 합으로 쓸 수 있다.

$$A = R + S$$

여기서

$R = \frac{1}{2}(A + A^T)$, $S = \frac{1}{2}(A - A^T)$이다.

▌예제▐ $A = \begin{bmatrix} 2 & 3 \\ 5 & -1 \end{bmatrix}$을 $A = R + S$의 형태로 써라.

풀이 $R = \frac{1}{2}(A + A^T)$

$$= \frac{1}{2}\left(\begin{bmatrix} 2 & 3 \\ 5 & -1 \end{bmatrix} + \begin{bmatrix} 2 & 5 \\ 3 & -1 \end{bmatrix}\right) = \frac{1}{2}\begin{bmatrix} 4 & 8 \\ 8 & -2 \end{bmatrix} = \begin{bmatrix} 2 & 4 \\ 4 & -1 \end{bmatrix}$$

$S = \frac{1}{2}(A - A^T)$

$$= \frac{1}{2}\left(\begin{bmatrix} 2 & 3 \\ 5 & -1 \end{bmatrix} - \begin{bmatrix} 2 & 5 \\ 3 & -1 \end{bmatrix}\right) = \frac{1}{2}\begin{bmatrix} 0 & -2 \\ 2 & 0 \end{bmatrix} = \begin{bmatrix} 0 & -1 \\ 1 & 0 \end{bmatrix}$$

$\therefore A = R + S$

$$= \begin{bmatrix} 2 & 4 \\ 4 & -1 \end{bmatrix} + \begin{bmatrix} 0 & -1 \\ 1 & 0 \end{bmatrix} = \begin{bmatrix} 2 & 3 \\ 5 & -1 \end{bmatrix} = A$$

(8) 삼각행렬

정방행렬 (a_{jk})의 주대각선의 위 또는 아래의 요소가 전부 0인 정방행렬을 하삼각행렬, 상삼각행렬이라고 부른다.

$$T_1 = \begin{bmatrix} 1 & 0 & 0 \\ -2 & 3 & 0 \\ 5 & 0 & 2 \end{bmatrix} \qquad T_2 = \begin{bmatrix} 1 & 6 & -1 \\ 0 & 2 & 3 \\ 0 & 0 & 4 \end{bmatrix}$$

일 때 T_1은 하삼각행렬이고 T_2는 상삼각행렬이다.

6.1.3 행렬의 덧셈과 뺄셈

두 행렬의 덧셈과 뺄셈은 같은 원소끼리 계산하기로 한다. 그러므로 두 행렬의 각각의 행개수와 열의 개수가 동일해야 덧셈과 뺄셈은 정의 할 수 있다.

행렬의 덧셈과 뺄셈은 다음과 같이 계산한다.

$$A=\begin{bmatrix} a_{11} & a_{12} & \cdots & a_{1m} \\ \vdots & \vdots & \ddots & \vdots \\ a_{n1} & a_{n2} & \cdots & a_{nm} \end{bmatrix}$$

$$B=\begin{bmatrix} b_{11} & b_{12} & \cdots & b_{1m} \\ \vdots & \vdots & \ddots & \vdots \\ b_{n1} & b_{n2} & \cdots & b_{nm} \end{bmatrix}$$

라면

$$A\pm B=\begin{bmatrix} a_{11}\pm b_{11} & a_{12}\pm b_{12} & \cdots & a_{1m}\pm b_{1m} \\ \vdots & \vdots & \ddots & \vdots \\ a_{n1}\pm b_{n1} & a_{n2}\pm b_{n2} & \cdots & a_{nm}\pm b_{nm} \end{bmatrix}$$

전치행렬은 덧셈에 관하여 다음의 성질을 갖는다.

key point

$n\times m$ 행렬 A, B에 대하여
$(A+B)^T=A^T+B^T$이다.

▌예제▐ 다음과 같은 행렬이 주어졌을 경우,

$$A=\begin{bmatrix} 3 & 1 & -1 \\ 0 & -2 & 4 \end{bmatrix},\ B=\begin{bmatrix} 2 & 6 & 1 \\ 10 & -3 & 6 \end{bmatrix},\ C=\begin{bmatrix} -1 & 0 \\ 3 & 2 \end{bmatrix}$$

(a) $A+B$ (b) $B-C$ (c) $B-A$ (d) $A+C$를 구하여라.

풀이 (a) $A+B=\begin{bmatrix} 3 & 1 & -1 \\ 0 & -2 & 4 \end{bmatrix}+\begin{bmatrix} 2 & 6 & 1 \\ 10 & -3 & 6 \end{bmatrix}$

$$=\begin{bmatrix} 3+2 & 1+6 & -1+1 \\ 0+10 & -2-3 & 4+6 \end{bmatrix}=\begin{bmatrix} 5 & 7 & 0 \\ 10 & -5 & 10 \end{bmatrix}$$

(b) B는 2×3 행렬, C는 2×2행렬이며, B와 C는 크기가 다르므로 이때 $B-C$ 는 불가능하다.

(c) $B-A=\begin{bmatrix} 2 & 6 & 1 \\ 10 & -3 & 6 \end{bmatrix}-\begin{bmatrix} 3 & 1 & -1 \\ 0 & -2 & 4 \end{bmatrix}$

$=\begin{bmatrix} 2-3 & 6-1 & 1-(-1) \\ 10-0 & -3-(-2) & 6-4 \end{bmatrix}=\begin{bmatrix} -1 & 5 & 2 \\ 10 & -1 & 2 \end{bmatrix}$

(d) A와 C는 크기가 달라 $A+C$는 불가능하다.

▌예제▐ 다음과 같은 경우 (a) $C+D$, (b) C^T+D^T, (c) $(C+D)^T$를 구하여라.

$$C=\begin{bmatrix} 7 & 2 \\ -2 & 1 \\ 4 & 3 \end{bmatrix},\quad D=\begin{bmatrix} -1 & 0 \\ 3 & 4 \\ 9 & 1 \end{bmatrix}$$

풀이 (a) $C+D=\begin{bmatrix} 7 & 2 \\ -2 & 1 \\ 4 & 3 \end{bmatrix}+\begin{bmatrix} -1 & 0 \\ 3 & 4 \\ 9 & 1 \end{bmatrix}=\begin{bmatrix} 6 & 2 \\ 1 & 5 \\ 13 & 4 \end{bmatrix}$

(b) $C^T+D^T=\begin{bmatrix} 7 & -2 & 4 \\ 2 & 1 & 3 \end{bmatrix}+\begin{bmatrix} -1 & 3 & 9 \\ 0 & 4 & 1 \end{bmatrix}=\begin{bmatrix} 6 & 1 & 13 \\ 2 & 5 & 4 \end{bmatrix}$

(c) $C+D$의 값은 이미 (a)에서 구하였으므로

$$(C+D)^T=\begin{bmatrix} 6 & 1 & 13 \\ 2 & 5 & 4 \end{bmatrix}$$

따라서 $(C+D)^T=C^T+D^T$임을 알 수 있다.

6.1.4 행렬의 실수 곱

실수 k에 행렬 A를 곱하는 것은 행렬의 각 성분에 k를 곱하는 것으로 한다.

key point

$$(kA)^T=kA^T$$

▌예제▐ $A=\begin{bmatrix} 3 & 1 & -1 \\ 0 & -2 & 4 \end{bmatrix}$, $B=\begin{bmatrix} 2 & 6 & 1 \\ 10 & -3 & 6 \end{bmatrix}$일 때

(a) $2A+3B$ (b) $A-2B$ (c) $\frac{1}{2}A+\frac{1}{2}B$를 구하여라.

풀이 (a) $2A+3B=\begin{bmatrix} 6 & 2 & -2 \\ 0 & -4 & 8 \end{bmatrix}+\begin{bmatrix} 6 & 18 & 3 \\ 30 & -9 & 18 \end{bmatrix}=\begin{bmatrix} 12 & 20 & 1 \\ 30 & -13 & 26 \end{bmatrix}$

(b) $A-2B=\begin{bmatrix} 3 & 1 & -1 \\ 0 & -2 & 4 \end{bmatrix}-\begin{bmatrix} 4 & 12 & 2 \\ 20 & -6 & 12 \end{bmatrix}=\begin{bmatrix} -1 & -11 & -3 \\ -20 & 4 & -8 \end{bmatrix}$

(c) $\frac{1}{2}A+\frac{1}{2}B=\frac{1}{2}(A+B)=\begin{bmatrix} 2.5 & 3.5 & 0 \\ 5 & -2.5 & 5 \end{bmatrix}$

▌예제▐ A 행렬이 $A=\begin{bmatrix} 3 & 1 & 4 \\ 2 & 9 & 6 \end{bmatrix}$이고 k가 상수일 때 (a) A^T, (b) kA^T, (c) $(kA)^T$를 구하여라.

풀이 (a) $A^T=\begin{bmatrix} 3 & 2 \\ 1 & 9 \\ 4 & 6 \end{bmatrix}$ (b) $kA^T=k\begin{bmatrix} 3 & 2 \\ 1 & 9 \\ 4 & 6 \end{bmatrix}=\begin{bmatrix} 3k & 2k \\ k & 9k \\ 4k & 6k \end{bmatrix}$

(c) $kA=\begin{bmatrix} 3k & k & 4k \\ 2k & 9k & 6k \end{bmatrix}$, $(kA)^T=\begin{bmatrix} 3k & 2k \\ k & 9k \\ 4k & 6k \end{bmatrix}$

6.2 행렬의 곱셈

A는 $n\times m$ 행렬, B는 $p\times q$ 행렬일 경우, 두 행렬의 곱 AB가 존재하기 위해서는 $m=p$ 이어야만 한다. 다시 말해 A의 열수와 B의 행수가 같아야 한다.

> **key point**
> 두 행렬의 곱 AB가 존재하기 위해서는 A의 열수와 B의 행수가 같아야 한다.

행렬의 곱 AB는 A의 i행 성분 $(a_{11},\ a_{12},\ a_{13},\cdots\cdots\cdots\ a_{1m})$와 B의 j열 성분 $(b_{1j},\ b_{2j},\ b_{3j},\cdots\cdots\cdots b_{nj})^T$를 순서대로 곱하여 모두 더한 값을 AB의 ij성분으로 하는 행렬이다.

key point

> $AB=C$이면 c_{ij}는 A i행의 성분과 B j행의 성분을 순서대로 곱하여 더한다.

행렬의 곱 AB와 BA는 다르다. 예를 들어, A가 3×2행렬이고, B가 2×4 행렬일 경우, A의 열의 수와 B의 행의 수는 동일하므로 AB가 가능하며 3×4 행렬이 된다.

그러나 BA의 경우 B의 열수, 4와 A의 행수, 3은 다르므로 BA는 불가능하다.

행렬의 곱셈은 교환법칙이 적용되지 않으나 다음은 성립한다.

key point

> 정방행렬에 같은 크기의 단위 행렬을 곱할 경우 정방행렬은 변화가 없다.
>
> $$AI=IA=A$$

행렬 P, Q, R의 경우, PQR을 구하기 위해서는 우선 PQ를 곱한 후 R을 곱한다. 다시 말해 $(PQ)R$이며 QR을 곱하고, R을 앞에서 곱할 수도 있다. 즉 $P(QR)$이다.

이 경우 두 값은 같으므로 행렬의 곱셈은 결합법칙이 적용되고 AA는 A^2, AAA는 A^3이라고 쓴다.

▌예제▐ $A=\begin{bmatrix} 3 & 1 & 4 \\ 5 & 2 & -2 \end{bmatrix}$이고 $B=\begin{bmatrix} 1 & -1 \\ 2 & 0 \\ -6 & 4 \end{bmatrix}$일 때 곱 AB를 구하여라.

풀이 A는 2×3행렬 B는 3×2행렬이므로 $A\times B$는 존재하고 결과는 2×2행렬 C이다.

$$AB=C=\begin{bmatrix} c_{11} & c_{12} \\ c_{21} & c_{22} \end{bmatrix}$$

$$c_{11}=3(1)+1(2)+4(-6)$$

$$=3+2-24=-19$$

$$c_{12}=3(-1)+1(0)+4(4)=13$$

$c_{21}=5(1)+2(2)-2(-6)=21$

$c_{22}=5(-1)+2(0)-2(4)=-13$

그러므로 $A\times B=\begin{bmatrix} 3 & 1 & 4 \\ 5 & 2 & -2 \end{bmatrix}\begin{bmatrix} 1 & -1 \\ 2 & 0 \\ -6 & 4 \end{bmatrix}=\begin{bmatrix} -19 & 13 \\ 21 & -13 \end{bmatrix}$

▌예제▐ $A=\begin{bmatrix} 3 & -2 \\ 10 & 7 \end{bmatrix}$일 때, (a) AI와 (b) IA를 구하여라.

풀이 A는 2행이므로 단위행렬은 I_2이다.

(a) $AI=\begin{bmatrix} 3 & -2 \\ 10 & 7 \end{bmatrix}\begin{bmatrix} 1 & 0 \\ 0 & 1 \end{bmatrix}=\begin{bmatrix} 3 & -2 \\ 10 & 7 \end{bmatrix}$

(b) $IA=\begin{bmatrix} 1 & 0 \\ 0 & 1 \end{bmatrix}\begin{bmatrix} 3 & -2 \\ 10 & 7 \end{bmatrix}=\begin{bmatrix} 3 & -2 \\ 10 & 7 \end{bmatrix}$

▌예제▐ $\begin{bmatrix} 4 & -1 \\ 6 & 5 \end{bmatrix}\begin{bmatrix} x \\ y \end{bmatrix}=\begin{bmatrix} -13 \\ 13 \end{bmatrix}$일 때 x와 y를 구하여라.

풀이 방정식의 좌변에 행렬을 곱하면

$\begin{bmatrix} 4 & -1 \\ 6 & 5 \end{bmatrix}\begin{bmatrix} x \\ y \end{bmatrix}=\begin{bmatrix} 4x-y \\ 6x+5y \end{bmatrix}$

$4x-y=-13$

$6x+5y=13$

x와 y 방정식을 동시에 풀면, $x=-2$, $y=5$

▌예제▐ $A=\begin{bmatrix} 1 & 2 \\ -1 & 3 \\ 2 & 1 \end{bmatrix}$일 때 (a) A^T, (b) AA^T, (c) A^TA를 구하여라.

풀이 (a) A^T는 A의 전치이므로

$A^T=\begin{bmatrix} 1 & -1 & 2 \\ 2 & 3 & 1 \end{bmatrix}$

(b) $AA^T=\begin{bmatrix} 1 & 2 \\ -1 & 3 \\ 2 & 1 \end{bmatrix}\begin{bmatrix} 1 & -1 & 2 \\ 2 & 3 & 1 \end{bmatrix}=\begin{bmatrix} 5 & 5 & 4 \\ 5 & 10 & 1 \\ 4 & 1 & 5 \end{bmatrix}$

(c) $A^TA=\begin{bmatrix} 1 & -1 & 2 \\ 2 & 3 & 1 \end{bmatrix}\begin{bmatrix} 1 & 2 \\ -1 & 3 \\ 2 & 1 \end{bmatrix}=\begin{bmatrix} 6 & 1 \\ 1 & 14 \end{bmatrix}$

6.3 행렬식

6.3.1 2×2 행렬의 행렬식

2×2 행렬 $A=\begin{bmatrix} a & b \\ c & d \end{bmatrix}$의 행렬식(determinant)은 $ad-bc$이다.

A의 행렬식은 det(A) 또는 $|A|$으로 표기하며 행렬식은 행렬이 아니고 하나의 실수가 된다.

key point

> 행렬 $A=\begin{bmatrix} a & b \\ c & d \end{bmatrix}$일때
>
> $\det(A)=ad-bc$, $\det(A)$는 $|A|$ 또는 $\begin{vmatrix} a & b \\ c & d \end{vmatrix}$이다.

▌예제▐ A가 2×2 행렬일 때 $\det(A)=\det(A^T)$임을 증명하여라.

(풀이) $A=\begin{bmatrix} a & b \\ c & d \end{bmatrix}$이면 $|A|=ad-bc$

$A^T=\begin{bmatrix} a & c \\ b & d \end{bmatrix}$

$|A^T|=ad-bc$

그러므로 $|A|=|A^T|$이며, 행렬의 행렬식은 전치행렬의 행렬식과 같다.

6.3.2 3×3 행렬의 행렬식

3×3 행렬 $A=\begin{bmatrix} a_{11} & a_{12} & a_{13} \\ a_{21} & a_{22} & a_{23} \\ a_{31} & a_{32} & a_{33} \end{bmatrix}$의 a_{ij}성분을 선택하여 그 행과 열을 삭제하고 남은 2×2 행렬을 a_{ij}의 소(minor)행렬이라고 하고 M_{ij}으로 표기한다.

a_{ij}의 소행렬의 행렬식에 $(-1)^{i+j}$을 곱한 것을 여인수(cofactor)라고 하고 A_{ij}로 표기한다.

key point

> a_{ij}의 여인수
>
> $A_{ij}=(-1)^{i+j}\times(a_{ij}$의 소행렬식)

이것을 사용하여 A의 행렬식은 $\det(A)=\sum_{j=1}^{3} a_{ij}A_{ij}$, $i=1, 2, 3$으로 구해진다.

a_{ij}을 성분으로 하는 $n\times n$ 행렬 A에 대하여

$$\det(A)=\sum_{j=1}^{n} a_{ij}A_{ij},\ i=1, 2, 3, \cdots\cdots n$$

$$=\sum_{i=1}^{n} a_{ij}A_{ij},\ j=1, 2, 3, \cdots\cdots n$$

▌예제▐ 행렬 $A=\begin{bmatrix} 3 & -1 & 6 \\ 9 & -5 & 2 \\ 0 & 4 & 7 \end{bmatrix}$의 경우 (a) 3, (b) 9, (c) 2의 소행렬식을 구하여라.

풀이 (a) 원소 3은 a_{11}이므로 1행과 1열을 삭제한 후 나머지는

$$\begin{vmatrix} -5 & 2 \\ 4 & 7 \end{vmatrix}=(-5)7-2(4)=-43$$

(b) 원소 9는 a_{21}, 2행 1열을 삭제한 후 나머지는

$$\begin{vmatrix} -1 & 6 \\ 4 & 7 \end{vmatrix}=(-1)7-6(4)=-31$$

(c) 원소 2는 a_{23}, 2행 3열의 나머지는

$$\begin{vmatrix} 3 & -1 \\ 0 & 4 \end{vmatrix}=12$$

▌예제▐ 행렬 $A=\begin{bmatrix} 3 & -1 & 6 \\ 9 & -5 & 2 \\ 0 & 4 & 7 \end{bmatrix}$일 때 (a) 3, (b) 9, (c) 2의 여인수를 구하여라.

풀이 (a) 3의 소행렬은 -43, 위치 부호가 $+$이므로 3의 여인수는 -43

(b) 9의 소행렬은 −31, 위치 부호가 −이므로 여인수는 31

(c) 2의 소행렬은 12, 위치 부호가 −이므로 여인수는 −12

▌예제▐ 행렬 $A=\begin{bmatrix} 3 & -1 & 6 \\ 9 & -5 & 2 \\ 0 & 4 & 7 \end{bmatrix}$의 $|A|$를 구하여라.

(풀이) $a_{11}=3$, $a_{12}=-1$, $a_{13}=6$이다. 3의 여인수는 위의 예제에서 보았듯이 −43

① −1의 소행렬식은 $\begin{vmatrix} 9 & 2 \\ 0 & 7 \end{vmatrix}=63$

−1의 위치 부호는 $(-1)^{1+2}=-1$

그러므로 여인수는 −63

② 6의 소행렬은 $\begin{vmatrix} 9 & -5 \\ 0 & 4 \end{vmatrix}=36$

6의 위치 부호는 $(-1)^{1+3}=1$, +이므로 여인수는 36이다.

$|A|=3(-43)+(-1)(-63)+6(36)=150$

▌예제▐ $A=\begin{bmatrix} 3 & -2 & 4 & 1 \\ 6 & 2 & 0 & 3 \\ 9 & 1 & 1 & -1 \\ 4 & 2 & -2 & 5 \end{bmatrix}$ 일 때 1행을 확장하여 $|A|$를 구하여라.

(풀이) $a_{11}=3$, $a_{12}=-2$, $a_{13}=-4$, $a_{14}=1$이므로 이 성분의 여인수는 해당 행과 열을 삭제하여 구할 수 있다.

a_{11}의 소행렬식은 $\begin{vmatrix} 2 & 0 & 3 \\ 1 & 1 & -1 \\ 2 & -2 & 5 \end{vmatrix}=-6$, 여인수는 −6

a_{12}의 소행렬식은 $\begin{vmatrix} 6 & 0 & 3 \\ 9 & 1 & -1 \\ 4 & -2 & 5 \end{vmatrix}=-48$, 여인수는 48

a_{13}의 소행렬식은 $\begin{vmatrix} 6 & 2 & 3 \\ 9 & 1 & -1 \\ 4 & 2 & 5 \end{vmatrix}=-14$, 여인수는 −14

a_{14}의 소행렬식은 $\begin{vmatrix} 6 & 2 & 0 \\ 9 & 1 & 1 \\ 4 & 2 & -2 \end{vmatrix}=20$, 여인수는 −20

그러므로

$|A|=3(-6)+(-2)48+4(-14)+1(-20)=-190$

6.4 역행렬

A가 $n\times n$ 행렬이고 I_n은 $n\times n$단위 행렬이다. 이때 $A\times B=B\times A=I_n$을 만족하는 $n\times n$행렬 B는 A의 **역행렬**(inverse of a matrix)이라고 하며 $B=A^{-1}$으로 쓴다. A^{-1}의 -1은 지수가 아니며 역을 의미한다.

key point

정방행렬 A의 역행렬 A^{-1}을 곱하면 단위행렬 I가 된다.

$$AA^{-1}=A^{-1}A=I$$

▮ 예제 ▮ $A=\begin{bmatrix} 3 & 4 \\ 2 & 3 \end{bmatrix}$일 때 $B=\begin{bmatrix} 3 & -4 \\ -2 & 3 \end{bmatrix}$가 A의 역행렬임을 증명하여라.

풀이 AB와 BA를 구하면

$$AB=\begin{bmatrix} 3 & 4 \\ 2 & 3 \end{bmatrix}\begin{bmatrix} 3 & -4 \\ -2 & 3 \end{bmatrix}=\begin{bmatrix} 1 & 0 \\ 0 & 1 \end{bmatrix}=I$$

$$BA=\begin{bmatrix} 3 & -4 \\ -2 & 3 \end{bmatrix}\begin{bmatrix} 3 & 4 \\ 2 & 3 \end{bmatrix}=\begin{bmatrix} 1 & 0 \\ 0 & 1 \end{bmatrix}=I$$

$AB=BA=I$ 이므로 B는 A의 역인 반면에 A도 B의 역이다.

여인수를 요소로 하는 행렬의 전치행렬이 필요한 행렬을 행렬 A의 수반행렬(adjoint matrix)이라 하며 기호 $adj\ A$를 사용한다.

key point

정방행렬 $A=\begin{bmatrix} a & b \\ c & d \end{bmatrix}$의 역행렬은

① $ad-bc\neq 0$일 때 $A^{-1}=\dfrac{1}{ad-bc}\begin{bmatrix} d & -b \\ -c & a \end{bmatrix}$

② $ad-bc=0$일 때 A의 행렬은 존재하지 않는다.

③ $|A|=0$이기 위한 필요충분조건은 A는 역행렬을 갖지 않는다.

④ $|A|\neq 0$이기 위한 필요충분조건은 A는 역행렬을 갖는다.

예로 A가 2×2행렬이고 $|A| \neq 0$일 경우,

$$A = \begin{bmatrix} a & b \\ c & d \end{bmatrix}$$

A의 역행렬을 구할 수 있다. $|A| = ad - bc$이므로

$$A^{-1} = \frac{1}{|A|}\begin{bmatrix} d & -b \\ -c & a \end{bmatrix}$$

이 된다.

▌예제▐ A가 다음과 같을 경우 A^{-1}을 구하여라.

(a) $\begin{bmatrix} 3 & 4 \\ 2 & 6 \end{bmatrix}$ (b) $\begin{bmatrix} -1 & 4 \\ 1 & 0 \end{bmatrix}$ (c) $\begin{bmatrix} 1 & 0 \\ 0 & 1 \end{bmatrix}$ (d) $\begin{bmatrix} 3 & -6 \\ -6 & 12 \end{bmatrix}$

풀이 (a) $a=3,\ b=-4,\ c=2,\ d=6,\ |A|=10$

$$A^{-1} = \frac{1}{10}\begin{bmatrix} 6 & -4 \\ -2 & 3 \end{bmatrix} = \begin{bmatrix} 0.6 & -0.4 \\ -0.2 & 0.3 \end{bmatrix}$$

(b) $a=-1,\ b=4,\ c=1,\ d=0,\ |A|=-4$

$$A^{-1} = \frac{1}{-4}\begin{bmatrix} 0 & -4 \\ -1 & -1 \end{bmatrix} = \begin{bmatrix} 0 & 1 \\ 0.25 & 0.25 \end{bmatrix}$$

(c) $a=1,\ b=0,\ c=0,\ d=1,\ |A|=1$

$$A^{-1} = \begin{bmatrix} 1 & 0 \\ 0 & 1 \end{bmatrix}$$

따라서 단위행렬은 그 자신의 역이다.

(d) $|A|=0$이므로 행렬은 특이하며 역을 갖지 않는다.

▌예제▐ $A = \begin{bmatrix} 3 & 1 & 0 \\ 5 & 2 & -1 \\ 1 & 4 & -2 \end{bmatrix}$의 역행렬을 구하여라.

풀이 전치 행렬 A^T를 구하면

$$A^T = \begin{bmatrix} 3 & 5 & 1 \\ 1 & 2 & 4 \\ 0 & -1 & -2 \end{bmatrix}$$

A^T의 각 원소를 $adj\,A$를 얻기 위하여 여인수로 대체하면

$$A^{-1}=\frac{adj(A)}{|A|}=\begin{bmatrix} 0 & 2 & -1 \\ 9 & -6 & 3 \\ 18 & -11 & 1 \end{bmatrix}$$

A의 행렬식 $|A|=9$이므로

$$A^{-1}=\frac{adj(A)}{|A|}=\frac{1}{9}\begin{bmatrix} 0 & 2 & -1 \\ 9 & -6 & 3 \\ 18 & -11 & 1 \end{bmatrix}$$

6.5 행렬과 행렬식의 응용

6.5.1 역행렬의 응용

연립방정식 $7x+2y=12$

$3x+y=5$

행렬의 곱셈에 의하여 다음과 같이 쓸 수 있다.

$$\begin{bmatrix} 7 & 2 \\ 3 & 1 \end{bmatrix}\begin{bmatrix} x \\ y \end{bmatrix}=\begin{bmatrix} 12 \\ 5 \end{bmatrix} \Leftrightarrow \begin{bmatrix} 7x+2y \\ 3x+y \end{bmatrix}=\begin{bmatrix} 12 \\ 5 \end{bmatrix}$$

이것이 연립방정식의 **행렬형**(matrix form)이다.

$$A=\begin{bmatrix} 7 & 2 \\ 3 & 1 \end{bmatrix},\ X=\begin{bmatrix} x \\ y \end{bmatrix},\ B=\begin{bmatrix} 12 \\ 5 \end{bmatrix}$$

표준형은 $AX=B$인데 A의 성분은 x, y의 계수에서 구하고, B의 성분은 우변에서 구한다. 연립방정식의 해는 역행렬을 이용하여 다음과 같이 구해진다.

$$X=A^{-1}B$$

▌예제▐ 다음 식을 $AX=B$형으로 써라.

$-x+3y+4z=7$

$y-4x=7$

$y+3x-z=-9$

풀이 변수 x, y, z를 동일순으로 쓴다.

$$-x+3y+4z=7$$

$$-4x+y+0z=7$$

$$3x+y-z=-9$$

$$A=\begin{bmatrix} -1 & 3 & 4 \\ -4 & 1 & 0 \\ 3 & 1 & -1 \end{bmatrix},\ X=\begin{bmatrix} x \\ y \\ z \end{bmatrix},\ B=\begin{bmatrix} 7 \\ 7 \\ -9 \end{bmatrix}$$

$$\begin{bmatrix} -1 & 3 & 4 \\ -4 & 1 & 0 \\ 3 & 1 & -1 \end{bmatrix}\begin{bmatrix} x \\ y \\ z \end{bmatrix}=\begin{bmatrix} 7 \\ 7 \\ -9 \end{bmatrix}$$

6.5.2 크래머(Cramer)의 법칙

a_1, a_2, b_1, b_2, k_1, k_2가 상수인 연립 방정식,

$$a_1x+b_1y=k_1$$

$$a_2x+b_2y=k_2$$

위 식에서 크래머의 법칙을 이용하여 해 x, y를 구할 수 있다.

key point

크래머의 법칙 $x=\dfrac{\begin{vmatrix} k_1 & b_1 \\ k_2 & b_2 \end{vmatrix}}{\begin{vmatrix} a_1 & b_1 \\ a_2 & b_2 \end{vmatrix}}$, $y=\dfrac{\begin{vmatrix} a_1 & k_1 \\ a_2 & k_2 \end{vmatrix}}{\begin{vmatrix} a_1 & b_1 \\ a_2 & b_2 \end{vmatrix}}$

2개 이상의 미지수를 가진 식에도 크래머의 법칙을 적용할 수 있고, 미지수 x, y, z를 가진 연립방정식,

$$a_1x+b_1y+c_1z=k_1$$

$$a_2x+b_2y+c_2z=k_2$$

$$a_3x+b_3y+c_3z=k_3$$

의 해를 구한 것은 다음과 같다.

key point

$$x=\frac{\begin{vmatrix} k_1 & b_1 & c_1 \\ k_2 & b_2 & c_2 \\ k_3 & b_3 & c_3 \end{vmatrix}}{\begin{vmatrix} a_1 & b_1 & c_1 \\ a_2 & b_2 & c_2 \\ a_3 & b_3 & c_3 \end{vmatrix}},\quad y=\frac{\begin{vmatrix} a_1 & k_1 & c_1 \\ a_2 & k_2 & c_2 \\ a_3 & k_3 & c_3 \end{vmatrix}}{\begin{vmatrix} a_1 & b_1 & c_1 \\ a_2 & b_2 & c_2 \\ a_3 & b_3 & c_3 \end{vmatrix}},\quad z=\frac{\begin{vmatrix} a_1 & b_1 & k_1 \\ a_2 & b_2 & k_2 \\ a_3 & b_3 & k_3 \end{vmatrix}}{\begin{vmatrix} a_1 & b_1 & c_1 \\ a_2 & b_2 & c_2 \\ a_3 & b_3 & c_3 \end{vmatrix}}$$

▌예제▐ 어떤 회로의 전류 i_1과 i_2가 다음 등식과 같다.

$$i_1+i_2=3$$

$$2i_1+3i_2=7$$

크래머의 법칙을 이용하여 i_1과 i_2을 구하여라.

풀이 크래머의 법칙을 이용하면

$$i_1=\frac{\begin{vmatrix} 3 & 1 \\ 7 & 3 \end{vmatrix}}{\begin{vmatrix} 1 & 1 \\ 2 & 3 \end{vmatrix}}=\frac{2}{1}=2,\quad i_2=\frac{\begin{vmatrix} 1 & 3 \\ 2 & 7 \end{vmatrix}}{\begin{vmatrix} 1 & 1 \\ 2 & 3 \end{vmatrix}}=\frac{1}{1}=1$$

회로의 전류는 $i_1=2[\mathrm{A}]$, $i_2=1[\mathrm{A}]$

▌예제▐ 전기회로의 전압 v_1, v_2, v_3가 다음과 같다.

$$v_1+2v_2+v_3=2$$

$$2v_1-v_2-2v_3=5$$

$$2v_1+2v_2+3v_3=7$$

크래머의 법칙을 이용하여 전압을 구하여라.

풀이 크래머의 법칙을 이용하면

$$v_1=\frac{\begin{vmatrix} 2 & 2 & 1 \\ 5 & -1 & 2 \\ 7 & 2 & 3 \end{vmatrix}}{\begin{vmatrix} 1 & 2 & 1 \\ 2 & -1 & -2 \\ 2 & 2 & 3 \end{vmatrix}}=\frac{-39}{-13}=3$$

$$v_2=\frac{\begin{vmatrix} 1 & 2 & 1 \\ 2 & 5 & -2 \\ 2 & 7 & 3 \end{vmatrix}}{-13}=\frac{13}{-13}=-1$$

$$v_3 = \frac{\begin{vmatrix} 1 & 2 & 2 \\ 2 & -1 & 5 \\ 2 & 2 & 7 \end{vmatrix}}{-13} = \frac{-13}{-13} = 1$$

따라서 구하고자 하는 전압은 $v_1 = 3[\mathrm{V}]$, $v_2 = -1[\mathrm{V}]$, $v_3 = 1[\mathrm{V}]$이다.

연 습 문 제

1. 다음 행렬의 행렬식을 구하여라.

(a) $\begin{bmatrix} -1 & 6 \\ 3 & 9 \end{bmatrix}$　　(b) $\begin{bmatrix} 3-\lambda & 4 \\ 2 & 1-\lambda \end{bmatrix}$

2. 다음 행렬의 행렬식을 풀어라.

(a) $\begin{bmatrix} 3 & 1 & -6 \\ 4 & 2 & 0 \\ 5 & 6 & -1 \end{bmatrix}$　　(b) $\begin{bmatrix} 5 & 1 & 6 \\ 9 & 3 & 2 \\ 1 & -1 & 10 \end{bmatrix}$　　(c) $\begin{bmatrix} 17 & -19 & 31 \\ 18 & 21 & 30 \\ 14 & 20 & 32 \end{bmatrix}$

3. 다음의 행렬식을 풀어라.

(a) $\begin{bmatrix} 5 & 2 & 6 & 3 \\ 3 & 9 & 12 & 1 \\ -3 & 1 & 4 & 1 \\ 4 & 1 & 5 & 3 \end{bmatrix}$　　(b) $\begin{bmatrix} 6 & 7 & 10 & 1 \\ 11 & 5 & 14 & 2 \\ 12 & 9 & 21 & 3 \\ 7 & 2 & 11 & 2 \end{bmatrix}$

4. 만약 $A=\begin{bmatrix} 3 & 8 \\ 2 & 6 \end{bmatrix}$과 $B=3A$라고 할 때

(a) $|A|$를 구하여라.

(b) $|B|$를 구하여라.

(c) $\det(B)=3^2 \cdot \det(A)$임을 증명하여라.

5. $\begin{bmatrix} \frac{2}{7} & -\frac{3}{7} \\ \frac{1}{14} & \frac{1}{7} \end{bmatrix}$의 역행렬이 $\begin{bmatrix} 2 & 6 \\ -1 & 4 \end{bmatrix}$임을 증명하여라.

6. $\begin{bmatrix} x^2 & x \\ xy & y \end{bmatrix}$이 역행렬이 존재하지 않음을 설명하여라.

7. 다음 행렬의 역행렬을 구하여라.

(a) $\begin{bmatrix} 0.4 & 2 \\ 0.9 & 3 \end{bmatrix}$ (b) $\begin{bmatrix} -0.5 & -1.5 \\ -2 & -1 \end{bmatrix}$

8. $x \neq 0$일 때 $\begin{bmatrix} x & x \\ x & 2x \end{bmatrix}$의 역행렬을 구하여라.

9. 다음에서 λ의 값을 구하여라.

$$\begin{bmatrix} 2-\lambda & 4 \\ 1.5 & 1-\lambda \end{bmatrix}$$

10. 회로에 흐르는 전류 i_1, i_2, i_3를 cramer's 법칙을 사용하여 계산하여라.

$$2i_1 + i_2 - i_3 = 8$$

$$i_1 - i_2 + i_3 = -5$$

$$3i_1 + 2i_2 = 9$$

제 7 장 벡 터

7.1 벡터의 기본 개념

7.1.1 벡터의 표현

표 7-1 스칼라와 벡터량

구분	형태	SI단위
거리	스칼라	m
면적	스칼라	m^2
질량	스칼라	kg
온도	스칼라	K
압력	스칼라	Pa
일	스칼라	J
에너지	스칼라	J
변위	벡터	m
힘	벡터	N
속도	벡터	m/s
가속도	벡터	m/s^2

크기만 갖는 스칼라와는 달리 벡터는 크기와 방향을 모두 가지므로 화살표로 표시된 선으로 나타낼 수 있다. 벡터의 크기는 선의 길이로 표시하고 벡터의 방향은

화살표가 가리키는 방향으로 사용한다. 예를 들어 그림 7-1의 벡터는 북서향의 3 ms^{-1}의 속도를 나타내며 이때 벡터의 화살표는 향하는 방향을 나타낸다.

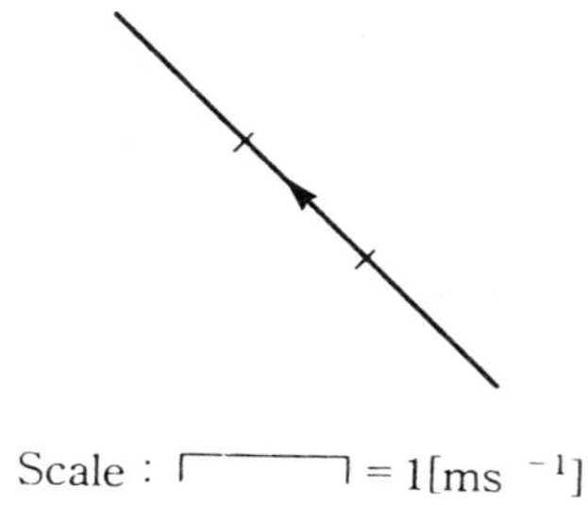

•• 그림 7-1 벡터의 표시(화살표) ••

벡터와 스칼라는 표기법을 구분하며 벡터를 $\overrightarrow{AB}$로 표기하고 이때 화살표는 A에서 B로의 방향을 가지는 벡터를 설명하기 위한 것이다. $\hat{a}$처럼 사용하기도 한다.

그림 7-2에서 점 A는 벡터 $\overrightarrow{AB}$의 시점, 점 B는 종점이라고 한다.

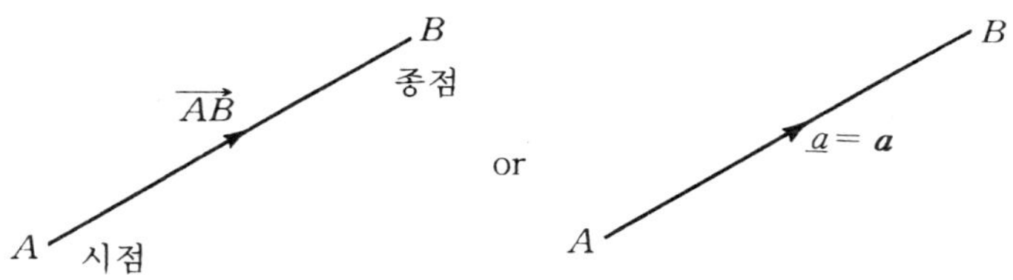

•• 그림 7-2 벡터의 표현: $\overrightarrow{AB} = \boldsymbol{a} = \underset{\sim}{a}$ ••

벡터의 크기는 벡터의 양쪽에 세로 선을 그어 나타낸다.

key point

벡터 $\boldsymbol{a}$의 크기는 $|a|$로 나타낸다.

▌예제▐ 그림 7-3에서 수평과 60°의 각을 이루면서 5[N]의 힘으로 당겨지는 물체가 있다. 이 힘을 벡터로 나타내어라.

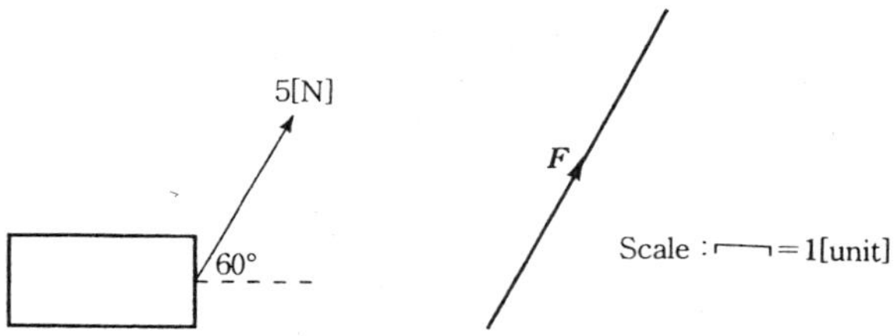

• • 그림 7-3 • •

풀이 힘은 수평과 60°의 각을 이루면서 길이가 5단위인 선으로 나타낼 수 있고 힘은 F로 표시하고 5[N]이다. 여러개의 힘이 있으면 F_1, F_2 등으로 표현한다.

7.1.2 동일 벡터

두 벡터가 동일한 크기와 방향을 가지면 두 벡터는 같다고 한다. 그림 7-4에서 벡터 $\overrightarrow{CD}$와 $\overrightarrow{AB}$는 위치만 다르지만 크기와 방향이 같으므로 두 벡터는 동일하다.

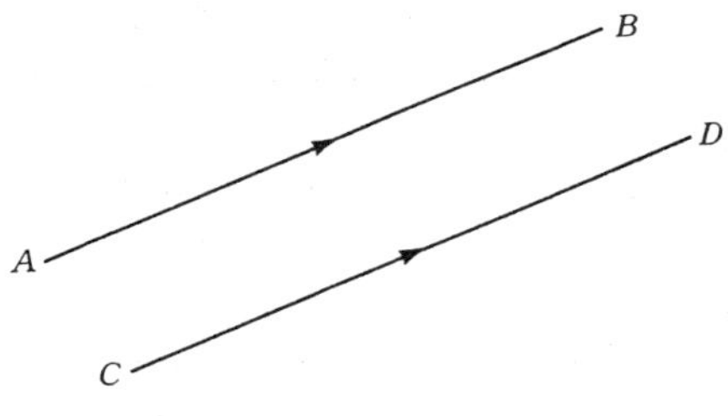

• • 그림 7-4 동일 벡터 • •

단, 특정한 공간에 있는 물체의 위치를 나타내는 벡터의 경우 자유롭게 변환시킬 수 없으나 변환시킬 수 있는 벡터를 자유벡터(free vectors)라 한다.

7.1.3 음의 벡터

그림 7-5에서 $-\boldsymbol{a}$는 $\boldsymbol{a}$의 반대방향이지만 같은 크기를 가지는 벡터로 $\boldsymbol{a}=\overrightarrow{AB}$이면, $-\boldsymbol{a}=\overrightarrow{BA}$을 의미한다.

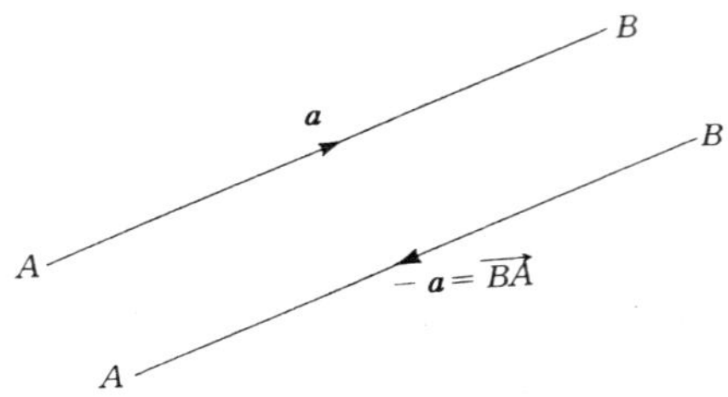

•• 그림 7-5 음의 벡터 ••

7.1.4 벡터의 합과 차

key point

벡터는 삼각법칙에 따라 더해진다.

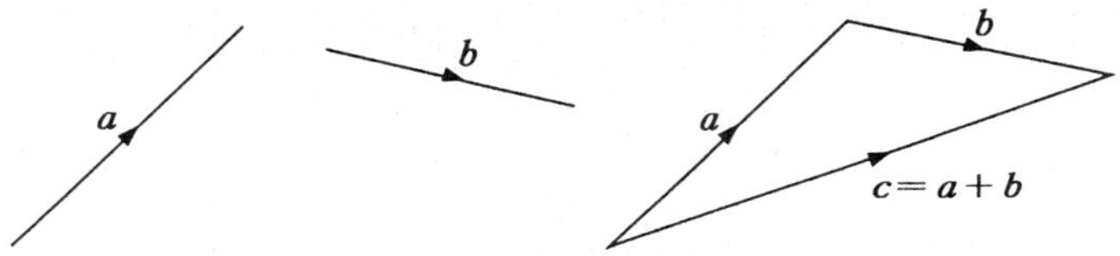

•• 그림 7-6 ••

임의의 3개 벡터 $\boldsymbol{a}$, $\boldsymbol{b}$, $\boldsymbol{c}$에 삼각법칙을 이용하여 다음을 증명할 수 있다.

key point

$\boldsymbol{a}+\boldsymbol{b}=\boldsymbol{b}+\boldsymbol{a}$ 두 벡터의 합(교환법칙)

$\boldsymbol{a}+(\boldsymbol{b}+\boldsymbol{c})=(\boldsymbol{a}+\boldsymbol{b})+\boldsymbol{c}$ 두 벡터의 차(결합법칙)

한 벡터에서 다른 한 벡터를 빼는 것은 상응되는 음의 벡터를 더하는 것과 같다. 즉 $\boldsymbol{a}-\boldsymbol{b}$는 $\boldsymbol{a}+(-\boldsymbol{b})$와 같다는 의미이며 그림 7-7과 같다.

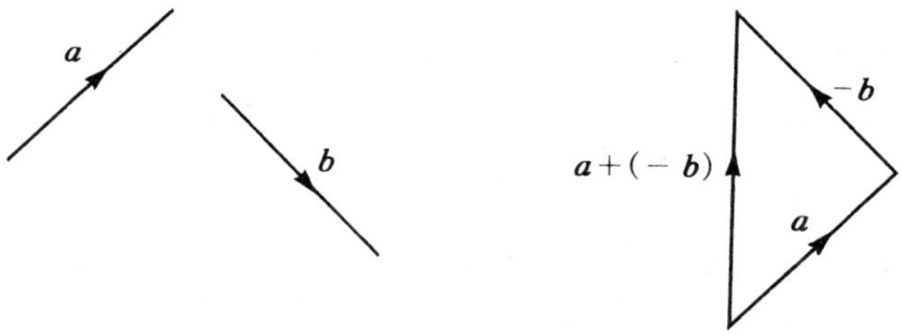

•• 그림 7-7 벡터의 차 ••

key point

두 벡터 $\boldsymbol{p}=\overrightarrow{OP}$와 $\boldsymbol{q}=\overrightarrow{OQ}$이 주어질 때(그림 7-8) P에서 Q까지의 벡터는 $\boldsymbol{q}-\boldsymbol{p}$로 구할 수 있다.

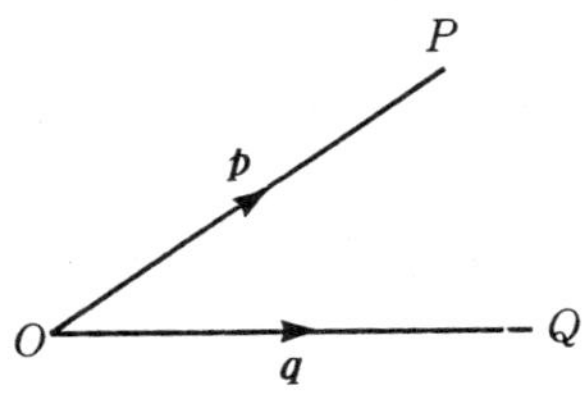

•• 그림 7-8 ••

▌예제▐ 그림 7-9와 같이 어떤 무인차가 A 지점의 창고에서 C에 있는 작업자까지 어떤 물건을 운반하면서 공장 바닥의 트랙 위를 움직이고 있다. 이동 경로를 구하여라.

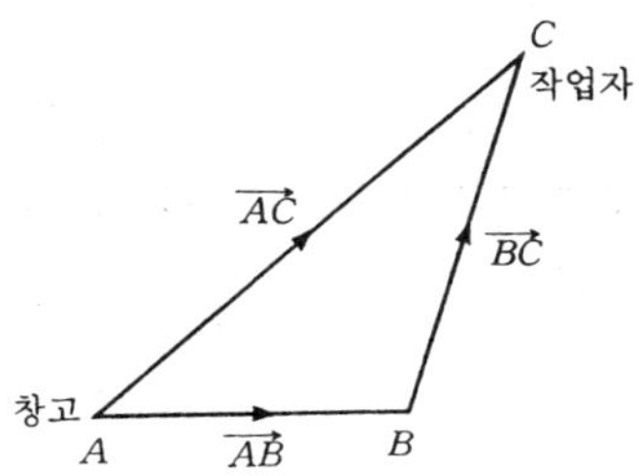

•• 그림 7-9 $\overrightarrow{AB}+\overrightarrow{BC}=\overrightarrow{AC}$ ••

(풀이) 무인차는 A에서 직접 혹은 다른 한 장소를 경유하여 C에 도착할 수 있다. A

에서 B까지의 이동은 이동벡터(displacement vector) $\overrightarrow{AB}$에 의해서 나타내고 B에서 C로의 이동은 이동 벡터 $\overrightarrow{BC}$에 의해서 나타낼 수 있고 A에서 C까지의 이동은 $\overrightarrow{AC}$로 나타낼 수 있다.

벡터 $\overrightarrow{BC}$의 종점이 $\overrightarrow{AB}$의 시점과 접하기 때문에 삼각법칙은 두 이동이 만들어낸 결과를 찾기 위해 적용될 수 있다.

$$\overrightarrow{AB}+\overrightarrow{BC}=\overrightarrow{AC}$$

▌예제▐ 그림 7-10은 벡터 $\boldsymbol{p}=\overrightarrow{OP}$와 $\boldsymbol{q}=\overrightarrow{OQ}$를 보여 주고 있다. 벡터 $\boldsymbol{q}-\boldsymbol{p}$를 구하여라.

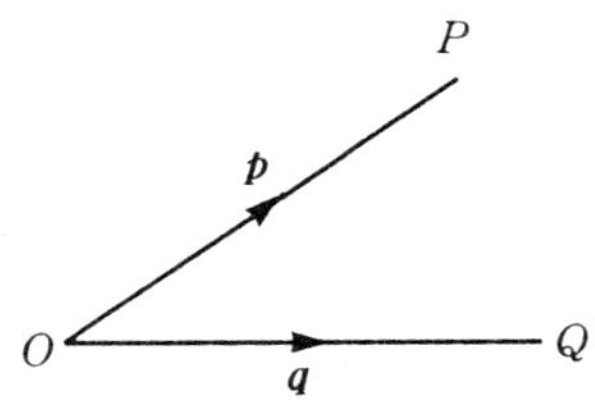

•• 그림 7-10 ••

(풀이) $\boldsymbol{q}-\boldsymbol{p}$는 $\boldsymbol{q}+(-\boldsymbol{p})$로 볼 수 있다. 그림 7-11 (a)는 벡터 $-\boldsymbol{p}$에서 그리기 시작하여 $\boldsymbol{q}$의 종점과 만나 덧셈을 위해서 삼각법칙을 적용시킬 수 있다.

그림 7-11 (b)는 삼각법칙이 적용된다는 것을 보여주며 합성력 $\boldsymbol{q}+(-\boldsymbol{p})$는 벡터 $\overrightarrow{PQ}$와 같다.

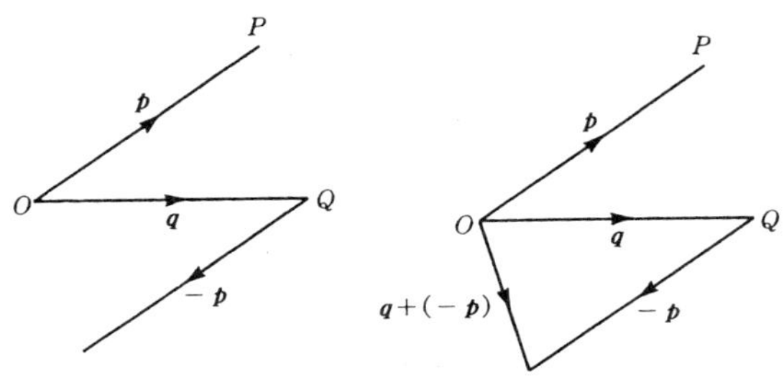

(a) (b)

•• 그림 7-11 ••

7.1.5 벡터의 합과 차의 응용

(1) 힘의 분해

하나의 힘은 직각을 이루어 작용하는 두 힘으로 바꿀 수 있으며, 두 힘은 본래 하나의 힘과 동일하다. 하나의 힘이 직각을 이루는 두 힘으로 치환하는 과정을 힘의 분해(resolution of a force)라고 하며 하나의 힘은 직각을 이루어 작용하는 두 힘으로 분해된다고 한다.

▌예제▐ 그림 7-12의 힘을 수직과 수평의 힘으로 분해하여라.

풀이 그림 7-12는 10[N] 힘의 분해를 설명하고 있다.

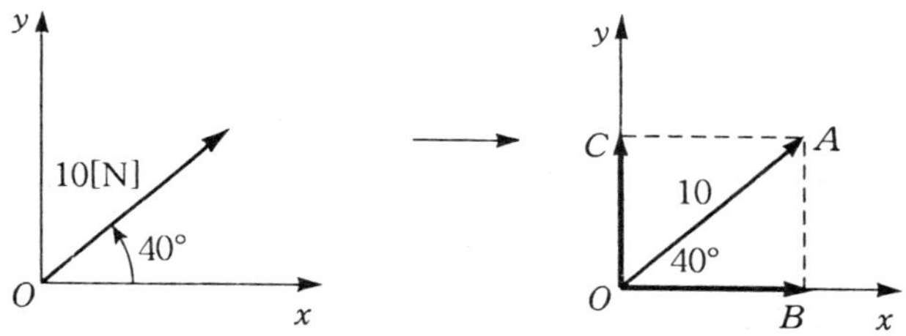

•• 그림 7-12 힘의 분해 ••

① $\triangle OAB$에서 수평으로 작용하는 힘 B를 구하면

$$\cos 40° = \frac{OB}{AO} = \frac{OB}{10}$$

$OB = 10\cos 40° = 7.66$[N]

② $\triangle OCA$를 이용하여 수직으로 작용하는 힘 C를 구하면

$\angle COA = 90° - 40° = 50°$

$$\cos 50° = \frac{OC}{OA} = \frac{OC}{10}$$

$OC = 10\cos 50° = 6.43$[N]

수직으로 작용하는 힘 AB는 $\triangle OAB$에서도 구할 수 있으며

$$\sin 40° = \frac{AB}{OA} = \frac{AB}{10}$$

$AB = 10\sin 40° = 6.43$[N]

그림 7-12의 10[N]은 수평으로 작용하는 7.66[N]과 수직으로 작용하는 6.43

[N]으로 분해된다.

(2) 힘의 합성

key point

두 벡터 $\boldsymbol{a}$와 $\boldsymbol{b}$의 합성력은 벡터의 합 $\boldsymbol{a}+\boldsymbol{b}$이다.

▌예제▐ 6[N]의 힘은 $+x$방향으로, 2[N]의 힘은 $-x$방향으로 작용한다. 합성력을 구하여라.

풀이 합성력은 $6-2=4$[N]으로 x방향으로 작용한다.

•• 그림 7-13 +6[N]과 −2[N]의 합성력 ••

▌예제▐ 2개의 수직방향에서 힘의 분해

한 물체에 작용하는 두 힘은 같은 효과를 갖는 하나의 힘으로 대체되며 직각을 이루는 두 힘을 하나의 힘으로 취급하는 것이 유용하다. 그림 7-14의 힘 F를 구하여라.

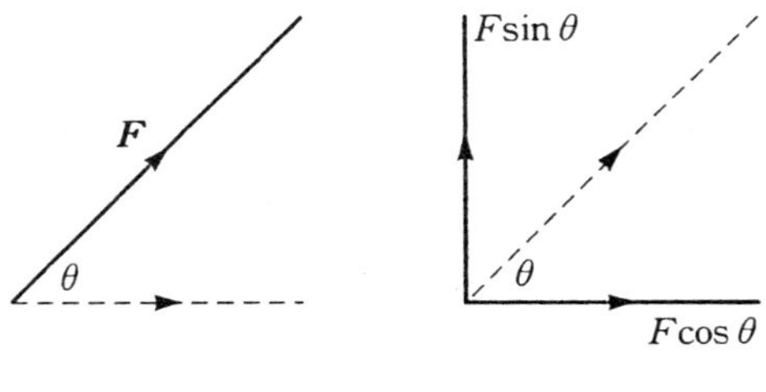

•• 그림 7-14 힘 F의 수직 성분과 수평 성분 ••

풀이 이 힘은 직각을 이루는 두 성분이며 수평으로 작용하는 힘이 $F\cos\theta$이고 수직으로 작용하는 힘의 크기는 $F\sin\theta$이다. 이 때 F는 직각을 이루는 두 성분으로 분해되었다고 한다.

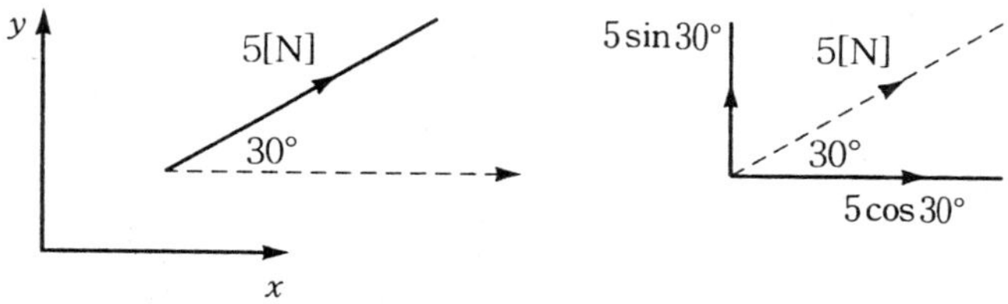

• • 그림 7-15 • •

그림 7-15는 5[N]의 힘이 x축과 30°을 이루며 작용하고 이 힘은 두 성분으로 하나는 크기가 $5\cos 30°$로 x축의 힘이고 다른 하나는 크기가 $5\sin 30°$로 y축의 힘으로서 서로 직각을 이루는 힘으로 나뉠 수 있다. 이 두 성분은 본래의 힘과 동일한 효과를 가진다.

7.1.6 벡터와 스칼라 곱

k가 양의 스칼라이고 $\boldsymbol{a}$가 벡터이면 $k\boldsymbol{a}$는 $\boldsymbol{a}$와 같은 방향의 길이가 k배인 벡터이다. k가 음수이면, $k\boldsymbol{a}$는 $\boldsymbol{a}$와 반대 방향의 길이가 k배인 벡터이다. 벡터 $k\boldsymbol{a}$를 벡터 $\boldsymbol{a}$의 스칼라 곱(scalar multiple)이라고 한다.

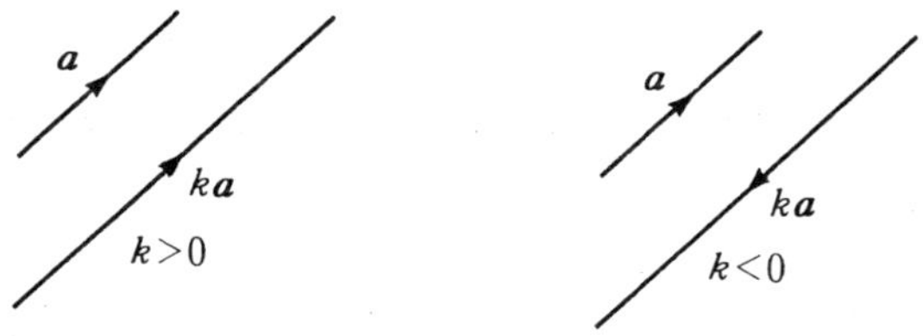

• • 그림 7-16 스칼라 곱 • •

벡터 $3\boldsymbol{a}$는 $\boldsymbol{a}$길이의 3배이고 $\boldsymbol{a}$와 같은 방향이다. 벡터 $\frac{1}{2}\boldsymbol{r}$은 $\boldsymbol{r}$과 같은 방향이나 길이는 $\frac{1}{2}$이다. $-4\boldsymbol{b}$벡터는 $\boldsymbol{b}$와 반대 방향이고 길이는 4배이다. 모든 스칼라 k, l과 모든 벡터 $\boldsymbol{a}$, $\boldsymbol{b}$에 대하여 다음의 법칙이 적용된다.

key point

$$k(\boldsymbol{a}+\boldsymbol{b})=k\boldsymbol{a}+k\boldsymbol{b}$$
$$(k+l)\boldsymbol{a}=k\boldsymbol{a}+l\boldsymbol{a}$$
$$k(l)\boldsymbol{a}=(kl)\boldsymbol{a}$$

7.1.7 단위 벡터

크기가 1인 벡터를 단위벡터(unit vector)라고 한다. 단위 벡터는 다음절의 데카르트의 성분(cartesian component)을 공부할 때 중요한 개념이 될 것이다. 만약 $\boldsymbol{a}$가 크기 3을 가지면, 단위 벡터는 그림 7-17과 같이 $\frac{1}{3}\boldsymbol{a}$이다.

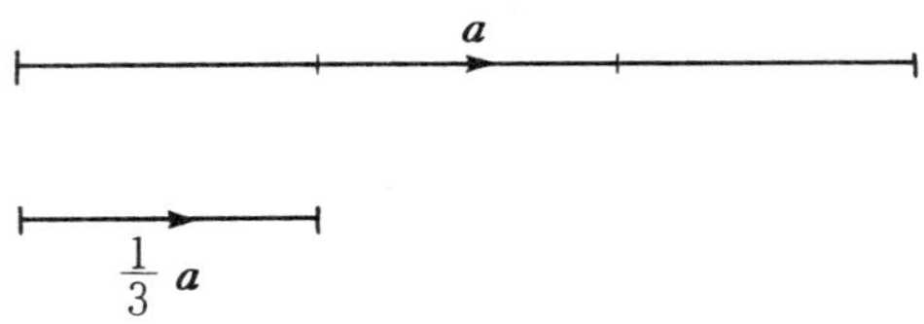

• • 그림 7-17 • •

벡터 $\boldsymbol{a}$의 단위 벡터를 얻기 위해서 크기로 나눈다. $\boldsymbol{a}$의 단위 벡터는 $\hat{\boldsymbol{a}}$로 표기한다.

key point

$$\hat{\boldsymbol{a}}=\frac{\boldsymbol{a}}{|a|}$$

7.2 벡터의 데카르트 성분

7.2.1 2차원 좌표계와 벡터 $\boldsymbol{i}$, $\boldsymbol{j}$

(1) 단위 벡터 $\boldsymbol{i}$, $\boldsymbol{j}$

그림 7-18은 2차원 좌표계(two-dimensional coordinate frame)이며 그림에서 모든 점은 x와 y축의 좌표로 정의될 수 있다.

x축 양의 방향에 있는 단위 벡터는 $\boldsymbol{i}$로 표시되고 x축 방향의 벡터는 $\boldsymbol{i}$의 스칼라곱이 될 것이다. 그 예로 그림 7-19는 벡터 $\boldsymbol{i}$, $2\boldsymbol{i}$, $5\boldsymbol{i}$, $-3\boldsymbol{i}$를 보여주고 있다. 따라서 x축 방향으로 길이가 a인 벡터는 $a\boldsymbol{i}$가 된다.

유사하게 y축 양의 방향에 있는 단위벡터는 $\boldsymbol{j}$로 표시된다. 그리고 y축 방향에 있는 벡터는 $\boldsymbol{j}$의 스칼라곱이 되고 그림 7-20은 $\boldsymbol{j}$, $4\boldsymbol{j}$, $-2\boldsymbol{j}$를 보여주며 y축 방향에 길이가 b인 하나의 벡터는 $b\boldsymbol{j}$가 될 것이다.

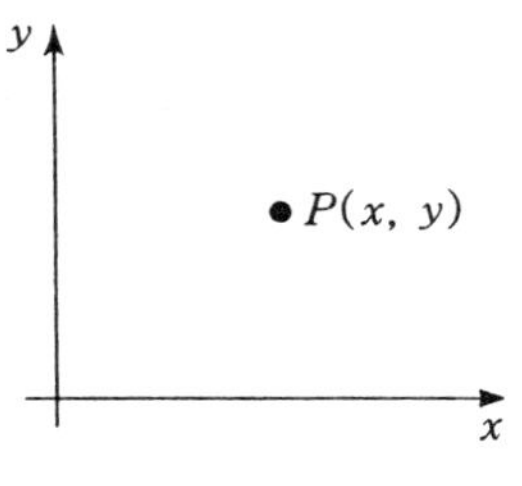

•• 그림 7-18 2차원 좌표 ••

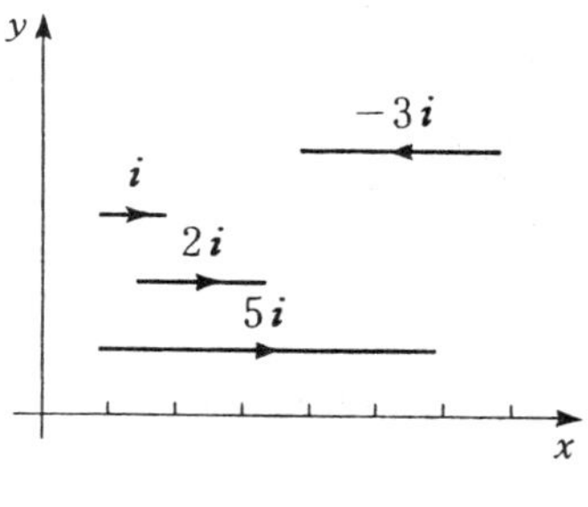

•• 그림 7-19 $\boldsymbol{i}$곱의 벡터 ••

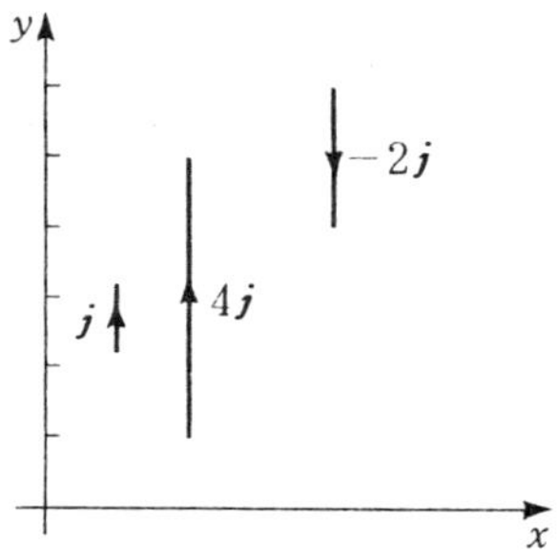

•• 그림 7-20 $\boldsymbol{j}$곱의 벡터 ••

key point

$\boldsymbol{i}$는 x축 양의 방향에 있는 단위 벡터를 나타낸다.

$\boldsymbol{j}$는 y축 양의 방향에 있는 단위 벡터를 나타낸다.

(2) 벡터의 표현

그림 7-21은 벡터 $\boldsymbol{r}=\overrightarrow{AB}$이며,

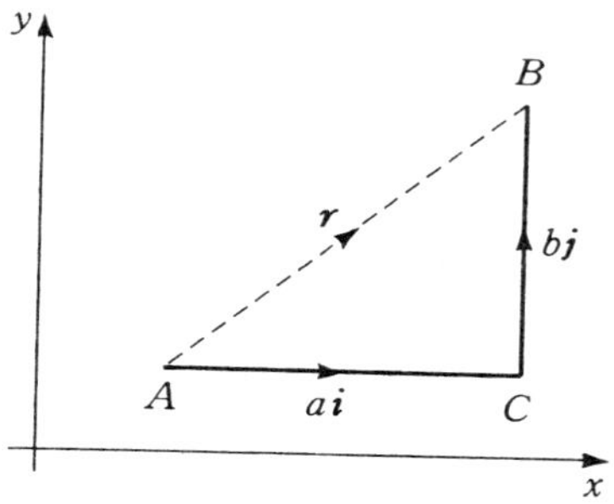

•• 그림 7-21 $\overrightarrow{AB}=\overrightarrow{AC}+\overrightarrow{CB}$(삼각법칙) ••

$\boldsymbol{r}$은 두 벡터 $\overrightarrow{AC}=a\boldsymbol{i}$와 $\overrightarrow{CB}=b\boldsymbol{j}$의 합으로 볼 수 있다. 벡터의 덧셈에 관한 삼각법으로부터

$$\boldsymbol{r}=\overrightarrow{AB}=\overrightarrow{AC}+\overrightarrow{CB}=a\boldsymbol{i}+b\boldsymbol{j}$$

x, y 평면(plane)에 있는 모든 벡터는 $\boldsymbol{r}=a\boldsymbol{i}+b\boldsymbol{j}$로 표현되며 이 벡터를 표기하는 다른 방식으로는 열 벡터(column vector) 표기법이 있다. 즉,

$$\boldsymbol{r}=\begin{bmatrix} a \\ b \end{bmatrix}$$

key point

xy평면에서 임의의 벡터는 $\boldsymbol{r}=a\boldsymbol{i}+b\boldsymbol{j}$ 또는 $\boldsymbol{r}=\begin{bmatrix} a \\ b \end{bmatrix}$로 나타낼 수 있다.

a, b는 $\boldsymbol{r}$의 $\boldsymbol{i}$, $\boldsymbol{j}$성분이라고 불린다.

(3) 벡터의 합

데카르트 형식의 벡터들은 $\boldsymbol{i}$와 $\boldsymbol{j}$성분들을 각각 더함으로써 덧셈이 이루어질 수 있다.

key point

$\boldsymbol{a}=a_x\boldsymbol{i}+a_y\boldsymbol{j}$, $\boldsymbol{b}=b_x\boldsymbol{i}+b_y\boldsymbol{j}$이면

$$\boldsymbol{a}+\boldsymbol{b}=(a_x+b_x)\boldsymbol{i}+(a_y+b_y)\boldsymbol{j}$$

key point

$\boldsymbol{a}=a_x\boldsymbol{i}+a_y\boldsymbol{j}$이면 $k\boldsymbol{a}=ka_x\boldsymbol{i}+ka_y\boldsymbol{i}$

예제 (a) x, y평면을 그리고 두 벡터 $\boldsymbol{a}=2\boldsymbol{i}+3\boldsymbol{j}$와 $\boldsymbol{b}=5\boldsymbol{i}+\boldsymbol{j}$를 나타내어라.

(b) 벡터 중 하나를 이동시켜 삼각법칙으로 $\boldsymbol{a}+\boldsymbol{b}$를 보여내어라.

(c) 합성력을 성분 $\boldsymbol{i}$와 $\boldsymbol{j}$로 표현하여라.

풀이 (a) xy평면과 벡터를 그린다.

(b) 벡터 중 하나를 종점과 시점이 만날 수 있도록 이동시켜라. 동시에 합 $\boldsymbol{a}+\boldsymbol{b}$를 구하기 위해 삼각형의 3째변을 완성시킨다.

(c) 선도를 살펴보고 합성력이 수평방향으로 $7\boldsymbol{i}$, 수직방향으로 $4\boldsymbol{j}$인 두 성분으로 구성된다. 따라서 $\boldsymbol{a}+\boldsymbol{b}=7\boldsymbol{i}+4\boldsymbol{j}$

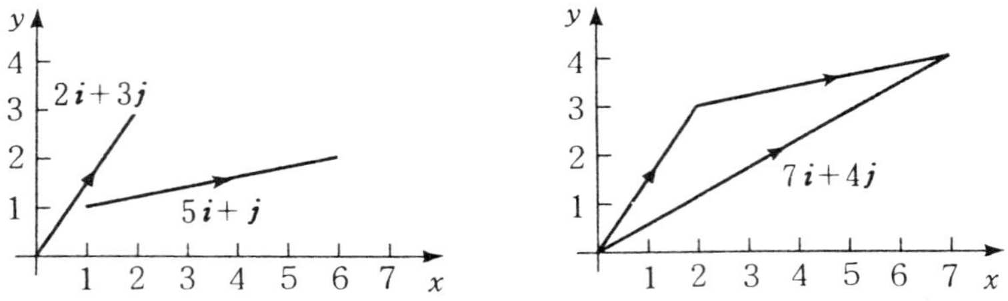

• • 그림 7-22 두 벡터 $\boldsymbol{a}=2\boldsymbol{i}+3\boldsymbol{j}$와 $\boldsymbol{b}=5\boldsymbol{i}+\boldsymbol{j}$의 합 • •

▌예제▌ $\boldsymbol{a}=9\boldsymbol{i}+7\boldsymbol{j}$이고 $\boldsymbol{b}=8\boldsymbol{i}+3\boldsymbol{j}$일 때 (a) $\boldsymbol{a}+\boldsymbol{b}$, (b) $\boldsymbol{a}-\boldsymbol{b}$를 구하여라.

풀이 (a) $\boldsymbol{a}+\boldsymbol{b}=17\boldsymbol{i}+10\boldsymbol{j}$ (b) $\boldsymbol{a}-\boldsymbol{b}=\boldsymbol{i}+4\boldsymbol{j}$

▌예제▌ $\boldsymbol{a}=9\boldsymbol{i}+3\boldsymbol{j}$일 때 (a) $4\boldsymbol{a}$, (b) $-\frac{1}{3}\boldsymbol{a}$를 구하여라.

풀이 (a) $4\boldsymbol{a}=36\boldsymbol{i}+12\boldsymbol{j}$ (b) $-\frac{1}{3}\boldsymbol{a}=-3\boldsymbol{i}-\boldsymbol{j}$

(4) 위치 벡터(Position vector)

그림 7-23에서 $\boldsymbol{r}$은 원점에서 $P(x, y)$까지의 벡터를 나타내며, 이와 같이 시점이 원점인 벡터를 위치 벡터(position vector)라고 한다.

key point

$P(x, y)$의 위치 벡터는 $\boldsymbol{r}=\overrightarrow{OP}=x\boldsymbol{i}+y\boldsymbol{j}$

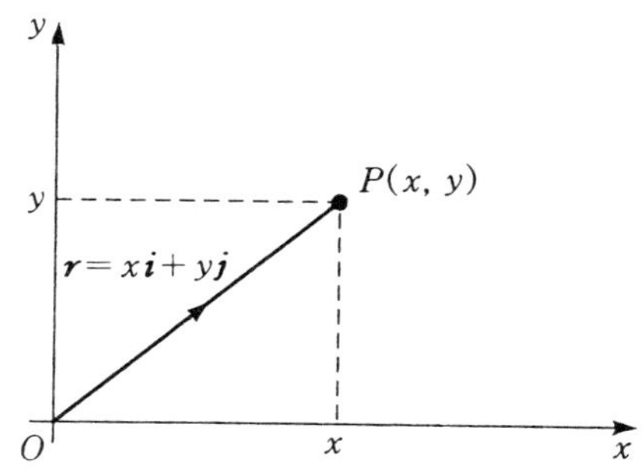

• • 그림 7-23 $\boldsymbol{r}=x\boldsymbol{i}+y\boldsymbol{j}$의 위치 벡터 • •

▌예제▐ 다음 좌표를 가진 위치 벡터를 구하여라.

(a) $P(2,\ 4)$ (b) $Q(-1,\ 5)$ (c) $R(-1,\ -7)$ (d) $S(8,\ -4)$

풀이 (a) P의 위치 벡터는 $2\boldsymbol{i}+4\boldsymbol{j}$이다. 이것은 $\begin{bmatrix} 2 \\ 4 \end{bmatrix}$로도 나타낼 수 있다.

(b) Q의 위치 벡터는 $-\boldsymbol{i}+5\boldsymbol{j}$

(c) R의 위치 벡터는 $-\boldsymbol{i}-7\boldsymbol{j}$

(d) S의 위치 벡터는 $8\boldsymbol{i}-4\boldsymbol{j}$

(5) 벡터의 크기

어떤 벡터 $\boldsymbol{r}$의 크기는 길이와 같으며 $\boldsymbol{r}$의 길이는 시점에서 종점까지의 거리를 의미하며 이것은 피타고라스 정리를 이용하여 얻을 수 있다. 그림 7-23에서 만약 위치벡터 $\boldsymbol{r}=x\boldsymbol{i}+y\boldsymbol{j}$라면 크기는 원점으로부터 P까지의 거리이다.

> **key point**
>
> $\boldsymbol{r}=x\boldsymbol{i}+y\boldsymbol{j}$이면 위치 벡터의 크기는 $|\boldsymbol{r}|=\sqrt{x^2+y^2}$이다.

▌예제▐ 각 벡터의 크기를 구하여라.

(a) $\boldsymbol{r}_1=3\boldsymbol{i}+4\boldsymbol{j}$ (b) $\boldsymbol{r}_2=-2\boldsymbol{i}+5\boldsymbol{j}$ (c) $\boldsymbol{r}_3=9\boldsymbol{i}-2\boldsymbol{j}$ (d) $\boldsymbol{r}_4=-5\boldsymbol{i}-3\boldsymbol{j}$

풀이 (a) $\boldsymbol{r}_1=|3i+4j|=\sqrt{3^2+4^2}=\sqrt{25}=5$

(b) $\boldsymbol{r}_2=|-2i+5j|=\sqrt{(-2)^2+5^2}=\sqrt{4+25}=\sqrt{29}$

(c) $\boldsymbol{r}_3=\sqrt{9^2+(-2)^2}=\sqrt{85}$

(d) $\boldsymbol{r}_4=\sqrt{(-5)^2+(-3)^2}=\sqrt{25+9}=\sqrt{34}$

(6) 방향비와 방향 코사인

그림 7-24는 xy평면에서 위치 벡터 $4\boldsymbol{i}+5\boldsymbol{j}$인 점 $P(4,\ 5)$이며 위치벡터이므로 시점인 원점과 종점인 $P(4,\ 5)$을 지나는 직선으로 연장 할 수 있다. 이 직선의 방향비와 방향 코사인은 다음과 같다.

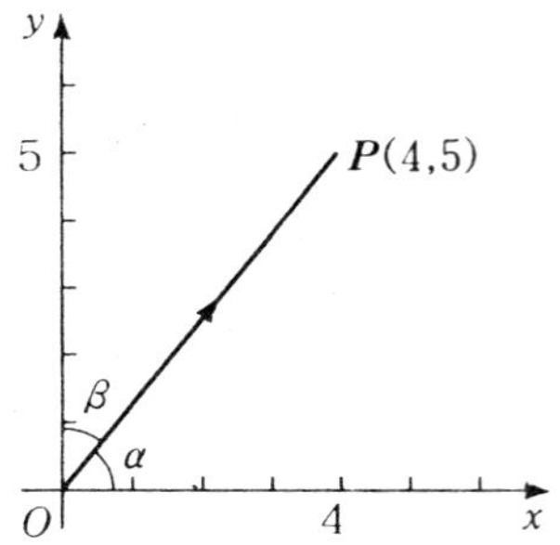

• • 그림 7-24 $\overrightarrow{OP}$의 방향 코사인($\cos\alpha$와 $\cos\beta$) • •

방향비(direction ratio)는 벡터 $\overrightarrow{OP}$을 이용하여 x축으로의 증가분 대 y축으로의 증가분이므로 4 : 5가 된다. 이것은 x축 방향으로 4칸을 움직일 때마다 y축 방향으로 5칸 움직여야 한다는 것을 의미한다.

방향 코사인이란 벡터 $\overrightarrow{OP}$와 두 양의 축들이 각각 이루는 각들의 코사인을 말하며 그림 7-24에 따르면 방향 코사인은 다음과 같다.

방향 코사인 : $\cos\alpha$와 $\cos\beta$

그리고 $\overrightarrow{OP}$의 크기(길이)는 $\sqrt{4^2+5^2}=\sqrt{41}$이므로 다음과 같이 쓸 수 있다.

$$\cos\alpha=\frac{4}{\sqrt{41}},\quad \cos\beta=\frac{5}{\sqrt{41}}$$

방향 코사인을 l과 m을 이용하여 표시하면 $l=\cos\alpha$, $m=\cos\beta$이 된다.

key point

벡터 $\boldsymbol{r}=a\boldsymbol{i}+b\boldsymbol{j}$을 연장하여 얻은 직선의 방향비는 $a:b$이고 방향 cos은

$$l=\frac{a}{\sqrt{a^2+b^2}},\quad m=\frac{b}{\sqrt{a^2+b^2}}$$

key point

> l과 m이 xy평면에 있는 직선의 방향 cos이라면
>
> $$l^2+m^2=1$$

▌예제▐ A점의 좌표는 (3, 5)이고 B점의 좌표는 (7, 8)이다.

(a) 벡터 $\overrightarrow{AB}$을 연장하여 얻은 직선의 방향비를 구하여라.

(b) 방향 코사인 l, m을 구하여라.

(c) $l^2+m^2=1$임을 보여라.

풀이 그림 7-25에서 $\overrightarrow{AB}=4\boldsymbol{i}+3\boldsymbol{j}$이므로

(a) $\overrightarrow{AB}$을 연장하여 얻은 직선의 방향비는 4 : 3

(b) 방향 cos은

$$l=\frac{4}{\sqrt{4^2+3^2}}=\frac{4}{5},\quad m=\frac{3}{\sqrt{4^2+3^2}}=\frac{3}{5}$$

(c) $$l^2+m^2=\left(\frac{4}{5}\right)^2+\left(\frac{3}{5}\right)^2$$

$$=\frac{16}{25}+\frac{9}{25}=\frac{25}{25}=1$$

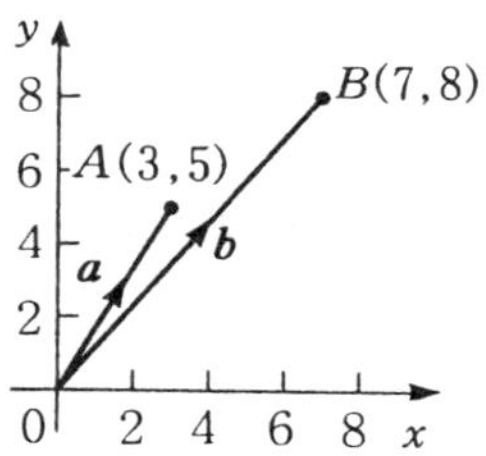

• • 그림 7-25 • •

7.2.2 3차원 좌표계

(1) 벡터의 표현

그림 7-26에서와 같이 3차원 좌표계(three-dimensional coordinate frame)는

x, y축 이외에 z축을 필요로 한다. 2차원에서 x, y축이 직교했던 것처럼 3차원에서도 x, y, z축은 서로 직교한다.

또한 세 좌표축의 순서는 오른손의 법칙에 따르고 3차원의 모든 점은 x, y, z 좌표, 즉 $(x,\ y,\ z)$으로 정의될 수 있다. 원점에서 P점까지의 벡터는 P, $\overrightarrow{OP}$, 또는 r의 위치 벡터라고 한다.

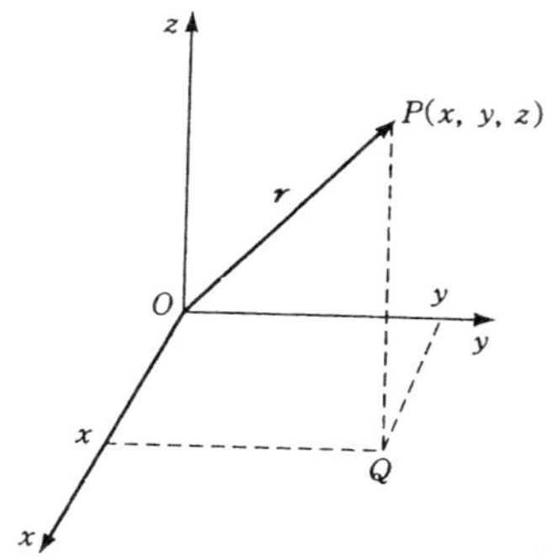

• • 그림 7-26 위치 벡터 $\boldsymbol{r} = x\boldsymbol{i} + y\boldsymbol{j} + z\boldsymbol{k}$ • •

z축의 양의 방향에 단위 벡터를 $\boldsymbol{k}$라고 하자. $\overrightarrow{OQ} = x\boldsymbol{i} + y\boldsymbol{j}$와 $\overrightarrow{QP} = z\boldsymbol{k}$이므로 다음과 같이 쓸 수 있다.

$$\boldsymbol{r} = \overrightarrow{OP} = \overrightarrow{OQ} + \overrightarrow{QP} = x\boldsymbol{i} + y\boldsymbol{j} + z\boldsymbol{k}$$

따라서 좌표가 $(x,\ y,\ z)$인 점의 위치 벡터는 $\boldsymbol{r} = x\boldsymbol{i} + y\boldsymbol{j} + z\boldsymbol{k}$라는 결론을 내릴 수 있다. 이것을 열 벡터로 표기하면 다음과 같다.

$$\boldsymbol{r} = \begin{bmatrix} x \\ y \\ z \end{bmatrix}$$

key point

$P(x,\ y,\ z)$의 위치벡터는 $\boldsymbol{r} = \overrightarrow{OP} = x\boldsymbol{i} + y\boldsymbol{j} + z\boldsymbol{k}$ 또는 $\boldsymbol{r} = \begin{bmatrix} x \\ y \\ z \end{bmatrix}$

이다.

▌예제▐ $\boldsymbol{r}=\begin{bmatrix} 1 \\ 4 \\ -2 \end{bmatrix}$와 $\boldsymbol{s}=\begin{bmatrix} 4 \\ -3 \\ 2 \end{bmatrix}$일 때 (a) $\boldsymbol{r}+\boldsymbol{s}$ (b) $\boldsymbol{r}-\boldsymbol{s}$를 구하여라.

풀이 (a) $\begin{bmatrix} 5 \\ 1 \\ 0 \end{bmatrix}$ (b) $\begin{bmatrix} -3 \\ 7 \\ -4 \end{bmatrix}$

(2) 3차원 벡터의 크기

벡터 $\overrightarrow{OP}$의 크기는 피타고라스 정리에 의해 얻을 수 있는 거리 OP와 같다.

key point

$\boldsymbol{r}=x\boldsymbol{i}+y\boldsymbol{i}+z\boldsymbol{k}$일 때 $|\boldsymbol{r}|=\sqrt{x^2+y^2+z^2}$이다.

▌예제▐ 점 A, B, C의 좌표는 각각 $(-1,\ 1,\ 4)$, $(8,\ 0,\ 2)$, $(5,\ -2,\ 11)$이다.

(a) A, B, C의 위치 벡터를 구하여라.

(b) $\overrightarrow{AB}$와 $\overrightarrow{BC}$를 구하여라.

(c) $|\overrightarrow{AB}|$와 $|\overrightarrow{BC}|$를 구하여라.

풀이 (a) 각각 $\boldsymbol{a}$, $\boldsymbol{b}$, $\boldsymbol{c}$에 대한 A, B, C의 위치 벡터를 나타내면,

$\boldsymbol{a}=-\boldsymbol{i}+\boldsymbol{j}+4\boldsymbol{k}$, $\boldsymbol{b}=8\boldsymbol{i}+2\boldsymbol{k}$, $\boldsymbol{c}=5\boldsymbol{i}-2\boldsymbol{j}+11\boldsymbol{k}$

(b) $|\overrightarrow{AB}|=\boldsymbol{b}-\boldsymbol{a}=9\boldsymbol{i}-\boldsymbol{j}-2\boldsymbol{k}$, $\overrightarrow{BC}=\boldsymbol{c}-\boldsymbol{b}=-3\boldsymbol{i}-2b\boldsymbol{j}+9\boldsymbol{k}$

(c) $|\overrightarrow{AB}|=\sqrt{9^2+(-1)^2+(-2)^2}=\sqrt{86}$,

$|\overrightarrow{BC}|=\sqrt{(-3)^2+(-2)^2+9^2}=\sqrt{94}$

(3) 3차원에서 방향비와 방향 코사인

방향비와 방향 코사인의 개념을 3차원에 도입해 보자. 그림 7-27에서 P점의 위치 벡터는 다음과 같다.

$$\boldsymbol{r}=a\boldsymbol{i}+b\boldsymbol{j}+c\boldsymbol{k}$$

방향비는 $a:b:c$이다. 이것은 벡터 방향으로 이동하기 위해 x방향으로 a를 이동할 때 y방향으로 b, z방향으로 c 이동함을 의미한다.

방향 cos은 벡터와 각 축들이 이루는 각들의 cos을 l, m, n이라 표시하면 다음과 같다.

$$l = \cos\alpha = \frac{a}{\sqrt{a^2+b^2+c^2}}$$

$$m = \cos\beta = \frac{b}{\sqrt{a^2+b^2+c^2}}$$

$$n = \cos\gamma = \frac{c}{\sqrt{a^2+b^2+c^2}}$$

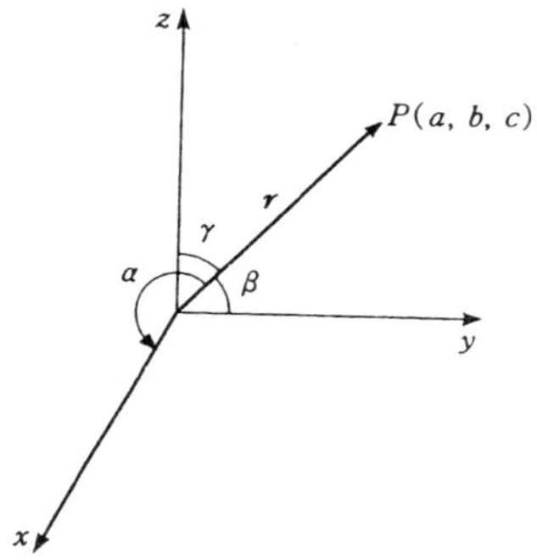

•• 그림 7-27 $\overrightarrow{OP}$의 방향 cos ($\cos\alpha$, $\cos\beta$, $\cos\gamma$) ••

key point

벡터 $\boldsymbol{r} = a\boldsymbol{i} + b\boldsymbol{j} + c\boldsymbol{k}$의 방향비는 $a : b : c$

방향 cos은

$$l = \cos\alpha = \frac{a}{\sqrt{a^2+b^2+c^2}}$$

$$m = \cos\beta = \frac{b}{\sqrt{a^2+b^2+c^2}}$$

$$n = \cos\gamma = \frac{c}{\sqrt{a^2+b^2+c^2}}$$

$$l^2 + m^2 + n^2 = 1$$

▮ 예제 ▮ (a) $\boldsymbol{r} = 3\boldsymbol{i} - 2\boldsymbol{j} + \boldsymbol{k}$을 연장하여 얻은 직선의 방향비를 구하여라.

(b) 방향 cos를 구하여라.

풀이 (a) 방향비는 3 : −2 : 1

(b) 방향 코사인은

$$l = \frac{3}{\sqrt{3^2 + (-2)^2 + 1^2}} = \frac{3}{\sqrt{14}}$$

$$m = \frac{-2}{\sqrt{3^2 + (-2)^2 + 1^2}} = -\frac{2}{\sqrt{14}}$$

$$n = \frac{1}{\sqrt{3^2 + (-2)^2 + 1^2}} = \frac{1}{\sqrt{14}}$$

7.3 내적과 외적

7.3.1 개 요

벡터의 연산으로 내적과 외적을 정의해 보자. 벡터의 내적의 결과는 스칼라(scalar)이고 외적의 결과는 벡터(vector)이다.

표 7-2 벡터 곱의 2가지 형태

구 분	표 기	결 과
내적	$\boldsymbol{a} \cdot \boldsymbol{b}$	스칼라
외적	$\boldsymbol{a} \times \boldsymbol{b}$	벡터

7.3.2 내 적

(1) 내적의 정의

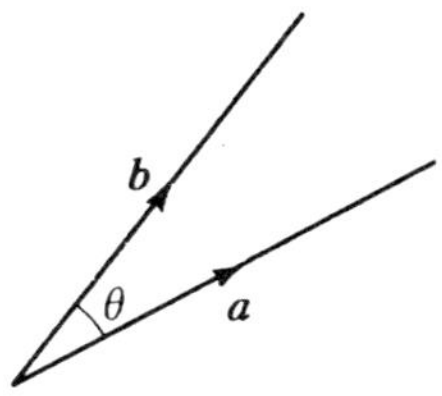

• • 그림 7-28 각 θ을 이루고 있는 두 벡터 • •

각 θ을 이루며 시점이 접해 있는 두 벡터 $\boldsymbol{a}$와 $\boldsymbol{b}$의 내적은 $\boldsymbol{a}\cdot\boldsymbol{b}$로 쓰고 다음과 같이 정의한다.

$$\boldsymbol{a}\cdot\boldsymbol{b}=|a||b|\cos\theta$$

정의에 사용된 도트(dot)기호 때문에 내적은 dot product로 불리기도 한다.

key point

$$\boldsymbol{a}\cdot\boldsymbol{b}=|a||b|\cos\theta$$

예제 그림 7-29에 벡터 $\boldsymbol{a}$와 $\boldsymbol{b}$가 있다. 벡터 $\boldsymbol{a}$의 크기는 6이고 벡터 $\boldsymbol{b}$의 크기는 7이다. 두 벡터 사이의 각은 60° 이다. $\boldsymbol{a}\cdot\boldsymbol{b}$를 구하여라.

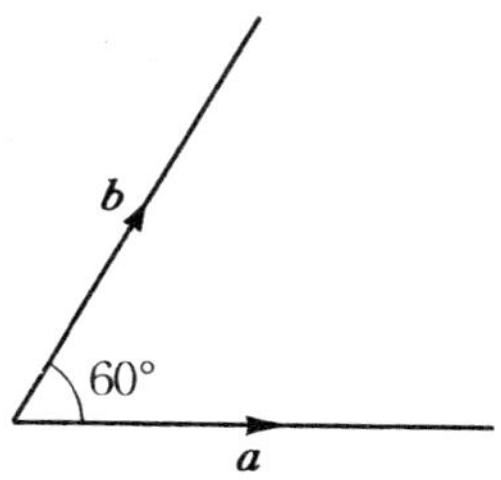

• • 그림 7-29 각 60° 를 이루는 두 벡터 • •

풀이 두 벡터 사이의 각과 절대값을 확인한 다음 내적에 관한 공식을 적용하여라.

$\boldsymbol{a} \cdot \boldsymbol{b} = |a||b|\cos\theta = (6)(7)\cos 60° = 21$

$\boldsymbol{a}$와 $\boldsymbol{b}$의 내적은 21이다. 내적의 결과는 항상 스칼라이다.

key point

단위 벡터 $\boldsymbol{i}, \boldsymbol{j}, \boldsymbol{k}$사이에는

$$\boldsymbol{i} \cdot \boldsymbol{i} = \boldsymbol{j} \cdot \boldsymbol{j} = \boldsymbol{k} \cdot \boldsymbol{k} = 1$$

$$\boldsymbol{i} \cdot \boldsymbol{j} = \boldsymbol{j} \cdot \boldsymbol{i} = \boldsymbol{j} \cdot \boldsymbol{k} = \boldsymbol{k} \cdot \boldsymbol{j} = \boldsymbol{i} \cdot \boldsymbol{k} = \boldsymbol{k} \cdot \boldsymbol{i} = 0$$

▌예제▌ $\boldsymbol{i}$가 x축 양의 방향으로 단위 벡터일 때 $\boldsymbol{i} \cdot \boldsymbol{i}$를 구하여라.

풀이 $\boldsymbol{i}$가 단위 벡터이므로 그것의 크기는 1이다. 두 평행한 벡터사이에 각은 0도 이다. 따라서 $\boldsymbol{i}$와 $\boldsymbol{i}$사이의 각은 0도이다. $\cos 0° = 1$이므로

$\boldsymbol{i} \cdot \boldsymbol{i} = (1)(1)\cos 0° = 1$

이것을 통해서 $\boldsymbol{j} \cdot \boldsymbol{j} = 1$, $\boldsymbol{k} \cdot \boldsymbol{k} = 1$임도 알 수 있다.

▌예제▌ $\boldsymbol{i}$와 $\boldsymbol{j}$가 x축과 y축의 방향으로 단위 벡터일 때 $\boldsymbol{i} \cdot \boldsymbol{j}$를 구하여라.

풀이 $\boldsymbol{i}$와 $\boldsymbol{j}$가 단위 벡터이므로 크기가 1이며 두 벡터 사이의 각은 90°이다.

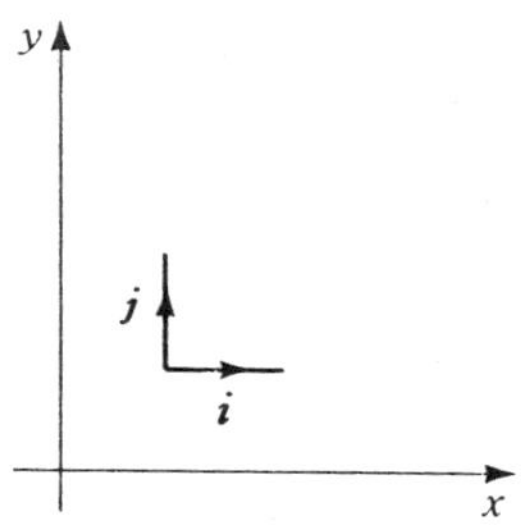

•• 그림 7-30 단위 벡터 $\boldsymbol{i}$와 $\boldsymbol{j}$사이의 각은 90° ••

그러므로 $\cos 90° = 0$이므로 $\boldsymbol{i} \cdot \boldsymbol{j} = (1)(1)\cos 90° = 0$이다.

즉 $\boldsymbol{i}\boldsymbol{j} = 0$

▌예제▌ 두 벡터 $\boldsymbol{a} = 5\boldsymbol{i} + 3\boldsymbol{j} - 2\boldsymbol{k}$와 $\boldsymbol{b} = 8\boldsymbol{i} - 9\boldsymbol{j} + 11\boldsymbol{k}$ 사이의 각을 구하여라.

풀이 두 벡터의 내적은 $\boldsymbol{a} \cdot \boldsymbol{b} = (5)(8) + 3(-9) + (-2)(11) = 40 - 27 - 22 = -9$

$\boldsymbol{a}$의 크기는 $\sqrt{5^2+3^2+(-2)^2}=\sqrt{38}$이고

$\boldsymbol{b}$의 크기는 $\sqrt{8^2+(-9)^2+11^2}=\sqrt{266}$이다.

그러므로

$$\boldsymbol{a}\cdot\boldsymbol{b}=|\boldsymbol{a}||\boldsymbol{b}|\cos\theta$$

$$-9=\sqrt{38}\cdot\sqrt{266}\cos\theta$$

$$\cos\theta=\frac{-9}{\sqrt{38}\sqrt{266}}=-0.0895$$

$$\therefore\ \theta=\cos^{-1}(-0.0895)=95.14^\circ$$

(2) 내적의 성질

① 교환법칙

내적은 $|\boldsymbol{b}|$, $|\boldsymbol{a}|$, $\cos\theta$의 순서와 관계없이 이루어지므로 교환법칙이 성립한다.

$$|\boldsymbol{a}||\boldsymbol{b}|\cos\theta=|\boldsymbol{b}||\boldsymbol{a}|\cos\theta$$

$$\boldsymbol{a}\cdot\boldsymbol{b}=\boldsymbol{b}\cdot\boldsymbol{a}$$

② 분배법칙

3개의 벡터 $\boldsymbol{a}$, $\boldsymbol{b}$, $\boldsymbol{c}$에 대하여 다음의 관계가 성립된다.

$$\boldsymbol{a}\cdot(\boldsymbol{b}+\boldsymbol{c})=\boldsymbol{a}\cdot\boldsymbol{b}+\boldsymbol{a}\cdot\boldsymbol{c}$$

③ 스칼라곱

두 벡터 $\boldsymbol{a}$, $\boldsymbol{b}$와 스칼라 k에 대하여

$$k(\boldsymbol{a}\cdot\boldsymbol{b})=(k\boldsymbol{a})\cdot\boldsymbol{b}=\boldsymbol{a}\cdot(k\boldsymbol{b})$$

예제 $\boldsymbol{i}\cdot(\boldsymbol{i}+\boldsymbol{j})$를 간단히 하여라.

풀이 분배법칙을 사용하면 $\boldsymbol{i}\cdot(\boldsymbol{i}+\boldsymbol{j})=\boldsymbol{i}\cdot\boldsymbol{i}+\boldsymbol{i}\cdot\boldsymbol{j}$

위의 식은 $1+0=1$로 간단히 된다.

(3) 데카르트 형식의 내적

벡터들이 데카르트 형식으로 주어졌을 때 내적을 구하는 공식을 얻기 위해서 앞

의 성질을 사용할 수 있다.

$\boldsymbol{a} = a_1\boldsymbol{i} + a_2\boldsymbol{j}$와 $\boldsymbol{b} = b_1\boldsymbol{i} + b_2\boldsymbol{j}$라고 가정하자.

$$\begin{aligned}\boldsymbol{a} \cdot \boldsymbol{b} &= (a_1\boldsymbol{i} + a_2\boldsymbol{j}) \cdot (b_1\boldsymbol{i} + b_2\boldsymbol{i}) \\ &= a_1\boldsymbol{i} \cdot (b_1\boldsymbol{i} + b_2\boldsymbol{i}) + a_2\boldsymbol{j} \cdot (b_1\boldsymbol{i} + b_2\boldsymbol{i}) \\ &= a_1b_1\boldsymbol{i} \cdot \boldsymbol{i} + a_1b_2\boldsymbol{i} \cdot \boldsymbol{j} + a_2b_1\boldsymbol{j} \cdot \boldsymbol{i} + a_2b_2\boldsymbol{j} \cdot \boldsymbol{j}\end{aligned}$$

$\boldsymbol{i} \cdot \boldsymbol{i} = \boldsymbol{j} \cdot \boldsymbol{j} = 1$이고 $\boldsymbol{i} \cdot \boldsymbol{j} = \boldsymbol{j} \cdot \boldsymbol{i} = 0$이므로 다음을 얻는다.

key point

$\boldsymbol{a} = a_1\boldsymbol{i} + a_2\boldsymbol{j}$와 $\boldsymbol{b} = b_1\boldsymbol{i} + b_2\boldsymbol{j}$이면

$$\boldsymbol{a} \cdot \boldsymbol{b} = a_1b_1 + a_2b_2$$

▌예제▐ $\boldsymbol{a} = 7\boldsymbol{i} + 8\boldsymbol{j}$이고 $\boldsymbol{b} = 5\boldsymbol{i} - 2\boldsymbol{j}$일 때 $\boldsymbol{a} \cdot \boldsymbol{b}$를 구하여라.

풀이 대응되는 부분끼리 곱해서 더하면 된다.

$$\boldsymbol{a} \cdot \boldsymbol{b} = (7\boldsymbol{i} + 8\boldsymbol{j}) \cdot (5\boldsymbol{i} - 2\boldsymbol{j}) = (7)(5) + (8)(-2) = 35 - 16 = 19$$

두 벡터의 내적은 $\boldsymbol{i}$부분끼리 곱하고 $\boldsymbol{j}$부분끼리 곱하여 더하며, 3차원에서 벡터의 내적은 다음과 같다.

key point

$\boldsymbol{a} = a_1\boldsymbol{i} + a_2\boldsymbol{j} + a_3\boldsymbol{k}$이고 $\boldsymbol{b} = b_1\boldsymbol{i} + b_2\boldsymbol{j} + b_3\boldsymbol{k}$이면

$$\boldsymbol{a} \cdot \boldsymbol{b} = a_1b_1 + a_2b_2 + a_3b_3$$

▌예제▐ $\boldsymbol{a} = 5\boldsymbol{i} + 3\boldsymbol{j} - 2\boldsymbol{k}$이고 $\boldsymbol{b} = 8\boldsymbol{i} - 9\boldsymbol{j} + 11\boldsymbol{k}$일 때 $\boldsymbol{a} \cdot \boldsymbol{b}$를 구하여라.

풀이 대응되는 부분들끼리 곱하여 더하여라.

$$\boldsymbol{a} \cdot \boldsymbol{b} = (5)(8) + (3)(-9) + (-2)(11) = 40 - 27 - 22 = -9$$

(4) 내적의 응용

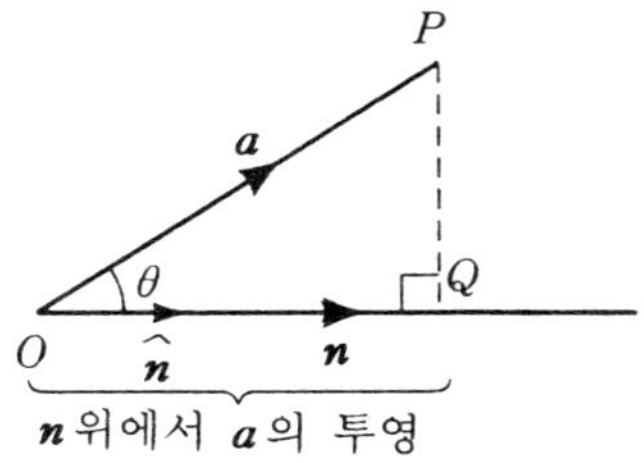

• • 그림 7-31 OQ는 $\boldsymbol{n}$방향에서의 $\boldsymbol{a}$의 성분 • •

그림 7-31에 임의의 벡터 $\boldsymbol{a}$와 $\boldsymbol{n}$이 있다. $\widehat{\boldsymbol{n}}$은 $\boldsymbol{n}$방향에서의 단위벡터라고 하자. 그림에서 P로부터 그려진 점선은 $\boldsymbol{n}$과 직각을 이루며 만나고 있다. 이때 거리 OQ는 $\boldsymbol{n}$위의 $\boldsymbol{a}$투영(projection)이라 하며 또는 " $\boldsymbol{n}$방향에서의 $\boldsymbol{a}$의 성분"이라고 한다. 삼각법에 따르면,

$$\cos\theta = \frac{\text{투영 } OQ\text{의 길이}}{|a|}$$

따라서 투영의 길이는 $|a|\cos\theta$이다.

단위 벡터 $\widehat{\boldsymbol{n}}$와 $\boldsymbol{a}$의 내적을 이용하여 직교투영 OQ의 길이 (L)를 구할 수 있다.

$|\widehat{\boldsymbol{n}}|=1$이므로

$$\begin{aligned} L &= \boldsymbol{a}\cdot\widehat{\boldsymbol{n}} = |\boldsymbol{a}||\widehat{\boldsymbol{n}}|\cos\theta \\ &= |\boldsymbol{a}|\cos\theta \end{aligned}$$

key point

$\boldsymbol{a}\cdot\widehat{\boldsymbol{n}}$ 은 $\boldsymbol{n}$위의 $\boldsymbol{a}$투영의 길이이다.

또는

$\boldsymbol{a}\cdot\widehat{\boldsymbol{n}}$은 $\boldsymbol{n}$방향에서의 $\boldsymbol{a}$의 성분이다.

▌예제▐ 벡터 $\boldsymbol{n} = \boldsymbol{i} + 5\boldsymbol{j}$의 방향에서 벡터 $\boldsymbol{a} = 2\boldsymbol{i} + 3\boldsymbol{j}$의 성분을 구하여라.

(풀이) 우선 $\boldsymbol{n}$방향에 있는 단위 벡터가 필요하다.

$$\hat{\boldsymbol{n}} = \frac{\boldsymbol{n}}{|\hat{n}|} = \frac{1}{\sqrt{26}}(\boldsymbol{i} + 5\boldsymbol{j})$$

$\boldsymbol{n}$방향에서 $\boldsymbol{a}$의 성분은

$$\boldsymbol{a} \cdot \hat{\boldsymbol{n}} = (2\boldsymbol{i} + 3\boldsymbol{j}) \cdot \frac{1}{\sqrt{26}}(\boldsymbol{i} + 5\boldsymbol{j}) = \frac{1}{\sqrt{26}}(2\boldsymbol{i} + 3\boldsymbol{j}) \cdot (\boldsymbol{i} + 5\boldsymbol{j})$$

$$= \frac{1}{\sqrt{26}}(2 + 15) = \frac{17}{\sqrt{26}} = 3.334$$

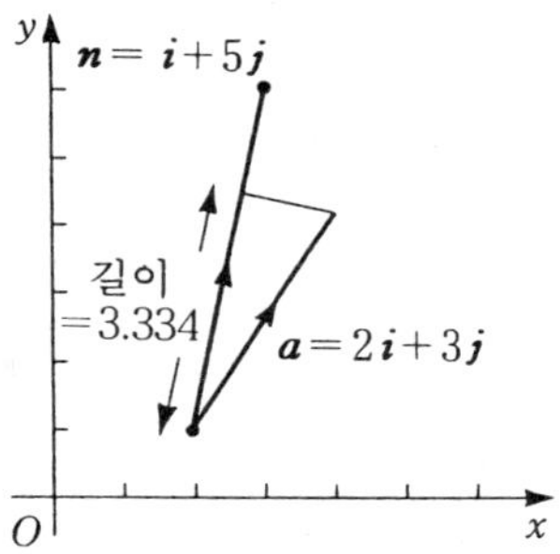

• • 그림 7-32 $\boldsymbol{n}$위 $\boldsymbol{a}$의 투영 3.334 • •

7.3.3 외 적

(1) 오른나사 법칙

그림 7-33에 두 벡터 $\boldsymbol{a}$와 $\boldsymbol{b}$가 있고 두 벡터가 있는 평면에 단위 벡터 $\hat{\boldsymbol{e}}$는 평면에 수직으로 놓여 있다.

그럼 이제 $\boldsymbol{a}$에서 $\boldsymbol{b}$쪽으로 오른나사를 돌린다고 가정하자. 오른나사를 시계방향으로 돌리면, 나사는 $\hat{\boldsymbol{e}}$방향으로 나아갈 것이다.

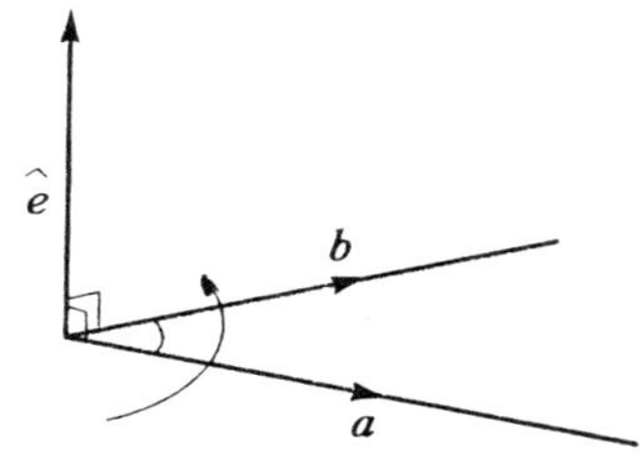

•• 그림 7-33 a에서 b 방향으로 돌아가는 오른나사는 $\hat{e}$방향으로 나아감. ••

(2) 외적의 정의

두 벡터 $\boldsymbol{a}$, $\boldsymbol{b}$의 외적은 $\hat{\boldsymbol{e}}$방향으로 크기 $|\boldsymbol{a}||\boldsymbol{b}|\sin\theta$의 크기를 가지는 벡터이다. 여기서 $\hat{\boldsymbol{e}}$는 그림 7-34에서 오른나사 법칙에서 정의한 $\boldsymbol{a}$와 $\boldsymbol{b}$가 포함된 평면과 수직을 이루는 단위벡터이다. 외적은 기호 ×를 사용한다.

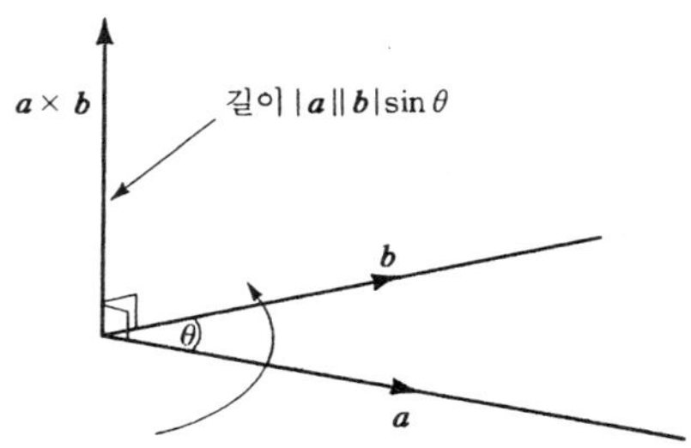

•• 그림 7-34 벡터 $\boldsymbol{a}\times\boldsymbol{b}$는 $\boldsymbol{a}$와 $\boldsymbol{b}$를 포함하는 평면에서 직각 ••

외적을 cross product라고 부르기도 한다.

> **key point**
>
> 외적
>
> $$\boldsymbol{a}\times\boldsymbol{b}=|\boldsymbol{a}||\boldsymbol{b}|\sin\theta\,\hat{\boldsymbol{e}}$$

그림 7-35는 오른나사 법칙에 의하여 $\boldsymbol{a}\times\boldsymbol{b}=-\boldsymbol{b}\times\boldsymbol{a}$이 성립한다.

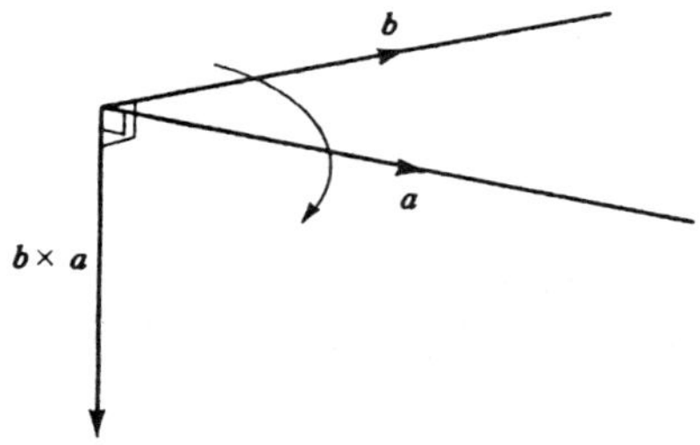

•• 그림 7-35 $\boldsymbol{b}\times\boldsymbol{a}$의 계산 ••

예제 $\boldsymbol{a}$와 $\boldsymbol{b}$가 평행할 때 $\boldsymbol{a}\times\boldsymbol{b}=0$ 즉 영벡터라는 것을 보여주어라.

풀이 $\boldsymbol{a}\times\boldsymbol{b}=|\boldsymbol{a}||\boldsymbol{b}|\sin\theta\,\hat{e}$의 정의를 사용하여 $\boldsymbol{a}$와 $\boldsymbol{b}$가 평행할 때 각도 θ는 0° 이면 $\sin\theta=0$, $\boldsymbol{a}\times\boldsymbol{b}=\mathbf{0}$, 즉, $\mathbf{0}$벡터이다.

key point

$$\boldsymbol{i}\times\boldsymbol{i}=0,\quad \boldsymbol{j}\times\boldsymbol{j}=0,\quad \boldsymbol{k}\times\boldsymbol{k}=0$$

예제 $\boldsymbol{i}\times\boldsymbol{j}=\boldsymbol{k}$임을 보이고 $\boldsymbol{j}\times\boldsymbol{k}$와 $\boldsymbol{k}\times\boldsymbol{i}$를 구하여라.

풀이 $\boldsymbol{i}$와 $\boldsymbol{j}$는 직각을 이룬다. 그래서 $\boldsymbol{i}\times\boldsymbol{j}$의 크기는 $(1)(1)\sin 90°=1$이다. 그림 7-36에서 보듯이 오른나사 규칙에서 정의된 것처럼 $\boldsymbol{i}$와 $\boldsymbol{j}$와 직각을 이루는 단위벡터는 $\boldsymbol{k}$이다. 그러므로 $\boldsymbol{i}\times\boldsymbol{j}=\boldsymbol{k}$이 성립된다.

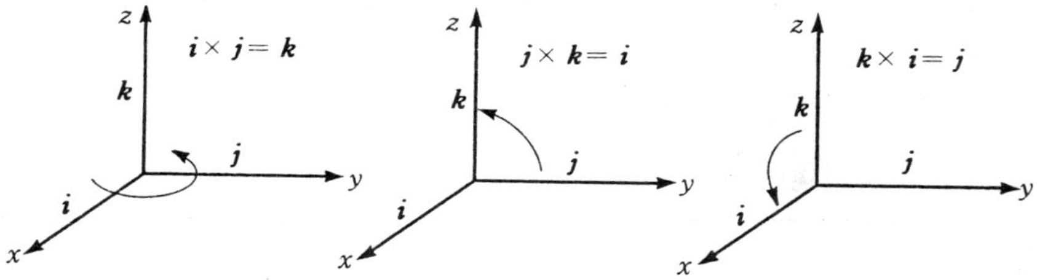

•• 그림 7-36 벡터 $\boldsymbol{k}$는 $\boldsymbol{i}$와 $\boldsymbol{j}$에 모두 직각 ••

유사하게 그림 7-36을 통해 $\boldsymbol{j}\times\boldsymbol{k}=\boldsymbol{i}$와 $\boldsymbol{k}\times\boldsymbol{i}=\boldsymbol{j}$를 증명해야 한다.
위의 예제에서 다음과 같은 결과를 얻을 수 있다.

key point

$$\boldsymbol{i}\times\boldsymbol{j}=\boldsymbol{k},\ \boldsymbol{j}\times\boldsymbol{k}=\boldsymbol{i},\ \boldsymbol{k}\times\boldsymbol{i}=\boldsymbol{j},$$
$$\boldsymbol{j}\times\boldsymbol{i}=-\boldsymbol{k},\ \boldsymbol{k}\times\boldsymbol{j}=-\boldsymbol{i},\ \boldsymbol{i}\times\boldsymbol{k}=-\boldsymbol{j}$$

(3) 외적의 성질

① 비교환성

$\boldsymbol{a}\times\boldsymbol{b}=-\boldsymbol{b}\times\boldsymbol{a}$을 임을 보았다.

② 분배법칙

3개의 벡터 $\boldsymbol{a}$, $\boldsymbol{b}$, $\boldsymbol{c}$에 대하여 아래의 식이 성립된다.

$$\boldsymbol{a}\times(\boldsymbol{b}+\boldsymbol{c})=\boldsymbol{a}\times\boldsymbol{b}+\boldsymbol{a}\times\boldsymbol{c}$$

③ 스칼라곱

두 벡터 $\boldsymbol{a}$, $\boldsymbol{b}$와 스칼라 k에 대하여

$k(\boldsymbol{a}\times\boldsymbol{b})=(k\boldsymbol{a})\times\boldsymbol{b}=\boldsymbol{a}\times(k\boldsymbol{b})$이 성립한다.

▌예제▐ $\boldsymbol{i}\times(\boldsymbol{i}+\boldsymbol{j})$를 간단히 하여라.

풀이 배분법칙에 따라 다음과 같이 쓸 수 있다.

$$\boldsymbol{i}\times(\boldsymbol{i}+\boldsymbol{j})=\boldsymbol{i}\times\boldsymbol{i}+\boldsymbol{i}\times\boldsymbol{j}$$

이것은 $\boldsymbol{k}$로 간단히 할 수 있다.

▌예제▐ $\boldsymbol{i}\times 5\boldsymbol{k}$를 간단히 하여라.

풀이 $\boldsymbol{i}\times 5\boldsymbol{k}=5(\boldsymbol{i}\times\boldsymbol{k})=5(-\boldsymbol{j})=-5\boldsymbol{j}$

(4) 데카르트 형식의 외적

외적의 성질을 이용하여 데카르트 형식으로 주어진 두 벡터의 외적을 구하여 보자.

$\boldsymbol{a}=a_1\boldsymbol{i}+a_2\boldsymbol{j}+a_3\boldsymbol{k}$, $\boldsymbol{b}=b_1\boldsymbol{i}+b_2\boldsymbol{j}+b_3\boldsymbol{k}$에 대하여

$$\mathbf{a}\times\mathbf{b}=(a_1\mathbf{i}+a_2\mathbf{j}+a_3\mathbf{k})\times(b_1\mathbf{i}+b_2\mathbf{j}+b_3\mathbf{k})$$

$$=a_1\mathbf{i}\times(b_1\mathbf{i}+b_2\mathbf{j}+b_3\mathbf{k})+a_2\mathbf{j}\times(b_1\mathbf{i}+b_2\mathbf{j}+b_3\mathbf{k})$$

$$+a_3\mathbf{k}\times(b_1\mathbf{i}+b_2\mathbf{j}+b_3\mathbf{k})$$

$$=a_1b_1(\mathbf{i}\times\mathbf{i})+a_1b_2(\mathbf{i}\times\mathbf{j})+a_1b_3(\mathbf{i}\times\mathbf{k})$$

$$+a_2b_1(\mathbf{j}\times\mathbf{i})+a_2b_2(\mathbf{j}\times\mathbf{j})+a_2b_3(\mathbf{j}\times\mathbf{k})$$

$$+a_3b_1(\mathbf{k}\times\mathbf{i})+a_3b_2(\mathbf{k}\times\mathbf{j})+a_3b_3(\mathbf{k}\times\mathbf{k})$$

key point

$\mathbf{a}=a_1\mathbf{i}+a_2\mathbf{j}+a_3\mathbf{k}$, $\mathbf{b}=b_1\mathbf{i}+b_2\mathbf{j}+b_3\mathbf{k}$이면

$\mathbf{a}\times\mathbf{b}=(a_2b_3-a_3b_2)\mathbf{i}-(a_1b_3-a_3b_1)\mathbf{j}+(a_1b_2-a_2b_1)\mathbf{k}$

예제 $\mathbf{p}=3\mathbf{i}+5\mathbf{j}$와 $\mathbf{q}=2\mathbf{i}-\mathbf{j}$의 외적을 구하여라.

풀이 $\mathbf{k}$성분이 없으므로 $\mathbf{a}_3$와 $\mathbf{b}_3$는 둘다 0이다.

$\mathbf{p}\times\mathbf{q}=-13\mathbf{k}$

두 벡터 $\mathbf{a}=a_1\mathbf{i}+a_2\mathbf{j}+a_3\mathbf{k}$, $\mathbf{b}=b_1\mathbf{i}+b_2\mathbf{j}+b_3\mathbf{k}$의 외적은

$\mathbf{a}\times\mathbf{b}=(a_2b_3-a_3b_2)\mathbf{i}-(a_1b_3-a_3b_1)\mathbf{j}+(a_1b_2-a_2b_1)\mathbf{k}$이므로

$$\mathbf{a}\times\mathbf{b}=\begin{vmatrix}\mathbf{i}&\mathbf{j}&\mathbf{k}\\a_1&a_2&a_3\\b_1&b_2&b_3\end{vmatrix}$$

왜냐하면 행렬식을 D라고 하고 D를 구하여 보자.

$\mathbf{i}$의 소행렬식은

$$\begin{vmatrix}a_2&a_3\\b_2&b_3\end{vmatrix}=a_2b_3-a_3b_2,$$

$\mathbf{j}$의 소행렬식은

$$\begin{vmatrix} a_1 & a_3 \\ b_1 & b_3 \end{vmatrix} = a_1 b_3 - a_3 b_1,$$

그리고, $\boldsymbol{k}$의 소행렬식은

$$\begin{vmatrix} a_1 & a_2 \\ b_1 & b_2 \end{vmatrix} = a_1 b_2 - a_2 b_1$$ 이므로

행렬식 $D = (a_2 b_3 - a_3 b_2)\boldsymbol{i} - (a_1 b_3 - a_3 b_1)\boldsymbol{j} + (a_1 b_2 - a_2 b_1)\boldsymbol{k}$

key point

$\boldsymbol{a} = a_1\boldsymbol{i} + a_2\boldsymbol{j} + a_3\boldsymbol{k},\ \boldsymbol{b} = b_1\boldsymbol{i} + b_2\boldsymbol{j} + b_3\boldsymbol{k}$일때

$$\boldsymbol{a} \times \boldsymbol{b} = \begin{vmatrix} \boldsymbol{i} & \boldsymbol{j} & \boldsymbol{k} \\ a_1 & a_2 & a_3 \\ b_1 & b_2 & b_3 \end{vmatrix}$$

$$= (a_2 b_3 - a_3 b_2)\boldsymbol{i} - (a_1 b_3 - a_3 b_1)\boldsymbol{j} + (a_1 b_2 - a_2 b_1)\boldsymbol{k}$$

예제 $\boldsymbol{a} = 3\boldsymbol{i} - 4\boldsymbol{j} + 2\boldsymbol{k}$와 $\boldsymbol{b} = 9\boldsymbol{i} - 6\boldsymbol{j} + 2\boldsymbol{k}$의 외적을 구하여라.

풀이 두 벡터를 행렬식으로 나타내면 다음과 같다.

$$\begin{vmatrix} \boldsymbol{i} & \boldsymbol{j} & \boldsymbol{k} \\ 3 & -4 & 2 \\ 9 & -6 & 2 \end{vmatrix}$$

이 행렬식을 계산하면 외적을 구할 수 있다.

$$\boldsymbol{a} \times \boldsymbol{b} = [-8-(-12)\,\boldsymbol{i} - (6-18)\boldsymbol{j} + [-18-(-36)]\,\boldsymbol{k}$$

$$= 4\,\boldsymbol{i} + 12\,\boldsymbol{j} + 18\,\boldsymbol{k}$$

연 습 문 제

1. 23[N]의 힘이 수평아래 20°의 방향으로 작용하고 있다. 이 힘을 수직방향의 힘과 수평방향의 힘으로 분해하여라.

2. 임의의 벡터 $\boldsymbol{p}$, $\boldsymbol{q}$에 대해 다음이 성립함을 그림으로 보여라.

(a) $\boldsymbol{p}+\boldsymbol{q}$ (b) $\boldsymbol{p}-\boldsymbol{q}$ (c) $-2\boldsymbol{q}$

3. 좌표상의 (9, 1, −1)과 (−4, 0, 4)의 위치벡터를 구하여라.

4. A의 좌표는 (−4, 3, 0), B의 좌표는 (−2, 1, 9)일 때 $\overrightarrow{AB}$와 $|\overrightarrow{AB}|$를 구하여라.

5. 다음 벡터의 크기를 구하여라.

$\boldsymbol{p}=2\boldsymbol{i}-\boldsymbol{j}+5\boldsymbol{k}$

6. A의 좌표는 (−4, 2, 1), B의 좌표는 (2, 0, 2)일 때 $\overrightarrow{AB}$의 방향비를 구하고 각 방향의 cos값 l, m, n을 구하고 $l^2+m^2+n^2=1$임을 구하여라.

7. 벡터 $12\boldsymbol{i}-\boldsymbol{j}$와 벡터 $2\boldsymbol{i}+\boldsymbol{j}+\boldsymbol{k}$사이의 각을 구하여라.

8. 점 A, B, C가 각 점 (9, 1, 1), (8, 1, 1), (9, 0, 2)의 좌표를 갖는다.

(a) A, B, C를 포함하는 평면의 방정식을 구하여라.

(b) 삼각형 A, B, C의 넓이를 구하여라.

9. $\boldsymbol{a}=3\boldsymbol{i}+\boldsymbol{j}-3\boldsymbol{k}$, $\boldsymbol{b}=13\boldsymbol{i}-\boldsymbol{j}-\boldsymbol{k}$일 때 다음을 구하여라.

(a) $\boldsymbol{a}+\boldsymbol{b}$ (b) $\boldsymbol{b}-3\boldsymbol{a}$ (c) $|\boldsymbol{b}|$ (d) $\hat{\boldsymbol{a}}$ (e) $|\boldsymbol{b}-\boldsymbol{a}|$

10. 10[N]의 힘이 $3\boldsymbol{i}+\boldsymbol{j}+8\boldsymbol{k}$방향으로 작용하여 물체를 (1, 1, 1)에서 (3, 1, 2)로 이동시켰을 때 한 일을 구하여라.

11. $\boldsymbol{a}=4\boldsymbol{i}+2\boldsymbol{j}+\boldsymbol{k}$, $\boldsymbol{b}=2\boldsymbol{i}-\boldsymbol{j}+7\boldsymbol{k}$, $\boldsymbol{c}=2\boldsymbol{i}-2\boldsymbol{j}+3\boldsymbol{k}$일 때

$(\boldsymbol{a}\times\boldsymbol{b})\times\boldsymbol{c}=(\boldsymbol{a}\cdot\boldsymbol{c})\boldsymbol{b}-(\boldsymbol{b}\cdot\boldsymbol{c})\boldsymbol{a}$임을 증명하여라.

12. 3개의 벡터 $12\boldsymbol{i}+\boldsymbol{j}+\boldsymbol{k}$, $2\boldsymbol{i}$, $-2\boldsymbol{j}+\boldsymbol{k}$로 이루어지는 평행육면체의 부피를 구하여라.

13. $\boldsymbol{a}=\begin{pmatrix}3\\2\\1\end{pmatrix}$, $\boldsymbol{b}=\begin{pmatrix}4\\3\\4\end{pmatrix}$, $\boldsymbol{c}=\begin{pmatrix}8\\1\\0\end{pmatrix}$일 때 $\boldsymbol{a}\cdot\boldsymbol{b}\times\boldsymbol{c}=32$임을 보여라.

제 8 장 복소수

8.1 복소수

8.1.1 허 수

(1) 허수단위

① 제곱해서 -1이 되는 수 $\sqrt{-1}$을 $\boldsymbol{i}$로 나타내고 이 새로운 수 $\boldsymbol{i}$를 허수단위라 한다. 즉, $i=\sqrt{-1}$, $i^2=-1$(i를 포함하는 수를 허수라 한다.)

② $\boldsymbol{a}>0$일 때, $\sqrt{-\boldsymbol{a}}=\sqrt{\boldsymbol{a}}\cdot\sqrt{-1}=\sqrt{\boldsymbol{a}}\,\boldsymbol{i}$

허수단위 $\boldsymbol{i}$는 imaginary number(허수)의 첫글자를 따온 것이다.

예 $\sqrt{-9}=\sqrt{9}i=3i$

(2) i^n의 계산

$$i=\sqrt{-1},\ \boldsymbol{i}^2=-1,\ i^3=-i,\ \boldsymbol{i}^4=1,\ i^5=i,\ i^6=-1,\cdots$$

이 계산의 순서는 그림 8-1에서 시계 바늘의 회전 방향과 반대이다.

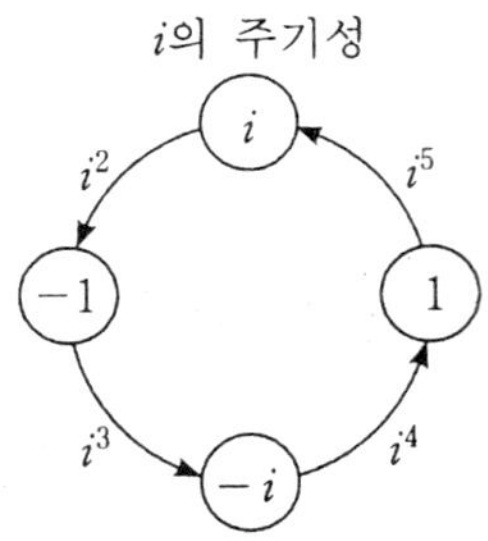

•• 그림 8-1 ••

▌예제▐ 2차 방정식 해를 얻기 위한 공식을 이용하여 $2x^2+x+1=0$을 계산하여라.

(풀이) 공식 $x=\dfrac{-b\pm\sqrt{b^2-4ac}}{2a}$을 이용한다. $a=2$, $b=1$, $c=1$이므로

$$x=\frac{-1\pm\sqrt{1^2-(4)(2)(1)}}{2(2)}=\frac{-1\pm\sqrt{-7}}{4}=\frac{-1\pm\sqrt{7}j}{4}$$

$$=-\frac{1}{4}\pm\frac{\sqrt{7}}{4}j$$

8.1.2 복소수

(1) 실수부와 허수부

$z=a+bj$(a, b는 실수)인 형태의 z을 **복소수**(complex numbers)라고 부른다. 여기에서 a를 **실수부**(real part), b를 **허수부**(imaginary part)라고 한다.

$x^2-10x+29=0$의 해(근)는 $5+2j$와 $5-2j$이며, $5+2j$와 $5-2j$은 복소수이고 실수부, 5와 각각의 허수부 2, −2로 구성된다.

이와 같이 실수부와 허수부로 이루어진 수를 **복소수**라고 말한다.

> **key point**
>
> z가 복소수일 경우 $z=a+bj$의 형태로 쓰며, 이때 a는 실수부, b는 허수부이다.

▌예제▐ $-11-19j$의 실수부와 허수부를 밝혀라.

(풀이) 실수부는 -11, 허수부는 -19

(2) 공액 복소수(complex conjugate)

복소수의 공액 복소수는 허수부의 부호를 바꾼 것이며 z의 공액 복소수는 $\overline{z}$라고 표시한다. 예로, $5+2j$의 공액 복소수는 $5-2j$이다.

> **key point** $z=a+bj$의 공액 복소수는 $\overline{z}$라고 표기하며, $\overline{z}=a-bj$이다.

▌예제▐ 다음 복소수의 공액 복소수를 구하여라.

(a) $z_1=11+2j$ (b) $z_2=7-3j$ (c) $z_3=8$ (d) $z_4=-9j$

(풀이) 허수부의 부호를 바꾸면 된다. (c)의 경우 허수부가 없다.

(a) $\overline{z_1}=11-2j$ (b) $\overline{z_2}=7+3j$ (c) $\overline{z_3}=8$ (d) $\overline{z_4}=9j$

8.1.3 복소수의 사칙연산

(1) 복소수의 덧셈과 뺄셈

복소수의 덧셈(뺄셈)은 실수부는 실수부끼리, 허수부는 허수부끼리 더한다(뺀다).

> **key point** 복소수 $z_1=a_1+b_1j$와 $z_2=a_2+b_2j$에 대하여
>
> $$z_1+z_2=(a_1+a_2)+(b_1+b_2)j$$
>
> $$z_1-z_2=(a_1-a_2)+(b_1-b_2)j$$

▌예제▐ $z_1=3+4j$, $z_2=8+11j$일 경우 (a) z_1+z_2와 (b) z_1-z_2를 구하여라.

(풀이) (a) $z_1 + z_2 = 11 + 15j$

(b) $z_1 - z_2 = (3+4j) - (8+11j) = -5-7j$

(2) 복소수의 곱셈

복소수 $z_1 = a_1 + b_1 j$와 $z_2 = a_2 + b_2 j$의 곱셈은 전개하여 $j^2 = -1$을 적용시켜 구한다.

key point

복소수 $z_1 = a_1 + b_1 j$와 $z_2 = a_2 + b_2 j$에 대하여

$$\begin{aligned} z_1 z_2 &= (a_1 + b_1 j)(a_2 + b_2 j) \\ &= a_1 a_2 + a_1 b_2 j + b_1 a_2 j + b_1 b_2 j^2 \\ &= (a_1 a_2 - b_1 b_2) + j(a_1 b_2 + a_2 b_1) \end{aligned}$$

▮ 예제 ▮ $z_1 = 5-2j$, $z_2 = 2+4j$일 경우, $z_1 \cdot z_2$를 구하여라.

(풀이) $z_1 \cdot z_2 = (5-2j)(2+4j) = 10 - 4j + 20j - 8j^2$

j^2을 -1로 바꾸면

$z_1 \cdot z_2 = 10 + 16j - 8(-1) = 18 + 16j$

복소수와 공액 복소수의 곱은 다음과 같이 쓸 수 있다.

key point

복소수 $z = a + bj$일 때 $z \cdot \overline{z} = a^2 + b^2$

(3) 복소수의 나눗셈

나눗셈은 분수로 나타내지므로 복소수의 나눗셈은 분수로 하여 분모의 공액복소수를 분모, 분자에 곱하여 분모를 실수로 바꾼다.

key point

$$\frac{z_1}{z_2} = \frac{a_1 + b_1 j}{a_2 + b_2 j} = \frac{a_1 + b_1 j}{a_2 + b_2 j} \times \frac{a_2 - b_2 j}{a_2 - b_2 j}$$
$$= \frac{a_1 a_2 + b_1 b_2 + (a_2 b_1 - a_1 b_2) j}{a_2{}^2 + b_2{}^2}$$

▌예제▐ $z_1 = 3 + 2j$, $z_2 = 4 - 3j$일 경우 $\frac{z_1}{z_2}$를 구하여라.

풀이 분모의 공액복소수를 분자와 분모 모두에 곱한다. 이것은 1을 곱하는 것과 동일한 것으로 분수는 변화하지 않는다. 그러나 분모를 실수로 바꾸어 준다.

$$\frac{3+2j}{4-3j} = \frac{(3+2j)(4+3j)}{(4-3j)(4+3j)} = \frac{12+8j+9j+6j^2}{16+12j-12j-9j^2}$$
$$= \frac{6+17j}{25} = \frac{6}{25} + \frac{17j}{25}$$

8.2 복소수의 아르강드 좌표와 극형식

8.2.1 아르강드 좌표

복소수 $z = a + bj$는 그림 8-2와 같이 좌표 (a, b)를 갖는 점이다. 실수부는 x축에 나타나므로 이를 실수축(real axis)이라 하고, 허수부는 y축에 나타나므로 허수축(imaginary axis)라 한다. 이런 좌표를 아르강드(Argand) 좌표라 하고 공학에서는 이를 복소평면(complex plane)이라 한다.

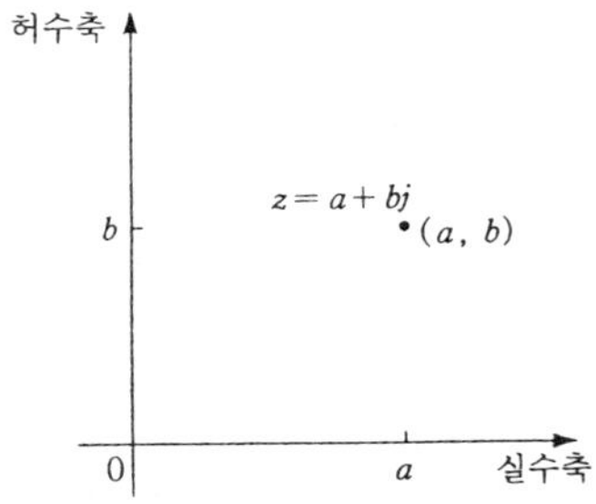

• • 그림 8-2 복소수 $z = a + bj$의 아르강드 좌표 • •

예제 복소수 $z_1 = 2 + 3j$, $z_2 = -3 + 2j$, $z_3 = -3 - 2j$, $z_4 = 2 - 5j$, $z_5 = 6$, $z_6 = j$을 아르강드 좌표로 표현하여라.

풀이 실수부는 x축에, 허수부는 y축에 있다. $-3 \pm 2j$와 같은 공액 복소수는 실수축의 반대쪽에서 대칭을 이룬다.

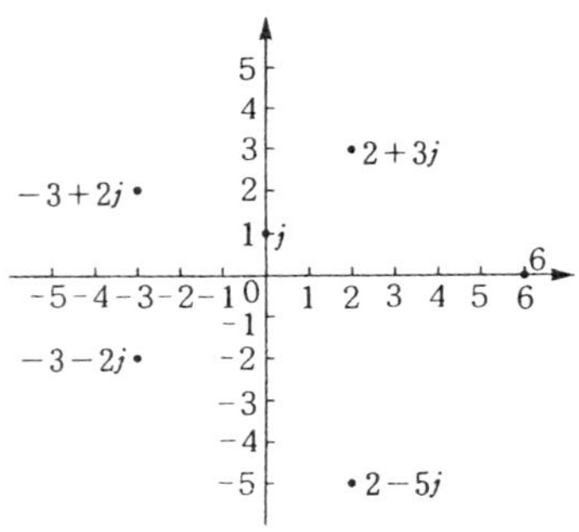

• • 그림 8-3 위 예제의 아르강드 좌표 • •

8.2.2 복소수의 크기와 편각

(1) 복소수의 크기

복소수 $z = a + bj$은 좌표 (a, b)를 나타내므로 복소수 $z = a + bj$의 크기는 원점에서 (a, b)까지의 거리를 사용한다. 이것은 피타고라스의 정리를 이용하여 구할 수 있고 r 또는 $|z|$로 표기한다. $|z| = r = \sqrt{a^2 + b^2}$은 음수가 아니다.

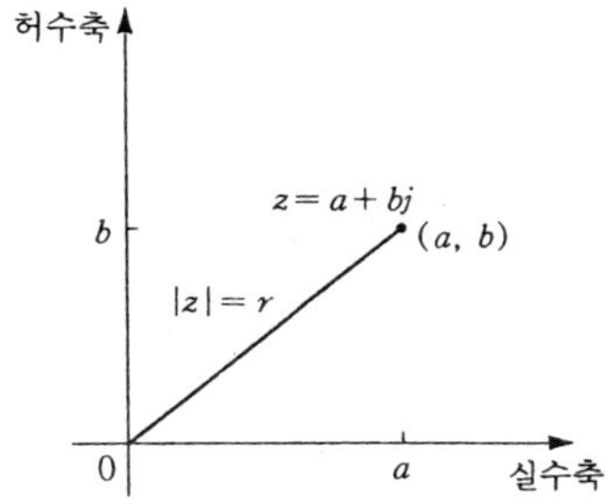

•• 그림 8-4 $a+bj$의 크기 ••

key point

복소수 $z=a+bj$의 크기는

$$|z|=r=\sqrt{a^2+b^2}$$

아르강드 좌표로 원점으로부터 (a, b)까지의 거리를 의미한다.

▌예제▐ 다음 복소수를 아르강드 좌표에 그리고, 크기를 구하여라.

(a) $z_1=3+4j$ (b) $z_2=-2+j$ (c) $z_3=3j$

풀이 복소수는 그림 8-5에 있고, 피타고라스의 정리를 이용하여 크기를 구한다.

(a) $|z_1|=\sqrt{3^2+4^2}=\sqrt{25}=5$

(b) $|z_2|=\sqrt{(-2)^2+1^2}=\sqrt{5}$

(c) $|z_3|=\sqrt{0^2+3^2}=3$

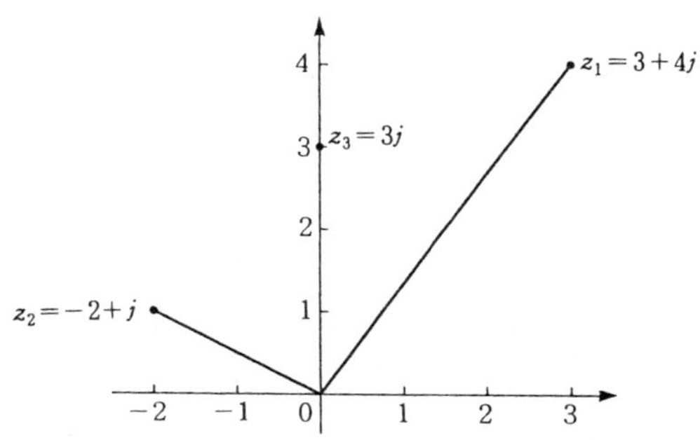

•• 그림 8-5 ••

(2) 편각(偏角 : argument)

복소수 $a+bj$을 아르강드 좌표로 나타내면 좌표 (a, b)임을 알아보았다. 복소수 $a+bj$의 편각은 양의 x축과 (a, b)와 원점을 연결하는 직선이 이루는 각 θ로 정의한다. 편각은 $\arg(z)$으로 나타낸다.

편각은 양의 x축으로부터 반시계 방향으로 측정한 각은 양수이고, 시계방향으로 측정한 각은 음수이다. 회전한 후 양의 x축과 (a, b)와 원점을 연결하는 직선이 이루는 각으로 간주 할 수 있으므로 편각은 $\theta + 360^\circ\ n$ 또는 $\theta + 2\pi n$이 되며, 동경이 양의 x축과 이루는 각과 같다.

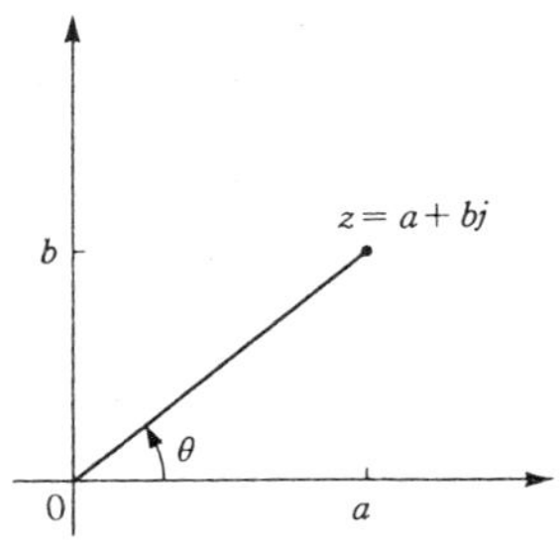

•• 그림 8-6 복소수의 편각 ••

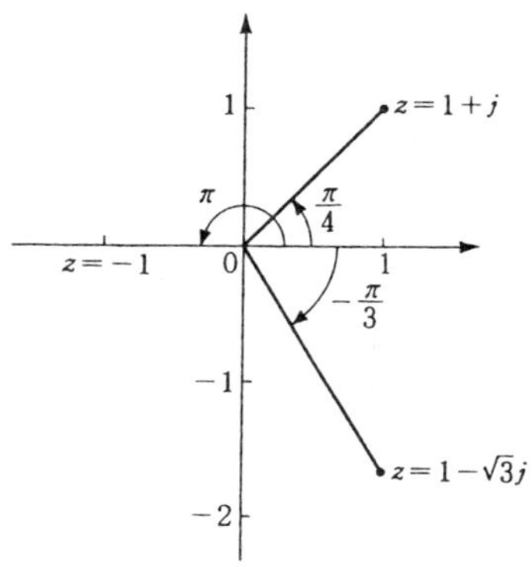

•• 그림 8-7 여러 편각의 복소수 ••

다음으로 복소수 $z=a+bj$의 $\mathrm{Arg}(z)=\theta$을 삼각법을 이용하여 구해보자.

$$\tan\theta = \frac{b}{a}$$

$$\theta = \tan^{-1}\left(\frac{b}{a}\right)$$

역 tan를 구하기 위해서 계산기를 사용할 경우, θ가 정확한 사분면에서 얻어지도록 주의를 기울여야 하고, 아르강드 좌표를 사용하면 정확한 4분면을 알 수 있다.

key point

복소수 $z = a + bj$의 편각은 양의 x축과 (a, b)와 원점을 연결하는 직선이 이루는 각 θ이다.

8.2.3 복소수의 극형식

(1) 극형식

복소수 $z = a + bj$는 크기와 $\text{Arg}(z)$에 의해 결정된다. 크기와 $\text{Arg}(z)$를 사용하여 복소수를 표현하는 것을 극형식(polar form)이라 하고, $z = r\angle\theta$라 표기한다.

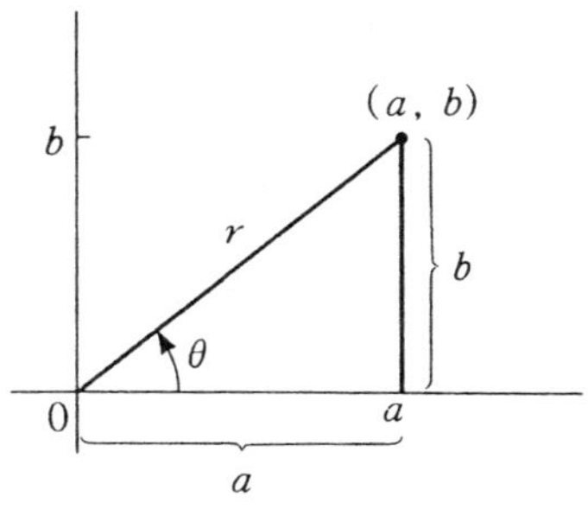

•• 그림 8-8 $z = a + bj = r\angle\theta$ ••

key point

복소수의 극형식은 $z = r\angle\theta$ 이때,

r은 크기 $r = \sqrt{a^2 + b^2}$이고, θ는 $\text{Arg}(z) = \theta = \tan^{-1}\left(\frac{b}{a}\right)$이다.

크기 r과 $\text{Arg}(z)=\theta$을 가지는 복소수 $z=a+bj$의 a와 b을 삼각법을 사용하여 구하면

$$\cos\theta=\frac{a}{r} \text{와 } \sin\theta=\frac{b}{r} \text{이고, } r=\sqrt{a^2+b^2}$$

정리하면 $a=r\cos\theta$와 $b=r\sin\theta$이다.

복소수의 실수부와 허수부를 극형식으로 구하고자 할 경우 이용한다.

key point

$$z=a+bj=r\angle\theta=r\cos\theta+jr\sin\theta$$
$$=r(\cos\theta+j\sin\theta)$$

예제 다음 복소수를 아르강드 좌표를 그리고, 편각을 구하여라.

(a) $z=5+12j$ (b) $z=-\sqrt{3}+j$ (c) $z=2-3j$

풀이 (a) $z=5+12j$은 그림 8-9와 같다.

편각 $\arg z=\theta=\tan^{-1}\left(\frac{12}{5}\right)=1.176[\text{rad}]$

(b) $z=-\sqrt{3}+j$을 그리고, 사분면을 표시한다.

편각 $\arg z=\theta=\tan^{-1}\left(-\frac{1}{\sqrt{3}}\right)=\frac{5\pi}{6}=2.618[\text{rad}]$

정확한 각을 구하기 힘들면 예각의 값을 먼저 구한다. 위의 도표에서 α는 예각이고 $\tan\alpha=\frac{1}{\sqrt{3}}$, $\alpha=\frac{\pi}{6}=0.524[\text{rad}]$이다.

그러므로 $\theta=\pi-\alpha=\frac{5\pi}{6}=2.618[\text{rad}]$

(c) $z=2-3j$을 그리고 사분면을 밝힌다.

$\arg(z)=\theta=\tan^{-1}\left(\frac{-3}{2}\right)=-0.983[\text{rad}]$

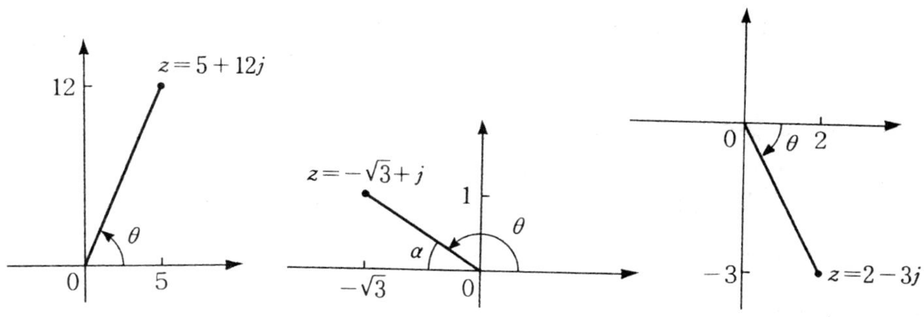

(a) (b) (c)

•• 그림 8-9 ••

▌예제▐ (a)복소수 $z=4\angle\left(\frac{\pi}{3}\right)$을 아르강드 좌표에 그려라.

(b) z의 크기와 $\mathrm{Arg}(z)$을 구하여라.

(c) 복소수의 실수부와 허수부를 찾아 $a+bj$의 형으로 표현하여라.

풀이 (a) 복소수 $z=4\angle\left(\frac{\pi}{3}\right)$는 그림 8-10과 같다.

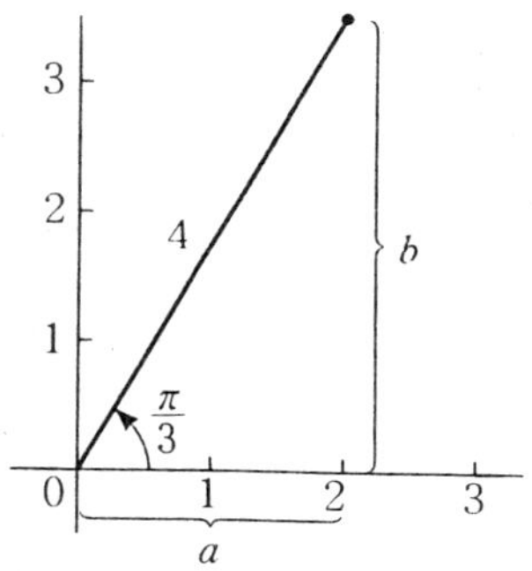

•• 그림 8-10 $z=4\angle\left(\frac{\pi}{3}\right)$ ••

(b) 크기=4, 편각 $\mathrm{Arg}(z)=\frac{\pi}{3}$

(c) $a=r\cos\theta,\ b=r\sin\theta$이므로

$$a=4\cos\frac{\pi}{3}=2$$

$$b=4\sin\frac{\pi}{3}=3.464$$

복소수 $z=2+3.464j$

(2) 복소수 극형식의 곱셈과 나눗셈

극형식으로 표현된 복소수의 곱셈은 두 크기끼리 곱하고 편각끼리 더한다. 나눗셈의 경우에는 크기끼리 나누고 편각끼리 뺀다.

key point

$z_1=r_1\angle\theta_1$와 $z_2=r_2\angle\theta_2$일 경우

$$z_1z_2=r_1r_2\angle(\theta_1+\theta_2),$$

$$\frac{z_1}{z_2}=\frac{r_1}{r_2}\angle(\theta_1-\theta_2)$$

특히, j로 나눌 경우 j의 크기가 1이므로 1로 나누기 때문에 크기는 변함이 없지만 편각은 빼는 것이므로 $\frac{\pi}{2}$만큼 작아진다. 이는 아르강드 좌표에서 시계 방향으로 $\frac{\pi}{2}$만큼 회전한 것을 의미한다.

key point

복소수에 j를 곱하면 아르강드 도표에서 시계 반대방향으로 $\frac{\pi}{2}$만큼 회전한 것이다.

복소수를 j로 나누면 아르강드 도표에서 시계 방향으로 $\frac{\pi}{2}$만큼 회전한 것이다.

복소수를 공학에 응용할 경우 위의 결과는 특히 페이져(phasors)도에서 매우 중요하다.

(3) 드모아르의 정리

복소수의 크기가 1이고 편각을 θ로 가지는 복소수의 극형식은 $\cos\theta+j\sin\theta$이

다. 이 극형식의 n승은 극형식을 n번 곱한 것을 의미하므로 크기끼리 곱한 1과 편각끼리 더한 $n\theta$가 되어 $(\cos\theta + j\sin\theta)^n = (\cos n\theta + j\sin n\theta)$이 성립한다.

이것은 좌변을 전개하여 삼각함수의 덧셈정리를 사용하여 정리한 것과 같다. 이것을 **드모아르(De moivre's)의 정리**라고 한다.

> **key point**
>
> 드모아르의 정리
>
> $(\cos\theta + j\sin\theta)^n = (\cos n\theta + j\sin n\theta)$

▌예제▐ 드모아르의 정리를 이용하여 $(\cos\theta + j\sin\theta)^3$ 표현하여라.

(풀이) $n = 3$일 경우

$(\cos\theta + j\sin\theta)^3 = \cos 3\theta + j\sin 3\theta$

복소수의 크기를 r로 하여 드모아르의 정리를 다시 정리해 보자.

> **key point**
>
> 복소수 $z = a + bj = r\cos\theta + jr\sin\theta$에 대하여
>
> $z^n = r^n \angle n\theta$
>
> $= r^n(\cos\theta + \sin\theta)^n$
>
> $= r^n(\cos n\theta + \sin n\theta)$

▌예제▐ $z = r(\cos\theta + j\sin\theta)$일 경우 (a) z^2와 (b) z^3을 적어라. 또 드모아르의 정리를 이용하여 표현하여라.

(풀이) (a) $z^2 = r^2(\cos\theta + j\sin\theta)^2$

$= r^2(\cos 2\theta + j\sin 2\theta)$

(b) $z^3 = r^3(\cos\theta + j\sin\theta)^3$

$= r^3(\cos 3\theta + j\sin 3\theta)$

▌예제▐ (a) $z = 3\angle\frac{\pi}{4}$일 경우, z^5을 구하여라.

(b) 답을 $r(\cos\theta + j\sin\theta)$ 형으로 쓰고, 데카르트 형식으로 표현하여라.

풀이 (a) $z = 3\angle\frac{\pi}{4}$ 일 경우, $z^5 = 3^5\angle\left(5\times\frac{\pi}{4}\right) = 243\angle\frac{5\pi}{4}$

(b) $243\angle\frac{5\pi}{4} = 243\left(\cos\frac{5\pi}{4} + j\sin\frac{5\pi}{4}\right) = -171.8 - 171.8j$

▌예제▐ (a) $z = 2 + 5j$를 극형식으로 표현하여라.

(b) $(2+5j)^{12}$를 구하되 극형식으로 표현하여라.

풀이 (a) $2+5j$의 크기가 $\sqrt{2^5+5^2} = \sqrt{29}$ 이다. 이 수는 아르강드 도표의 제 1사분면에 위치하므로 편각 $\theta = \tan^{-1}\frac{5}{2}$ 이다.

그러므로 $z = 2+5j = \sqrt{29}\angle 1.190$ 이다.

(b) 드모아르의 정리를 이용하면

$(\sqrt{29}\angle 1.190)^{12} = (\sqrt{29})^{12}\angle 12\times 1.190 = 29^6\angle 14.283$

▌예제▐ $z = \cos\theta + j\sin\theta$ 일 경우, $n = -1$ 인 경우 드모아르의 정리를 이용하여 $\frac{1}{z}$ 을 구하여라.

풀이 $n = -1$일 때,

$$z^{-1} = (\cos\theta + j\sin\theta)^{-1} = \cos(-\theta) + j\sin(-\theta)$$
$$= \cos\theta - j\sin\theta$$

$\cos\theta$은 우함수(even function)이고 $\sin\theta$는 기함수(odd function)이므로

$$\frac{1}{z} = \cos\theta - j\sin\theta$$

▌예제▐ $z_1 = 5\angle\left(\frac{\pi}{6}\right)$, $z_2 = 4\angle\left(-\frac{\pi}{4}\right)$일 경우, (a) $z_1 z_2$, (b) $\frac{z_1}{z_2}$ 를 구하여라.

풀이 (a) $z_1 z_2 = 20\angle\left[\frac{\pi}{6} + \left(-\frac{\pi}{4}\right)\right] = 20\angle\left(-\frac{\pi}{12}\right)$

(b) $\frac{z_1}{z_2} = \frac{5}{4}\angle\left[\frac{\pi}{6} - \left(-\frac{\pi}{4}\right)\right] = \frac{5}{4}\angle\frac{5\pi}{12}$

8.3 복소수의 응용

8.3.1 멱급수(power series)와 Euler의 법칙

제어이론 등에 사용되는 지수함수 $e^{j\theta}$에 대하여 알아보자. $\cos x$, $\sin x$와 e^x의 멱급수는 다음과 같다.

$$\cos x = 1 - \frac{x^2}{2!} + \frac{x^4}{4!} - \cdots$$

$$\sin x = x - \frac{x^3}{3!} + \frac{x^5}{5!} - \cdots$$

그리고

$$e^x = 1 + x + \frac{x^2}{2!} + \frac{x^3}{3!} + \frac{x^4}{3!} + \frac{x^5}{5!} + \cdots$$

여기서 $x = j\theta$이면

$$e^{j\theta} = 1 + j\theta + \frac{j^2\theta^2}{2!} + \frac{j^3\theta^3}{3!} + \frac{j^4\theta^4}{4!} + \frac{j^5\theta^5}{5!} + \cdots$$

$$= 1 + j\theta - \frac{\theta^2}{2!} - j\frac{\theta^3}{3!} + \frac{\theta^4}{4!} + j\frac{\theta^5}{5!} - \cdots$$

이것을 실수부와 허수부로 정리하면 다음과 같다.

$$e^{j\theta} = 1 - \frac{\theta^2}{2!} + \frac{\theta^4}{4!} - \cdots + j\left(\theta - \frac{\theta^3}{3!} + \frac{\theta^5}{5!} - \cdots\right)$$

실수부는 $\cos\theta$와 같고 허수부는 $\sin\theta$와 같으며, 다음을 Euler의 법칙이라고 한다.

key point

Euler's 법칙

$$e^{j\theta} = \cos\theta + j\sin\theta$$

$$e^{-j\theta} = \cos\theta - j\sin\theta$$

크기가 r이고 편각이 θ인 복소수의 극형식은 $e^{j\theta}$을 사용하여 다음과 같이 쓸 수 있다.

key point

$$z = r(\cos\theta + j\sin\theta) = re^{j\theta}$$

$$z = r(\cos\theta - j\sin\theta) = re^{-j\theta}$$

이것을 복소수의 지수형이라고 한다.

▌예제▐ Euler의 법칙을 이용하여 $e^{j\theta}$와 $e^{-j\theta}$로 $\cos\theta$와 $\sin\theta$을 나타내어라.

풀이 두 Euler의 법칙을 더하고, 빼서 정리하면

$$e^{j\theta} + e^{-j\theta} = 2\cos\theta$$

$$e^{j\theta} - e^{-j\theta} = 2j\sin\theta$$

이를 정리하면

$$\cos\theta = \frac{e^{j\theta} + e^{-j\theta}}{2}, \quad \sin\theta = \frac{e^{j\theta} - e^{-j\theta}}{2j}$$

▌예제▐ 복소수 $z = 3 + 3j$를 지수형으로 나타내어라.

풀이 우선 크기와 편각을 구한다.

$3 + 3j$의 크기는 $\sqrt{3^2 + 3^2} = \sqrt{18}$ 또는 $3\sqrt{2}$이다. 복소수는 아르강드 도표에서 1사분면에 놓이고 편각 θ는 $\theta = \tan^{-1}\left(\frac{3}{3}\right) = \frac{\pi}{4}$이다.

따라서

$$z = 3 + 3j = \sqrt{18}e^{j\pi/4}$$

▌예제▐ ω와 t가 실수인 $z = e^{j\omega t}$의 허수부와 실수부를 밝혀라.

풀이 우선 Euler의 법칙을 적용하면

$e^{j\omega t} = \cos\omega t + j\sin\omega t$

허수부와 실수부를 쓰면, $\cos\omega t$, $\sin\omega t$

(1) Phasors(페이져)

그림 8-11 (a)의 파형은 교류회로에서 전압 $V_1 \sin\omega t$이다. 한 사이클에 걸리는 시간 즉, 주기는 $\frac{2\pi}{\omega}$[초]이다.

그림 8-11 (a)와 동일한 물리적 상황을 그림 8-11 (b)에 달리 나타내었다. 동경이 반시계방향으로 움직인다. 동경의 길이는 V_1이고 초당 ω[rad]만큼 회전한다. 초당 ω의 각속도로 이동하면 1[rad]은 $\frac{1}{\omega}$[초]안에 2π[rad]은 $\frac{2\pi}{\omega}$[초]안에 끝난다.

그러므로 완전한 1회전에는 $T=\frac{2\pi}{\omega}$[초]가 걸리며 완전하게 한 번 도는데 걸리는 시간은 파형이 그림 8-11 (a)에서 한 번 순환하는데 걸리는 시간과 동일하다.

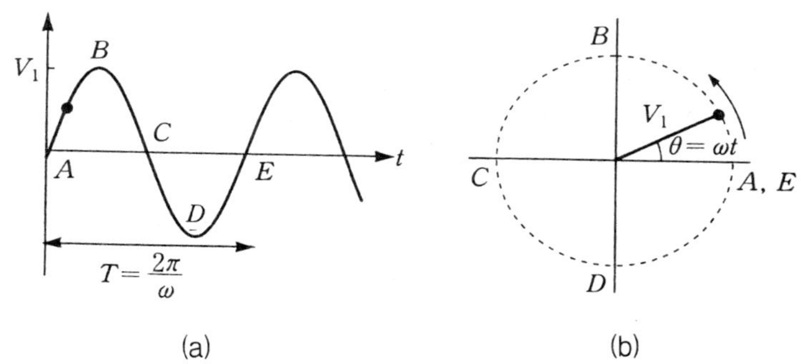

•• 그림 8-11 파형의 점과 동일한 동경 ••

사인파와 동경의 점들은 대응하고 A, B, C, D, E점들은 이를 나타낸다. 파형의 값 t에 대한 회전대의 각은 ωt이며, 이 동경 f을 페이져(phasor)라 한다.

두 번째 파형 $V_2 \sin\left(\omega t+\frac{\pi}{2}\right)$을 갖는 경우, V_1에 비해 $\frac{\pi}{2}$만큼 앞서가며 동경

은 그림 8-12 (b)와 같고 $\frac{\pi}{2}$의 위상차가 된다.

이와 마찬가지로 세 번째 파형 V_3는 $V_3\sin\left(\omega t-\frac{\pi}{2}\right)$을 갖는다면, 이는 V_1과 비교하여 $\frac{\pi}{2}$만큼 뒤지며 그 동경은 그림 8-13 (b)와 같으며 $\frac{\pi}{2}$의 위상만큼 뒤진다.

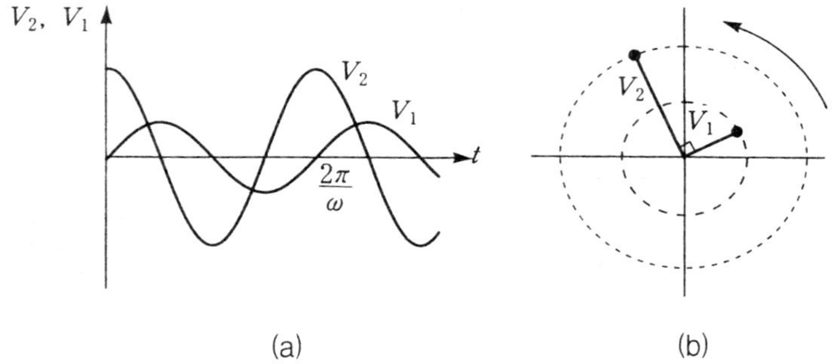

• • 그림 8-12 $\frac{\pi}{2}$ 앞선(lead) 페이저도 • •

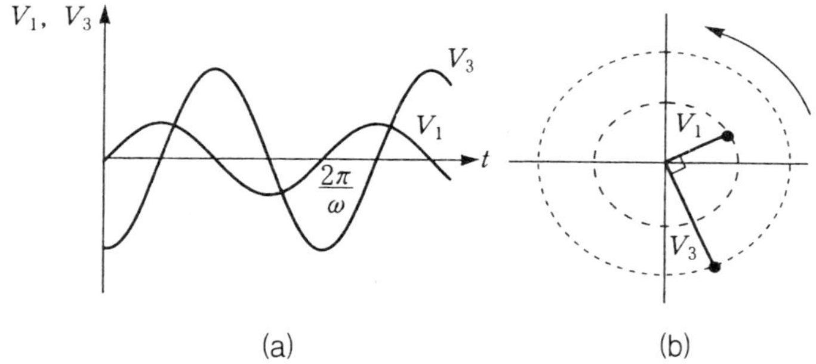

• • 그림 8-13 $\frac{\pi}{2}$ 뒤진(lag) 페이저도 • •

이러한 위상은 양의 x축의 방향에서 잰 길이와 각을 가지고 있으므로 복소수로 나타낼 수 있다. 위상 도표를 아르강드 좌표로 생각해 보자.

극형식에서 페이저는 $\dot{V}=V\angle\phi$로 나타낼 수 있다. 이때, $\dot{V}$는 크기 V와 위상 ϕ의 복소수량과 크기 V와 ϕ를 구분하기 위한 것이다.

복소수에 j를 곱하면 아르강드 좌표에서 $\frac{\pi}{2}$만큼 반시계방향으로 회전하며, 복소수를 j로 나눌 경우에는 아르강드 좌표에서 $\frac{\pi}{2}$만큼 시계 방향으로 회전한다.

회로를 통해 흐르는 전류가 I라면, 전압은 옴에 법칙에 의해 $V=IR$이다. 인덕터의 전압은 $V_L=j\omega LI$이고, 커패시터의 전압은 $V_c=-\frac{j}{\omega C}I$이다. j를 곱할 경우 필요한 위상이 인덕터와 커패시터의 위상차는 j를 곱함으로서 나타남을 알 수 있고, 임피던스 Z는 교류회로에서의 전압과 전류의 비(complex impedance)이다.

▌예제▐ LCR 직류 회로에서 전압 V를 구하여라.

풀이 $Z=R+j\omega L-\frac{j}{\omega C}$

전압 페이져는 $\dot{V}=\dot{I}Z=\dot{I}R+j\omega L\dot{I}-\frac{j}{\omega C}\dot{I}$

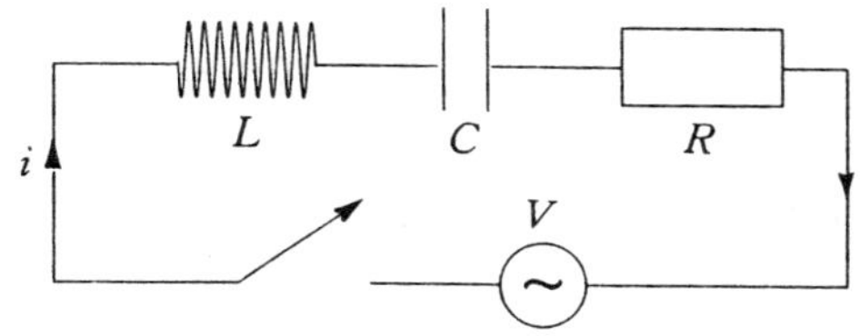

• • 그림 8-14 LCR 회로 • •

연 습 문 제

1. 다음의 크기와 편각을 구하여라.

(a) $-j$ (b) -3 (c) $1+j$ (d) $\cos\theta + j\sin\theta$

2. 다음의 수를 아르강드 좌표로 나타내어라.

(a) 13 (b) j^2 (c) $-4+2j$ (d) $\pi + j\pi$

3. $2+3j$를 지수형태로 나타내고 복소수 공액 지수로 나타내어라.

4. 드모아르의 법칙을 이용하여 다음을 간단히 하여라.

(a) $(\cos 3\theta + j\sin 3\theta)(\cos 4\theta + j\sin 4\theta)$

(b) $\dfrac{\cos 8\theta + j\sin 8\theta}{\cos 2\theta - j\sin 2\theta}$

5. 드모아르의 법칙을 이용하여 $\cos 3\theta = 4\cos^3\theta - 3\cos\theta$임을 증명하여라.

6. $z^4 + 1 = j\sqrt{3}$의 방정식을 풀어라.

7. $z_1 = r_1(\cos\theta_1 + j\sin\theta_1)$, $z_2 = r_2(\cos\theta_2 + j\sin\theta_2)$일 때 삼각함수의 항등식을 이용하여 다음을 증명하여라.

(a) $z_1 z_2 = r_1 r_2[\cos(\theta_1+\theta_2) + j\sin(\theta_1+\theta_2)]$

(b) $\dfrac{z_1}{z_2} = \dfrac{r_1}{r_2}[\cos(\theta_1-\theta_2) + j\sin(\theta_1-\theta_2)]$

8. $\dfrac{1}{1+j\omega}$에서 다음을 구하여라.

(a) 실수부 (b) 허수부 (c) 크기 (d) 편각

제 9 장 미분법

9.1 미 분

9.1.1 평균 변화율

그림 9-1에서 함수는 그래프 상의 점들마다 다른 변화율을 가진다. 구간에 따른 함수의 평균 변화율(average rate of change)을 정의하고 계산해보자.

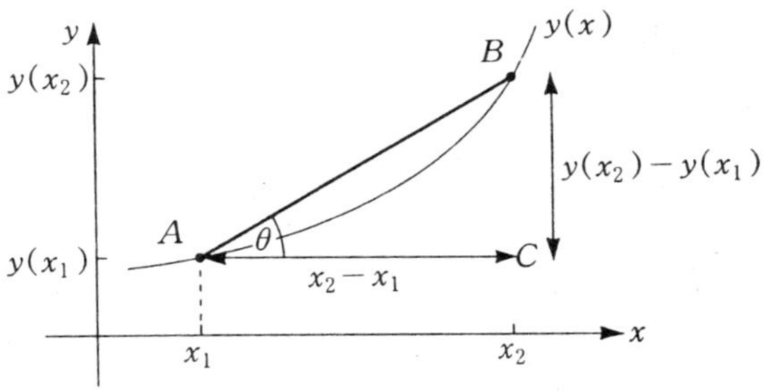

•• 그림 9-1 $\dfrac{y(x_2)-y(x_1)}{x_2-x_1}$의 평균 변화율 ••

x가 x_1에서 x_2로 증가할 경우, x의 변화는 x_2-x_1이다. 이때 y는 $y(x_1)$에서 $y(x_2)$로 증가하므로 y의 변화는 $y(x_2)-y(x_1)$이다. 구간에 따른 y의 평균 변화값을 구하면

$$\frac{y\text{의 변화}}{x\text{의 변화}} = \frac{y(x_2)-y(x_1)}{x_2-x_1} = \frac{BC}{AC}$$

그림 9-1을 보면, $\frac{BC}{AC} = \tan\theta$이다. 그러므로 구간의 평균 변화율은 $(x_1, y(x_1))$와 $(x_2, y(x_2))$을 지나는 직선의 기울기와 동일하다.

key point

$$y\text{의 평균 변화율} = \frac{y\text{에서 변화}}{x\text{에서 변화}} = \text{현의 기울기}$$

▌예제▐ 축전지의 전압 $v(t)$는 시간 t에 따라 $v(t)=3+2e^{-t}$같이 변화한다. 시간의 변화에 따른 전압의 평균 변화율을 구하여라.

(a) t가 0부터 2까지 변할 때

(b) t가 1부터 3까지 변할 때

풀이 (a) 시간 t의 변화는 $2-0=2$이며, $t=0$일 때, $v=3+2e^0=5$

$t=2$일 때, $v=3+2e^{-2}=3.2707$

그러므로 $v(t)$의 평균 변화율은 $\frac{3.2707-5}{2}=-0.8647$

(b) 시간 t의 변화 $3-1=2$

$v(1)=3+2e^{-1}=3.7358$, $v(3)=3+2e^{-3}=3.0996$

그러므로 구간 $[1,3]$의 $v(t)$의 평균 변화율 $\frac{3.0996-3.7358}{2}=-0.3181$

구간 $t=1$부터 $t=3$에서 전압은 낮아지며 구간 $t=0$에서 $t=2$의 전압이 더 빠른 비율로 낮아지고 있다.

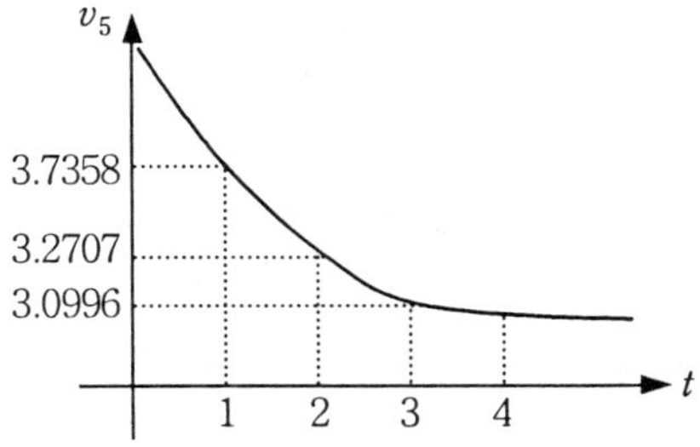

• • 그림 9-2 전압 변화율 곡선 • •

9.1.2 순간 변화율

그림 9-3은 B가 A에 가까워지면 평균 변화율은 점 A의 접선의 기울기와 가까워진다는 것을 보이고 있다.

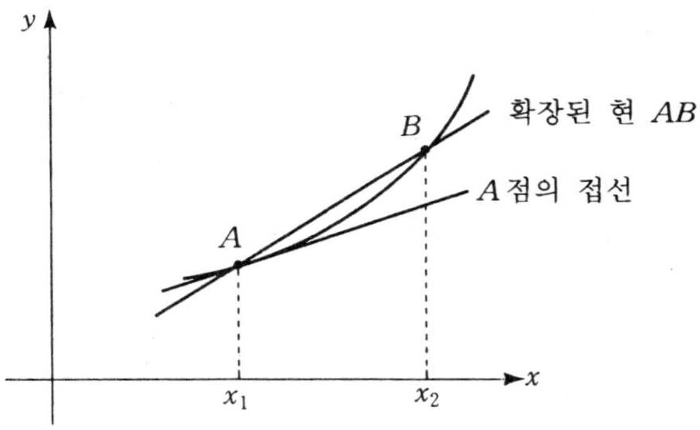

• • 그림 9-3 점 A에서 접선 • •

key point 순간 변화율=그 점의 접선 기울기

변화율을 알아내기 위한 방법을 생각해 보자.

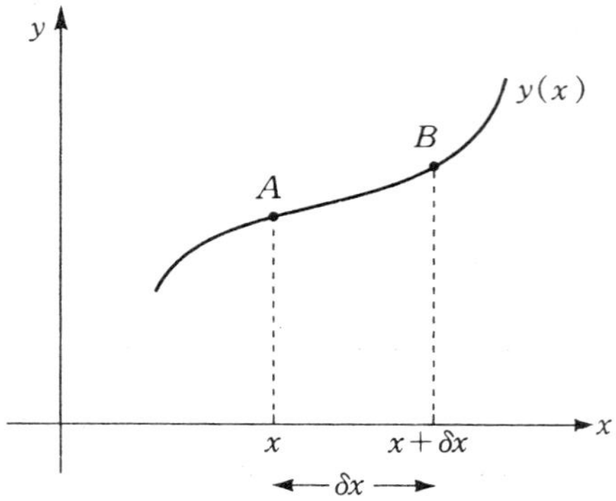

•• 그림 9-4 B가 A에 근접하면 $\delta x \to 0$ ••

그림 9-4에서 A는 파형상의 한 점으로 좌표가 $(x,\ y(x))$이다. B는 A근처의 한 점으로 동일한 파형위에 있다. B의 x좌표는 $x+\delta x$이다. δx는 x방향에서의 작은 변화를 의미한다. B의 y좌표는 $y(x+\delta x)$이다.

$$AB\text{의 기울기} = \frac{y(x+\delta x)-y(x)}{x+\delta x - x}$$
$$= \frac{y(x+\delta x)-y(x)}{\delta x}$$

y의 변화 즉 $y(x+\delta x)-y(x)=\delta y$라고 하면,

$$AB\text{의 기울기} = \frac{y(x+\delta x)-y(x)}{\delta x} = \frac{\delta y}{\delta x}$$

AB의 기울기는 x로부터 $x+\delta x$까지의 작은 구간의 $y(x)$의 평균변화율이다. A에서 $y(x)$의 변화율을 계산하기 위해서 A에서 접선의 기울기가 필요하다.

A를 고정시키고 파형을 따라 B를 A쪽으로 이동시켜보자. B의 각 지점에서 AB의 기울기를 계산할 수 있다. B가 A에 접근할수록 AB는 A의 접선에 점점 더 가까워진다. 또한 B가 A에 접근할수록 δx가 작아진다. 다시 말해 $\delta x \to 0$을 의미한다.

그러므로 극한(limit)이라는 개념을 사용하여 $\delta x \to 0$일 때 $\frac{\delta y}{\delta x}$가 B에 한없이 가까워짐을 $\lim\limits_{\delta x \to 0} \frac{\delta y}{\delta x} = b$로 나타낸다.

key point

$$y\text{의 변화율}=\text{접선의 기울기} = \lim_{\delta x \to 0} \frac{\delta y}{\delta x}$$

▌예제▐ $y(x) = x^2$의 변화율을 구하여라.

풀이 그림 9-5에서 보여 주는 바와 같이 A는 좌표 $(x,\ x^2)$에 고정되었다고 가정하자. B는 파형 위의 A근처의 점으로 좌표가 $(x+\delta x,\ (x+\delta x)^2)$이다.

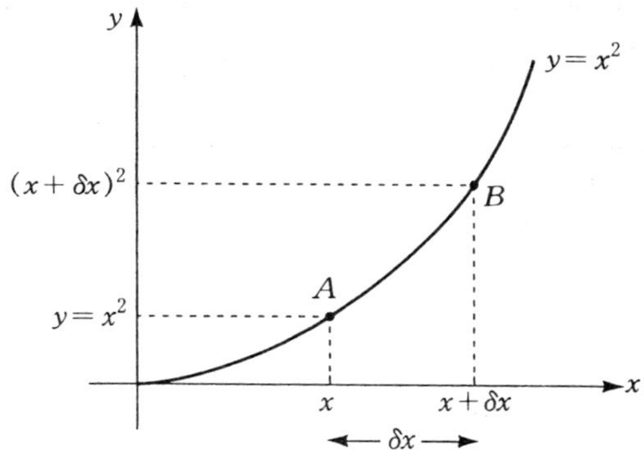

•• 그림 9-5 A의 접선의 기울기는 AB의 기울기와 거의 유사함 ••

x의 변화 $= \delta x$

y의 변화 $= \delta y = (x+\delta x)^2 - x^2 = x^2 + 2x\delta x + (\delta x)^2 - x^2$

$= 2x(\delta x) + (\delta x)^2$

AB의 기울기 $= \dfrac{\delta y}{\delta x} = \dfrac{2x(\delta x) + (\delta x)^2}{\delta x}$

$= 2x + \delta x$

이는 x로부터 $x+\delta x$까지의 짧은 구간에서 $y(x)$의 평균 변화율이다. A의 접선의 기울기를 구하기 위해 $\delta x \to 0$이라고 하면

A의 접선의 기울기 $= \lim_{\delta x \to 0}(2x + \delta x) = 2x$

그러므로 x^2의 변화율은 $2x$이다. 예를 들어 $x=3$이라면, A는 (3, 9)이고 이 점에서 y의 변화율은 6이다. 마찬가지로 $x=-1$이면 A는 $(-1,\ 1)$이고 y의 변화율은 -2이다.

9.1.3 용어와 표기

함수의 변화율을 구하는 과정이 미분(differentiation)이고 함수를 미분한다고 말한다. y가 독립 변수 x의 함수라면 y를 x로 미분한다고 말한다. 함수의 변화율을 함수의 도함수(derivative)라고 한다.

함수 $y=f(x)$의 도함수를 $\frac{dy}{dx}$로 기호화한다.

key point

$$\lim_{\delta x \to 0} \frac{\delta y}{\delta x} = \frac{dy}{dx}$$

도함수의 또 다른 표기는 y'가 있다.

9.2 미분법

9.2.1 도함수 표

표 9-1 함수와 도함수

함 수	미 분
상수	0
x	1
kx	k, k는 상수
x^n	nx^{n-1}, n은 상수
kx^n	knx^{n-1}, k와 n은 상수
e^x	e^x
e^{kx}	ke^{kx}, k는 상수
$\ln x$	$\frac{1}{x}$
$\ln kx$	$\frac{1}{x}$

함 수	미 분
$\sin x$	$\cos x$
$\sin kx$	$k\cos kx$
$\sin(kx+\alpha)$	$k\cos(kx+\alpha)$
$\cos x$	$-\sin x$
$\cos kx$	$-k\sin kx$
$\cos(kx+\alpha)$	$-k\sin(kx+\alpha)$
$\tan x$	$\sec^2 x$
$\tan kx$	$k\sec^2 kx$
$\tan(kx+\alpha)$	$k\sec^2(kx+\alpha)$

다음의 도함수도 기억해 두자.

key point

$y(x)=u(x)v(x)$의 도함수는 $\dfrac{dy}{dx}=\dfrac{du}{dx}v+u\dfrac{dv}{dx}$

$y(x)=\dfrac{u(x)}{v(x)}$의 도함수는 $\dfrac{dy}{dx}=\dfrac{v\dfrac{du}{dx}-u\dfrac{dv}{dx}}{v^2}$

$f(x)\pm g(x)$의 도함수는 $\dfrac{df}{dx}\pm\dfrac{dg}{dx}$

$kf(x)$의 도함수는 $k\dfrac{df}{dx}$

▌예제▐ y가 다음과 같을 때 표 9-1을 이용하여 (a) $3x$ (b) 3 (c) $3x^2$ (d) $4x^7$을 구하여라.

풀이 (a) $3x$는 $k=3$인 kx형이다. 그러므로 $\dfrac{dy}{dx}=3$

(b) 3은 상수이므로 $\dfrac{dy}{dx}=0$

(c) $3x^2$은 $k=3$, $n=2$인 kx^n형이므로 도함수 knx^{n-1}은 $6x^1$ 또는 간략하게 $6x$이다.

따라서 $y=3x^2$일 때 $\dfrac{dy}{dx}=6x$

(d) $4x^7$은 $k=4$, $n=7$인 kx^n형이므로 도함수 $\frac{dy}{dx}=28x^6$

▌예제▌ y가 다음과 같을 때 $\frac{dy}{dx}$를 구하여라.

(a) $\sqrt{x}$ (b) $\frac{3}{x^2}$ (c) $\frac{2}{x}$

풀이 (a) $\sqrt{x}$는 $x^{\frac{1}{2}}$이므로 $n=\frac{1}{2}$을 대입하면

$$\frac{dy}{dx}=nx^{n-1}=\frac{1}{2}x^{\frac{1}{2}-1}=\frac{1}{2}x^{\frac{1}{2}}$$

$$=\frac{1}{2\sqrt{x}}$$

(b) $\frac{3}{x^2}$는 $3x^{-2}$이므로 kx^n이다. 이를 대입하면

$$\frac{dy}{dx}=knx^{n-1}=3(-2)x^{-2-1}=-6x^{-3}$$

(c) $\frac{2}{x}$는 $2x^{-1}$이므로

$$\frac{dy}{dx}=2(-1)x^{-1-1}=-2x^{-2}$$

▌예제▌ z가 다음과 같을 때, 표 9-1을 이용하여 $\frac{dz}{dt}$를 구하여라.

(a) e^t (b) e^{3t} (c) e^{-5t}

풀이 표 9-1은 독립변수로 x를 쓰고 있지만 어떤 문자로도 바꿀 수 있다.

(a) $y=e^x$이면 $\frac{dy}{dx}$는 e^x이므로 z가 e^t이면 $\frac{dz}{dt}=e^t$

(b) $y=e^{3x}$이면 $\frac{dy}{dx}=3e^{3x}$이므로 $\frac{dz}{dt}=3e^{3t}$

(c) e^{kx}에 k값을 $z=e^{-5t}$일 때, $\frac{dz}{dt}=-5e^{-5t}$

▌예제▌ y가 다음과 같을 때 $\frac{dy}{dx}$를 구하여라.

(a) $\sin 3x$ (b) $\cos\frac{x}{2}$ (c) $\tan 2x$

풀이 (a) $\sin kx$ 값을 적용하고 $k=3$을 대입하면, $\frac{dy}{dx}=3\cos 3x$

(b) $\cos kx$ 값을 적용하고 $k=\frac{1}{2}$을 대입하면, $\frac{dy}{dx}=-\frac{1}{2}\sin\frac{x}{2}$

(c) $\tan kx$ 값을 적용하면 $\frac{dy}{dx}=2\sec^2 2x$

▌예제▌ 다음 함수의 도함수를 구하여라.

(a) $y=6\sin 2x$　　(b) $y=6\sin 2x+3x^2$

(c) $y=6\sin 2x+3x^2-5e^{3x}$

풀이 (a) 표 9-1에서 $\sin 2x$의 도함수는 $2\cos 2x$이므로 $6\sin 2x$의 도함수는 $6(2\cos 2x)$이다. 즉, $12\cos 2x$

$$y=6\sin 2x,\quad \frac{dy}{dx}=6(2\cos 2x)=12\cos 2x$$

(b) 이 함수는 두 부분 $6\sin 2x$와 $3x^2$으로 구성된다. $6\sin 2x$의 값은 이미 앞에서 구했고, $3x^2$의 도함수는 $2x$이므로 $3x^2$의 도함수는 $3(2x)$ 즉 $6x$이다. 두 도함수를 더하면

$$y=6\sin 2x+3x^2,\quad \frac{dy}{dx}=12\cos 2x+6x$$

(c) 함수 각 부분의 도함수를 차례로 구하면

$$y=6\sin 2x+3x^2-5e^{3x}$$

$$\frac{dy}{dx}=6(2\cos 2x)+3(2x)-5(3e^{3x})=12\cos 2x+6x-15e^{3x}$$

▌예제▌ y가 다음과 같은 경우 $\frac{dy}{dx}$를 구하여라.

(a) $\frac{x^6}{2}-3e^{-2x}$　　(b) $4\cos\frac{x}{2}+9-9x^3$

풀이 (a) $\frac{dy}{dx}=3x^5+6e^{-2x}$

(b) $\frac{dy}{dx}=-2\sin\frac{x}{2}-27x^2$

▌예제▌ $x=4$인 경우 $y=3x^2$의 도함수를 구하여라.

풀이 $y=3x^2$인 경우 $\frac{dy}{dx}=6x$이다.

$x=4$이면 $\frac{dy}{dx}=6(4)=24$ 즉 $\frac{dy}{dx}(4)=24$

$x=4$인 경우 도함수는 양수이므로 y는 이 점에서 증가한다. 즉 이때 y는 수평단위당 24 수직 단위의 비율로 증가한다.

▌예제▐ $y=x^2\sin x$일 때 $\frac{dy}{dx}$를 구하여라.

풀이 $y=x^2\sin x=uv$이므로 $u=x^2$, $v=\sin x$

$\frac{du}{dx}=2x$, $\frac{dv}{dx}=\cos x$

$$\frac{dy}{dx}=\frac{du}{dx}v+u\frac{dv}{dx}$$
$$=2x(\sin x)+x^2(\cos x)$$
$$=x(2\sin x+x\cos x)$$

▌예제▐ $y=e^x\cos x$일 때 y'를 구하여라.

풀이 $y=e^2\cos x=uv$이므로 $u=e^x$, $v=\cos x$ 따라서

$\frac{du}{dx}=e^x$, $\frac{dv}{dx}=-\sin x$, $\frac{dy}{dx}=\frac{du}{dx}v+u\frac{dv}{dx}$

$$=e^x\cos x+e^x(-\sin x)$$
$$=e^x(\cos x-\sin x)$$

▌예제▐ $y=x^2\ln x$일 때 $\frac{d^2y}{dx^2}$을 구하여라.

풀이 $y=x^2\ln x=uv$이므로 따라서 $u=x^2$, $v=\ln x$

$\frac{du}{dx}=2x$, $\frac{dv}{dx}=\frac{1}{x}$

$$\frac{dy}{dx}=\frac{du}{dx}v+u\frac{dv}{dx}$$
$$=2x\ln x+x$$

$\frac{d^2y}{dx^2}$을 구하기 위해서 $\frac{d}{dx}(2x\ln+x)$을 구할 필요가 있다.

x의 미분계수는 1이므로 $\frac{d}{dx}(2x\ln x)$을 구한다.

$\frac{d}{dx}(2x\ln x)$을 구하기 위해서 $u=2x$, $v=\ln x$으로 놓으면

$$\frac{du}{dx}=2,\ \frac{dv}{dx}=\frac{1}{x}$$

그러므로

$$\frac{d}{dx}(2x\ln x)=\frac{du}{dx}v+u\frac{dv}{dx}$$

$$=2\ln x+2x\left(\frac{1}{x}\right)$$

$$=2\ln x+2$$

$$\frac{d^2y}{dx^2}=\frac{d}{dx}(2x\ln x+x)$$

$$=2\ln x+3$$

▌예제▌ $y=\frac{\sin x}{x}$ 일 경우 y'을 구하여라.

(풀이) $y=\frac{\sin x}{x}=\frac{u}{v}$

$u=\sin x$, $v=x$

$$\frac{du}{dx}=\cos x,\ \frac{dv}{dx}=1$$

$$\frac{dy}{dx}=\frac{vu'-uv'}{v^2}$$

$$=\frac{x\cos x-\sin x(1)}{x^2}$$

$$=\frac{x\cos x-\sin x}{x^2}$$

▌예제▌ $y=\frac{t^3}{t+1}$ 일 경우, y'을 구하여라.

(풀이) $y=\frac{t^3}{t+1}=\frac{u}{v}$ 에서

$u=t^3$, $v=t+1$, $u'=3t^2$, $v'=1$이다.

$$\frac{dy}{dt}=\frac{vu'-uv'}{v^2}$$

$$=\frac{(t+1)3t^2-t^3(1)}{(t+1)^2}$$

9.2.2 연쇄법칙

함수 $y=y(z)$와 함수 $z=z(x)$의 합성함수 $y=y(z)=y(z(x))$의 도함수는 연쇄법칙을 이용하여 구한다.

> **key point**
>
> 합성함수 $y(z(x))$의 도함수
>
> $$\frac{dy}{dx}=\frac{dy}{dz}\times\frac{dz}{dx}$$

이것을 연쇄법칙이라고 부르며, 연쇄법칙을 사용하는 예로 로그의 미분을 들 수 있다.

> **key point**
>
> $y=\ln f(x)$인 경우, $\dfrac{dy}{dx}=\dfrac{f'}{f}$

특히 주어진 함수의 양변에 로그를 취하여 로그의 성질을 이용해 도함수를 구할 수 있다.

> **key point**
>
> $$\frac{d}{dx}(y^n)=ny^{n-1}\frac{dy}{dx}$$

> **key point**
>
> $$\frac{d}{dx}(f(y))=\frac{df}{dy}\frac{dy}{dx}$$

▌예제▐ $y=z^4$이고 $z=3x+6$일 경우 $\dfrac{dy}{dx}$을 구하여라.

풀이 $y=z^4=(3x+6)^4$에서

$$y = z^4,\ z = 3x + 6$$

$$\frac{dy}{dz} = 4z^3,\ \frac{dz}{dx} = 3$$

연쇄 법칙을 이용하면

$$\frac{dy}{dx} = \frac{dy}{dz}\frac{dz}{dx} = 4z^3(3) = 12z^3 = 12(3x+6)^3$$

▌예제▐ $z(y) = y^3$이고 $y(x) = 2x^2 - x$일 경우 $\dfrac{dz}{dx}$을 구하여라.

풀이 $z(y) = y^3,\ \dfrac{dz}{dy} = 3y^2$

$$y(x) = 2x^2 - x,\ \frac{dy}{dx} = 4x - 1$$

연쇄법칙에 의하면

$$\frac{dz}{dx} = \frac{dz}{dy}\frac{dy}{dx} = 3y^2(4x-1) = 3(2x^2-x)^2(4x-1)$$

▌예제▐ $y = \sqrt{x^2+1}$일 경우 $\dfrac{dy}{dx}$을 구하여라.

풀이 $z = x^2 + 1$라고 하면

$$y = \sqrt{x^2+1} = \sqrt{z}$$

$$\frac{dy}{dz} = \frac{1}{2}z^{-1/2},\ \frac{dz}{dx} = 2x$$

연쇄 법칙을 적용하면

$$\frac{dy}{dx} = \frac{dy}{dz}\frac{dz}{dx} = \frac{1}{2}z^{-1/2}(2x) = \frac{x}{\sqrt{z}} = \frac{x}{\sqrt{x^2+1}}$$

▌예제▐ $y = \ln(x^2+x+1)$일 경우, $\dfrac{dy}{dx}$을 구하여라.

풀이 $z = x^2 + x + 1$이라고 하면, $y = \ln(x^2+x+1) = \ln z$

$$\frac{dy}{dz} = \frac{1}{z},\ \frac{dz}{dx} = 2x + 1$$

$$\frac{dy}{dx} = \frac{dy}{dz}\frac{dz}{dx} = \frac{2x+1}{z} = \frac{2x+1}{x^2+x+1}$$

▌예제▐ $y = \ln(1-x)$일 경우, $\dfrac{dy}{dx}$을 구하여라.

풀이 $f(x) = 1-x$라면 $f'(x) = -1$이다.

$$\frac{dy}{dx} = \frac{-1}{1-x}$$

▌예제▐ $y = \ln(e^x + \sin x)$일 경우, $\dfrac{dy}{dx}$을 구하여라.

풀이 $f(x) = e^x + \sin x$라면 $y = \ln(e^x + \sin x) = \ln f(x)$

$$\frac{dy}{dx} = \frac{f'}{f} = \frac{e^x + \cos x}{e^x + \sin x}$$

▌예제▐ $y = t^2(1+t)^3$일 경우, $\dfrac{dy}{dt}$을 구하여라.

풀이 주어진 식의 양변에 자연 로그를 취하면

$$\ln y = \ln(t^2(1+t)^3) = \ln t^2 + \ln(1+t)^3 = 2\ln t + 3\ln(1+t)$$

양변을 t로 미분하면

$$\frac{d}{dt}(\ln y) = \frac{d}{dt}(2\ln t) + \frac{d}{dt}(3\ln(1+t))$$

$$\frac{1}{y}\frac{dy}{dt} = 2\left(\frac{1}{t}\right) + 3\left(\frac{1}{1+t}\right)$$

따라서 $\dfrac{dy}{dt} = y\left(\dfrac{2}{t} + \dfrac{3}{1+t}\right) = t^2(1+t)^3\left(\dfrac{2}{3} + \dfrac{3}{1+t}\right)$

▌예제▐ $z(t) = \sqrt{1+t^2}\cos^4 t$일 경우 $\dfrac{dz}{dt}$를 구하여라.

풀이 양변에 자연로그를 취하면

$$\ln z = \ln(\sqrt{1+t^2}\cos^4 t) = \ln\sqrt{1+t^2} + \ln\cos^4 t = \frac{1}{2}\ln(1+t^2) + 4\ln\cos t$$

양변을 t로 미분하면

$$\frac{1}{z}\frac{dz}{dt} = \frac{t}{1+t^2} - \frac{4\sin t}{\cos t}$$

$$\frac{dz}{dt} = z\left(\frac{t}{1+t^2} - \frac{4\sin t}{\cos t}\right)$$

$$= \sqrt{1+t^2}\cos^4 t\left(\frac{t}{1+t^2} - 4\tan t\right)$$

▮ 예제 ▮ $\frac{d}{dx}(y^3)$을 구하여라.

(풀이) $z=y^3$라 하면

$$\frac{dz}{dx}=\frac{dz}{dy}\frac{dy}{dx}$$ 에서

$$\frac{dz}{dy}=3y^2$$

$$\frac{dz}{dx}=3y^2\frac{dy}{dx}$$

$$\frac{d}{dx}(y^3)=3y^2\frac{dy}{dx}$$

▮ 예제 ▮ $\frac{d}{dx}(\sin y)$을 구하여라.

(풀이) $z=\sin y$라고 가정하고 $\frac{dz}{dx}$을 구한다. 연쇄법칙에 의하면

$$\frac{dz}{dx}=\frac{dz}{dy}\frac{dy}{dx}$$

$z=\sin y$이므로 $\frac{dz}{dy}=\cos y$

$$\frac{d}{dx}(\sin y)=\cos y\frac{dy}{dx}$$

9.2.3 음함수의 미분법

방정식 $y-f(x)=0$은 함수로 표현하고자 할 때 입력값 x에 출력값 y를 가지는 $y=f(x)$으로 나타낼 수 있다. 이처럼 방정식인 동시에 함수가 되는 것을 양함수라고 한다.

그러나 $f(x, y)=0$인 방정식은 함수가 되도록 x, y의 범위를 제한하여야 한다. 함수가 되도록 제한된 $f(x, y)=0$을 음함수라고 한다. $\frac{dy}{dx}$를 구하고자 할 때는 음함수를 x로 미분한 다음 $\frac{dy}{dx}$에 관하여 정리하면 된다. 이것이 음함수 미분법이다.

▌예제▐ $y^2+x=x^3+3y$의 경우 $\frac{dy}{dx}$을 구하여라.

(풀이) $\frac{d}{dx}(y^2)=2y\frac{dy}{dx}$, $\frac{d}{dx}(x)=1$, $\frac{d}{dx}(x^3)=3x^2$, $\frac{d}{dx}(3y)=3\frac{dy}{dx}$ 이므로

$$2y\frac{dy}{dx}+1=3x^2+3\frac{dy}{dx}$$

이를 정리하면

$$\frac{dy}{dx}=\frac{3x^2-1}{2y-3}$$

$\frac{dy}{dx}$는 x와 y로 표현된다.

▌예제▐ $x^2y-3xy^3=y^2+7$일 경우, y'을 구하여라.

(풀이) $\frac{d}{dx}(x^2y)=2xy+x^2\frac{dy}{dx}$

$$\frac{d}{dx}(3xy^3)=3y^3+9xy^2\frac{dy}{dx}$$

마지막으로 y^2+7을 미분한다.

$\frac{d}{dx}(y^2+7)=2y\frac{dy}{dx}$ 이므로

$$2xy+x^2\frac{dy}{dx}-3y^3-9xy^2\frac{dy}{dx}=2y\frac{dy}{dx}$$

이를 정리하면

$$\frac{dy}{dx}=\frac{3y^3-2xy}{x^2-9xy^2-2y}$$

9.2.4 매개변수 미분법

변수 x와 y가 종속변수 t을 가질 경우 t를 매개변수(parameter)라 한다. t를 소거하면, y와 x에 관한 것으로 정리된다. 예를 들어, $y=(3+t)^2$이고 $x=2t$인 경우, t를 소거하면

$$y=(3+t)^2=\left(3+\frac{x}{2}\right)^2$$

그러므로 y는 x의 함수라 할 수 있고 미분계수 $\frac{dy}{dx}$을 구할 수 있다.

그러나 t를 소거하는 것이 어렵거나 불가능 할 때는 도함수 $\frac{dy}{dx}$을 연쇄 법칙으로 구할 수 있다. 이것을 매개변수 미분법(parametric differentiation)이라 한다.

key point

$$\frac{dy}{dx} = \frac{dy}{dt}\frac{dt}{dx} = \frac{dy/dt}{dx/dt}$$

▌예제▐ $y=(3+t)^2$, $x=2t$인 경우, $\frac{dy}{dx}$을 구하여라.

풀이 t를 소거하면 $y=(3+t)^2=\left(3+\frac{x}{2}\right)^2=9+3x+\frac{x^2}{4}$ 이고, 이를 미분하면

$$\frac{dy}{dx}=3+\frac{x}{2}$$

위와 달리 매개변수 미분법을 이용하여도 답을 구할 수 있다.

$$\frac{dy}{dt}=2(3+t)\,,\quad \frac{dx}{dt}=2$$

이를 대입하면

$$\frac{dy}{dx}=\frac{dy/dt}{dx/dt}=\frac{2(3+t)}{2}=3+t=3+\frac{x}{2}$$

▌예제▐ $y=\sin t+t^2$, $x=e^t+t$일 경우, $\frac{dy}{dx}$을 구하여라.

풀이 t를 소거하는 것은 불가능하므로 매개변수 미분법을 이용하여 $\frac{dy}{dx}$을 구하면

$$\frac{dy}{dt}=\cos t+2t\,,\quad \frac{dx}{dt}=e^{t_1}+1$$

이를 대입하면

$$\frac{dy}{dx}=\frac{dy/dt}{dx/dt}=\frac{\cos t+2t}{e^t+1}$$

▌예제▐ (a) $y=2t-t^3$, $x=\sin t-\cos t$일 경우, $\frac{dy}{dx}$을 구하여라.

(b) $\frac{dy}{dx}(t=0)$을 구하여라.

풀이 (a) $\frac{dy}{dt}=2-3t^2$, $\frac{dx}{dt}=\cos t+\sin t$

$$\frac{dy}{dx}=\frac{dy/dt}{dx/dt}=\frac{2-3t^2}{\cos t+\sin t}$$

(b) $\frac{dy}{dx}(t=0)=\frac{2-3(0)^2}{\cos 0+\sin 0}=2$

9.3 고계 도함수

함수 $y=y(x)$의 도함수를 1계 도함수 $\frac{dy}{dx}$라고 한다. 1계 도함수의 도함수를 2계 도함수라고 하고 $\frac{d^2y}{dx^2}$ 또는 y''으로 표기한다. $\frac{d^2y}{dx^2}$의 도함수는 3계 도함수이고 $\frac{d^3y}{dx^3}$ 또는 y'''으로 쓴다.

▌예제▐ $y=e^{2x}+x^4$의 1계, 2계, 3계 도함수를 구하여라.

풀이 1계 도함수는 $\frac{dy}{dx}$, $\frac{dy}{dx}=2e^{2x}+4x^3$

2계 도함수는 1차 도함수를 미분하여 구하며, 2차 도함수는 $4e^{2x}+12x^2$

3계 도함수는 2차 도함수를 미분하여 구하며, $8e^{2x}+24x$

▌예제▐ $y(x)=2\sin x+3x^2$인 경우 다음을 구하여라.

(a) $y'(1)$ (b) $y''(-1)$ (c) $y'''(0)$

풀이 $y=2\sin x+3x^2$

$y'=2\cos x+6x$

$y''=-2\sin x+6$

$y'''=-2\cos x$

(a) $y'(1)=-2\cos 1+6(1)=7.0806$

(b) $y''(-1)=-2\sin(-1)+6=7.6826$

(c) $y'''(0)=-2\cos 0=-2$

9.4 도함수의 응용

9.4.1 접선과 법선

도함수는 변화하고 있는 함수의 변화 정도를 나타낸 것이다. 그래서 한 점에 대한 도함수는 파형 위의 한 점(접점)의 접선의 기울기이기도 하다. 파형의 접선의 방정식을 구할 때 이 사실을 이용한다. 법선은 접점을 지나는 접선에 직각인 직선이다.

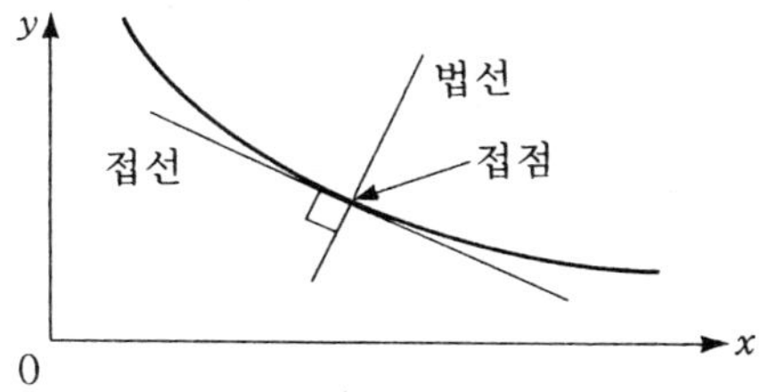

• • 그림 9-6 $y(x)$의 접선과 법선 • •

(1) 접선의 방정식

접선의 방정식은 기울기와 한 점의 좌표가 필요하고, 파형 위의 한 점에 접하는 직선인 접선이므로 파형과 접선이 한 점에서 만나는데 그 점을 접점이라고 부른다. 접선의 기울기는 접점에서의 도함수임을 알고 있다.

예제 점 (2, 4)에서 $y = x^2$의 접선의 방정식을 구하여라.

풀이 접선의 기울기를 계산하기 위해서 도함수 $\frac{dy}{dx}$을 구하면

$$y = x^2,\ \frac{dy}{dx} = 2x$$

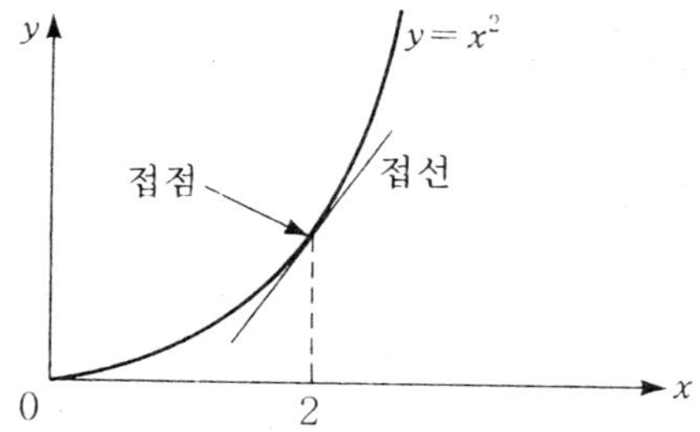

•• 그림 9-7 ••

$x=2$일 때 $\frac{dy}{dx}=4$ 그러므로 접선의 기울기는 4이며, 접선은 직선이므로 다음과 같은 형태를 갖는다.

$y=mx+c$

기울기 m은 4이므로, $y=4x+c$ 접점 (2, 4)는 접선 위의 점이므로 이를 대입하면

$4=4(2)+c,\ \ c=-4$

그러므로 접선의 방정식은 $y=4x-4$

▌예제▐ $x=1.5$에서 $y=2e^x-x^3$의 접선의 방정식을 구하여라.

풀이 $x=1.5$일 경우 $y=5.5884$

따라서 접점은 (1.5, 5.884)이다. 접선의 기울기는 $\frac{dy}{dx}=2e^x-3x^2$

$x=1.5$을 대입하면

$$\frac{dy}{dx}=2e^{1.5}-3(1.5)^2=2.2134$$

접선의 기울기는 2.2134, 접선의 방정식은 $y=mx+c$와 같은 형이고 기울기를 대입하면

$$y=2.2134x+c$$

여기에 접점을 대입하면 $5.5884=2.2134(1.5)+c$

$$c=2.2683$$

접선의 방정식은 $y=2.2134x+2.2683$

(2) 법선의 방정식

법선은 접선에 수직인 직선이다.

key point 두 직선이 직각을 이룰 경우 기울기의 곱은 -1이다.

접선의 기울기가 m_1이면 $m_1 m_2 = -1$인 m_2가 법선의 기울기가 된다. 그리고 접점 또한 법선 위의 점이므로 접점을 사용하여 법선의 방정식을 구할 수 있다.

▌예제▐ 점$(1,\ -1)$에서 $y = 2x^4 - 3$의 법선의 방정식을 구하여라.

풀이 $\dfrac{dy}{dx} = 8x^3$이며, $(1, -1)$을 지나는 접선은 기울기가 8이다.

그러므로 $(1, -1)$을 지나는 법선의 기울기가 $-\dfrac{1}{8}$이다.

따라서 법선의 방정식은 $y = mx + c = -\dfrac{x}{8} + c$

법선은 $(1, -1)$을 통과하므로 $c = -\dfrac{7}{8}$

그러므로 법선의 방정식은 $y = -\dfrac{x}{8} - \dfrac{7}{8}$

(3) 함수의 극대값과 극소값

함수 $y = f(x)$에서 x값이 증가할 때 y값에 대하여 다음과 같은 설명을 시작해 보자.

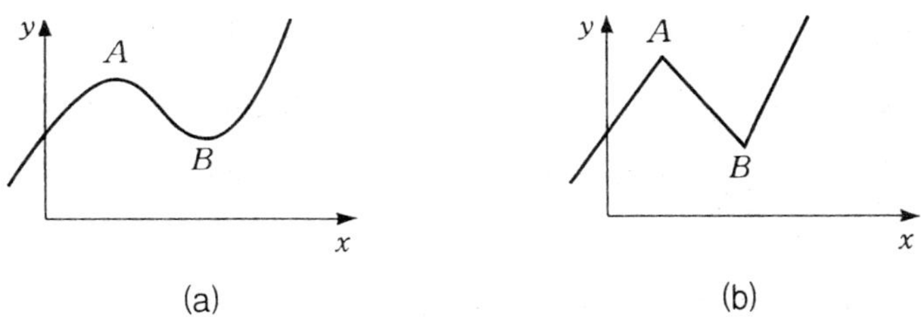

•• 그림 9-8 극대점과 극소점 ••

점 A는 그래프 상의 가장 높은 점은 아니지만 부분적으로 고려하면 A가 가장 높다. 점 B의 경우는 부분적으로 가장 낮은 점이지만 가장 낮은 점은 아니다. 이럴 경우 점 A를 **극대점**(maximum), 점 B를 **극소점**(minimum)이라고 한다.

극대점의 y값을 극대값이라 하고 극소점의 y값을 극소값이라고 한다. 최대값은 y값 중에서 가장 큰 값을 말한다. 마찬가지로 최소값은 y값 중에서 가장 작은 값을 말한다.

극대점 A는 y값이 증가하다가 감소하기 시작하는 점이고 극소점 B는 y값이 감소하다가 증가하기 시작하는 점이 된다. y값이 증가하는 그래프상의 점에 대한 접선의 기울기는 양수이고 y값이 감소하는 점에 대한 접선의 기울기는 음수가 된다. 이것은 다음과 같은 경우를 생각할 수 있다.

첫째, 극대점은 도함수가 양수에서 음수로 변화하기 시작하는 점이므로 극대점의 도함수는 0이다. 극소점도 도함수가 음수에서 양수로 변화하기 시작하는 점이므로 극소점의 도함수도 0이다.

그림 9-9에서 $y(x)$의 점 A와 점 B에서 접선이 x축과 평행하다. 즉 $\frac{dy}{dx}=0$이다.

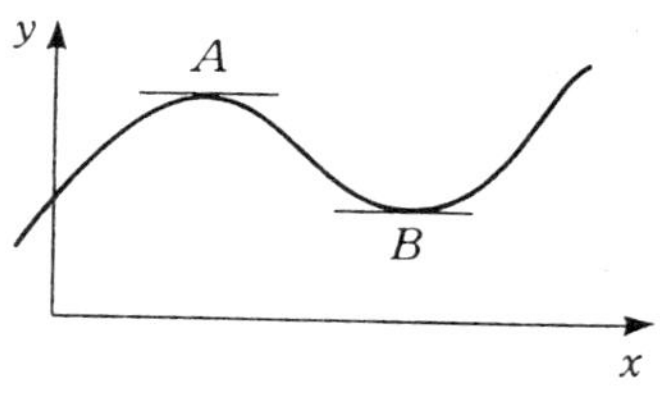

•• 그림 9-9 A와 B점에서 $\frac{dy}{dx}=0$ ••

둘째, 극대점과 극소점에서 꺾인선일 때는 도함수가 존재하지 않는다. 그림 9-8 (b)에서는 A와 B에서 접선을 그리는 것은 불가능하다. 즉 접선이 존재하지 않는다. 그러므로 이러한 점에서 $\frac{dy}{dx}$는 존재하지 않는다.

key point

극대점과 극소점에서 $\frac{dy}{dx}=0$이거나 $\frac{dy}{dx}$는 존재하지 않는다.

key point

극대점의 왼쪽에서는 1계 도함수 $\frac{dy}{dx}$는 양이고, 오른쪽에서는 $\frac{dy}{dx}$는 음이다.

극소점의 왼쪽에서는 1계 도함수 $\frac{dy}{dx}$는 음이고, 오른쪽에서는 $\frac{dy}{dx}$는 양이다.

▌예제▌ 함수 $y = x^2 + 1$의 극대점 또는 극소점을 구하여라.

풀이 미분하면 $\frac{dy}{dx} = 2$, x는 모든 x에 대하여 존재하므로 $y' = 0$을 풀면 극대값 또는 극소값을 구할 수 있다.

$y' = 0$, $2x = 0$ 즉, $x = 0$

$x = 0$의 왼쪽에서 y'는 음이고, $x = 0$의 오른쪽에서는 y'는 양이다. y'가 음에서 양으로 변하므로 $x = 0$이 극소점이다.

$x = 0$, $y = 1$ 즉 $(0, 1)$이 극소점이다.

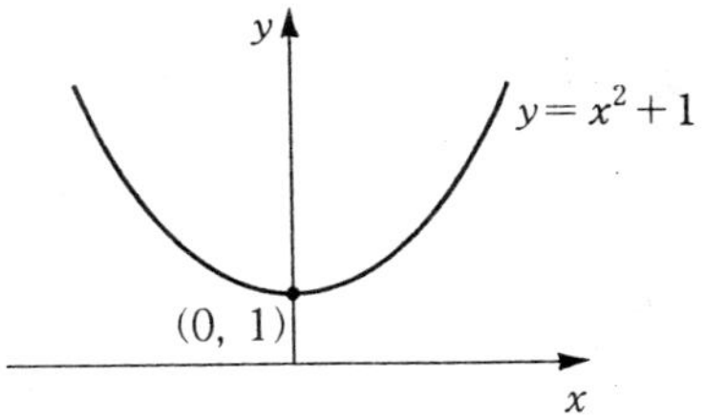

•• 그림 9-10 ••

▌예제▌ $y = 2x - x^2$의 극소점 또는 극대점을 구하여라.

풀이 $\frac{dy}{dx} = 2 - 2x$, $\frac{dy}{dx} = 0$을 풀면

$2 - 2x = 0$, 따라서 $x = 1$

$x = 1$인 경우 $2 - 2x$의 양쪽 부호를 알 수 있는 두 방법이 있다. 한 가지는 $2 - 2x$의 그래프를 그려보고 $x = 1$의 양쪽의 부호를 조사해보는 것이다. 또 다

른 방법은 $x=1$의 바로 왼쪽 $x=0.9$인 경우와 바로 오른쪽인 $x=1.1$인 경우의 $2-2x$의 값을 구해보는 것이다. $x=0.9$인 경우 $2-2x=0.2$이고 $x=1.1$인 경우 $2-2x=-0.2$이다.

y'는 양에서 음으로 변화하므로 $x=1$일 때 극대점이다. $x=1$일 때 $y=1$이다. 그러므로 (1, 1)이 극대점이다.

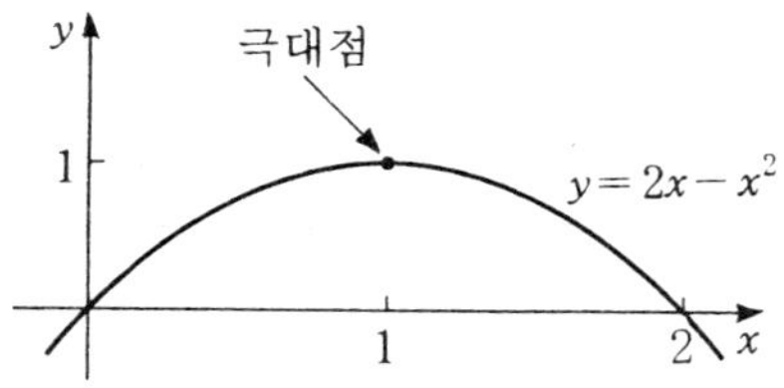

•• 그림 9-11 (1, 1)인 극대점 ••

예제 $y=|t|$의 극대점 또는 극소점을 구하여라.

풀이 도함수 $\frac{dy}{dt}$는 $t=0$인 경우 존재하지 않는다. 그러므로 극대점과 극소점을 구하는 것이 가능하다. $t=0$의 왼쪽에서 $\frac{dy}{dt}$는 음이고, 오른쪽은 양이다. 그러므로 $t=0$ 경우 극소점이 된다.

예제 그림 9-12의 회로에서 전원이 R_L의 가변저항에 연결되어 있다. 전압은 V이고 그 내부저항은 R_S이다. 전압으로부터 부하저항에 최대 전력을 전달하는 R_L의 값을 구하여라.

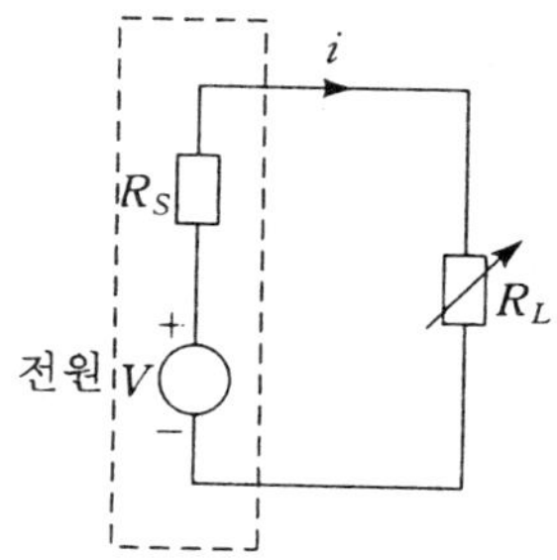

•• 그림 9-12 최대 전력전달조건 $R_L=R_S$ ••

풀이 i는 회로에 흐르는 전류이며, Kirchhoff의 전압 법칙과 Ohm의 법칙을 적용하면

$$V = i(R_S + R_L)$$

P는 부하저항에서 발생한 전력이라고 하면

$$P = i^2 R_L = \frac{V^2 R_L}{(R_S + R_L)}$$

P는 R_L의 값에 따라 변하며, 이를 미분하면

$$\frac{dP}{dR_L} = V^2 \frac{1(R_S + R_L)^2 - R_L 2(R_S + R_L)}{(R_S + R_L)^4} = V^2 \frac{R_S - R_L}{(R_S + R_L)^3}$$

$\frac{dP}{dR_L}$이 0이 되게 하면

$$V^2 \frac{R_S - R_L}{(R_S + R_L)^3} = 0$$

따라서

$$R_L = R_S$$

극대점인가를 점검해보면

$$\frac{dP}{dR_L} = V^2 \frac{R_S - R_L}{(R_S + R_L)^3}$$

R_L이 R_S보다 더 작은 값이면 도함수는 양이며, 더 큰 값인 경우는 도함수가 음이다. 그러므로 $R_L = R_S$일 때 극대이다. 그러므로 최대 전력전달은 부하저항이 전원의 내부저항과 같을 때 일어난다.

(4) 그래프의 개형

앞 절에서 y값이 증가하면 도함수 $\frac{dy}{dx}$이 양수, 즉 $\frac{dy}{dx}>0$이고 y값이 감소하면 $\frac{dy}{dx}$이 음수, 즉 $\frac{dy}{dx}<0$라고 했다. 여기서 1계 도함수 $\frac{dy}{dx}$를 함수로 간주한다면 2계 도함수 $\frac{d^2y}{dx^2}$가 0보다 크면 1계 도함수 $\frac{dy}{dx}$이 증가하고 $\frac{d^2y}{dx^2}$이 0보다 작으면 $\frac{dy}{dx}$이 감소한다.

그러므로 극대점과 극소점은 다음과 같이 구할 수 있다.

key point

어떤 점에서 $\frac{dy}{dx}=y'=0$이고 $\frac{d^2y}{dx^2}=y''<0$일 경우, 그 점이 극대점이다.

어떤 점에서 $\frac{dy}{dx}=y'=0$이고 $\frac{d^2y}{dx^2}=y''>0$일 경우, 그 점이 극소점이다.

▌예제▐ $y=\frac{x^5}{5}+\frac{x^2}{2}+1$의 극대점 또는 극소점을 구하여라.

풀이 $y'=x^4+x$

$y'=0$를 풀면 $x=0,\ -1$

y''를 구하면 $y''=4x^3+1$

$x=-1$일 때 y''의 값을 구하면 y''는 음이며, $x=0$일 경우는 y''는 양이다.

그러므로 $x=-1$일 경우 극대점이고 $x=0$일 경우 극소점이 된다.

한편 $x=-1$인 경우 $y=\frac{13}{10}$이며 $x=0$인 경우 $y=1$

따라서 $\left(-1,\ \frac{13}{10}\right)$는 극대점, $(0,\ 1)$는 극소점이다.

연 습 문 제

1. 다음을 미분하여라.

(a) $(x-1)\sin 2x$

(b) $\dfrac{x-1}{\sin 2x}$

(c) $e^{-2x}\sin 3x$

(d) $\dfrac{t^3-t^2}{t^2+1}$

(e) $3\sin 2x\ \cos x$

2. $H=e^{2t}t^2\sin t$일 때 $\dfrac{dH}{dt}$를 구하여라.

3. 다음 함수의 미분값을 구하여라.

(a) $Y(t)=5e^{\sin 2t}$

(b) $m(p)=3\ln(p^4+2)$

(c) $H(r)=5\sin(\pi r^2+1)$

(d) $x(t)=-3\cos\left(\dfrac{1}{t}\right)$

(e) $Q(s)=\dfrac{1}{\ln s}$

4. 반지름이 5인 원이 다음과 같은 방정식을 갖는다.

$$x^2+y^2=25$$

점(3, 4)에서 접선의 방정식을 구하여라.

5. $\dfrac{dy}{dx}$를 구하여라.

(a) $e^x+e^y=x^3y^4$

(b) $x\sin y=y\cos x$

(c) $xe^y-2ye^x=xy$

(d) $(x+2y)e^{-y}=x^2y$

(e) $\sin 2x\cos 3y-2\sin y\cos x=0$

6. y가 다음과 같이 주어졌을 때 $\dfrac{dy}{dx}$를 구하여라.

(a) $x^3(3x-2)^4(5x-1)^6$

(b) $\sqrt{x}(x^2+1)^3(x^3+1)^2$

(c) $\dfrac{e^{2x}\sin^3 x}{x^4}$

(d) $\dfrac{4e^{-3x}\cos 3x}{(2-x)^3}$

(e) $\dfrac{3}{e^{2x}\sqrt{\sin x}\,(9+x^2)}$

제 10 장 적분법

10.1 부정적분

$y=x^2$을 x로 미분하면 $2x$, 즉 $\frac{dy}{dx}=2x$이며, 이 때 $2x$를 적분하면 원시함수 x^2을 구할 수 있는데 이를 **부정적분**이라고 하고 부정적분을 간단히 **적분**이라고도 한다.

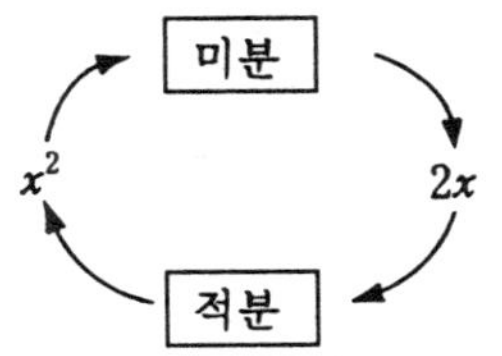

•• 그림 10-1 적분과 미분의 역관계 ••

적분기호는 $\int$를 사용하고 x로 미분한 것에 대한 역과정으로의 적분은 dx을 사용하여 x로 적분을 나타내며, c는 **적분상수**라고 부른다.

$$\int 2x\,dx = x^2 + c$$

적분은 연속함수에 대한 적분만을 생각하기로 한다.

▌예제▐ 도함수가 $2x$인 함수를 적어보아라.

풀이 x^2-7, $x^2+0.1$

10.2 적분법

10.2.1 적분표

표 10-1 적분표

$f(x)$	$\int f(x)dx$	비 고
상수 k	$kx+c$	
x	$\frac{x^2}{2}+c$	
x^2	$\frac{x^3}{3}+c$	
x^n	$\frac{x^{n+1}}{n+1}+c$	$n\neq-1$
$x^{-1}=\frac{1}{x}$	$\ln\lvert x\rvert+c$	
$\sin x$	$-\cos x+c$	
$\cos x$	$\sin x+c$	
$\sin kx$	$\frac{-\cos kx}{k}+c$	
$\cos kx$	$\frac{\sin kx}{k}+c$	
$\tan kx$	$\frac{1}{k}\ln\lvert\sec kx\rvert+c$	
$\sec kx$	$\frac{1}{k}\ln\lvert\sec kx+\tan kx\rvert+c$	
e^x	e^x+c	
e^{-x}	$-e^{-x}+c$	
e^{kx}	$\frac{e^{kx}}{k}+c$	
$\cosh kx$	$\frac{1}{k}\sinh kx+c$	
$\sinh kx$	$\frac{1}{k}\cosh kx+c$	
$\frac{1}{x^2+a^2}$	$\frac{1}{a}\tan^{-1}\frac{x}{a}+c$	$a>0$

$f(x)$	$\int f(x)dx$	비 고
$\frac{1}{x^2-a^2}$	$\frac{1}{2a}\ln\frac{x-a}{x+a}+c$	$\lvert x\rvert > a > 0$
$\frac{1}{a^2-x^2}$	$\frac{1}{2a}\ln\frac{a+x}{a-x}+c$	$\lvert x\rvert < a$
$\frac{1}{\sqrt{x^2+a^2}}$	$\sinh^{-1}\left(\frac{x}{a}\right)+c$	$a>0$
$\frac{1}{\sqrt{x^2-a^2}}$	$\cosh^{-1}\left(\frac{x}{a}\right)+c$	$x \geq a > 0$
$\frac{1}{\sqrt{x^2+k}}$	$\ln(x+\sqrt{x^2+k})+c$	
$\frac{1}{\sqrt{a^2-x^2}}$	$\sin^{-1}\left(\frac{x}{a}\right)+c$	$-a \leq x \leq a$

▌예제▐ (a) 적분표를 이용하여 $\int x^7 dx$ 를 구하여라.

(b) 적분값을 다시 미분하여 답이 맞는지를 검토하여라.

풀이 (a) 적분표에 의하면

$$\int x^n dx = \frac{x^{n+1}}{n+1}+c$$

x^n 을 적분하기 위해 지수에 1을 더하고 그 값을 새 지수로 나눈다. $n=7$ 이면

$$\int x^7 dx = \frac{x^8}{8}+c$$

(b) $\frac{d}{dx}\left(\frac{x^8}{8}+c\right) = \frac{1}{8}\frac{d}{dx}x^8 = \frac{1}{8}\times 8x^7 = x^7$

▌예제▐ $\int \cos 5x\, dx$ 를 구하여라.

풀이 적분표에 의하면

$$\int \cos kx\, dx = \sin\frac{kx}{k}+c$$

$k=5$ 인 경우,

$$\int \cos 5x\, dx = \frac{\sin 5x}{5}+c$$

이를 다시 미분하여 보면 정답 여부를 알 수 있다.

▌예제▐ $\int \sin \frac{x}{2}\, dx$를 구하여라.

풀이 $\frac{x}{2}$ 는 $\frac{1}{2}x$는 같다. $k=\frac{1}{2}$인 경우 적분표에 의하면

$$\int \sin \frac{x}{2}\, dx = -\frac{\cos \frac{x}{2}}{\frac{1}{2}} + c = -2\cos \frac{x}{2} + c$$

▌예제▐ $\int e^{-3x} dx$을 구하여라.

풀이 $k=-3$인 경우 적분표에 의하면,

$$\int e^{3x} dx = \frac{e^{-3x}}{-3} + c = -\frac{1}{3} e^{-3x} + c$$

▌예제▐ 적분표를 이용하여 $\int \frac{1}{\sqrt{9-t^2}}\, dt$을 구하여라.

풀이 $\int \frac{1}{\sqrt{a^2-x^2}}\, dx = \sin^{-1}\left(\frac{x}{a}\right) + c$ 에서

상수 a로 3을 설정하면

$$a=3,\ a^2=9,\ \int \frac{1}{\sqrt{9-t^2}}\, dt = \sin^{-1}\left(\frac{t}{3}\right) + c$$

▌예제▐ $\int (x^3 + \sin x) dx$을 구하여라.

풀이 $\int (x^3 + \sin x) dx = \int x^3 dx + \int \sin x\, dx = \frac{x^4}{4} - \cos x + c$

▌예제▐ $\int x \sin x\, dx$을 구하여라.

풀이 $u = x,\ \frac{dv}{dx} = \sin x$

$$\frac{du}{dx} = 1,\ v = \int \sin x\, dx = -\cos x$$

공식을 적용하면

$$\int x \sin x\, dx = uv - \int v\left(\frac{du}{dx}\right) dx = x(-\cos x) - \int (-\cos x) \cdot 1\, dx$$

$$= -x\cos x + \int \cos x\, dx = -x\cos x + \sin x + c$$

▌예제▐ $\int(5x+1)\cos 2x\,dx$을 구하여라.

풀이 $u = 5x+1$, $\frac{dv}{dx} = \cos 2x$일 경우 $\frac{du}{dx}$와 v를 구하면

$$\frac{du}{dx} = 5,\ v = \int \cos 2x\,dx = \frac{\sin 2x}{2}$$

이 값을 공식에 대입하면

$$\frac{(5x+1)\sin 2x}{2} - \int \frac{\sin 2x}{2} 5\,dx$$

최종 적분을 구하면

$$\frac{(5x+1)\sin 2x}{2} + \frac{5}{4}\cos 2x + c$$

▌예제▐ $I = \int e^{-x}\sin x\,dx$을 적분하여라.

풀이 $u = e^{-x}$, $\frac{dv}{dx} = \sin x$일 경우, $\frac{du}{dx}$을 구하면

$$\frac{du}{dx} = -e^{-x},\ v = -\cos x$$

부분적분 공식을 적용하면

$$I = \int e^{-x}\sin x\,dx = e^{-x}(-\cos x) - \int(-\cos x)(-e^{-x})\,dx$$

이를 간단히 하면 $I = -e^{-x}\cos x - \int e^{-x}\cos x\,dx$

$\int e^{-x}\cos x\,dx$에서

$u = e^{-x}$, $\frac{dv}{dx} = \cos x$로 놓고 적분을 하면

$$I = -e^{-x}\cos x - \left[e^{-x}\sin x + \int e^{-x}\sin x\,dx\right]$$

다시 표현하면

$$I = -e^{-x}\cos x - e^{-x}\sin x - I$$

$$2I = -e^{-x}\cos x - e^{-x}\sin x$$

따라서

$$I = \frac{-e^{-x}\cos x - e^{-x}\sin x}{2}$$

적분상수를 붙여주면 $I = \frac{-e^{-x}\cos x - e^{-x}\sin x}{2} + c$

10.2.2 치환적분

▌예제▌ $\int(3x+5)^6 dx$을 구하여라.

풀이 $3x+5$을 새로운 변수 u로 치환하면 이 함수는 u^6이다. 이 경우 적분은 x가 아니라 u에 대해 이루어져야 한다.

$$u=3x+5$$

이를 미분하면

$$\frac{du}{dx}=3$$

이를 $dx=\frac{1}{3}du$로 쓸 수 있으며, 구하고자 하는 적분은

$$\int(3x+5)^6 dx=\int u^6 \frac{1}{3}du$$

$\frac{1}{3}$은 상수이므로 다음과 같이 바꾸어 쓸 수 있다.

$$\int(3x+5)^6 dx=\frac{1}{3}\int u^6 du=\frac{1}{3}\frac{u^7}{7}+c$$

$$=\frac{u^7}{21}+c$$

원래의 변수 x로 바꾸면 즉 u대신에 $3x+5$를 대입하면

$$\int(3x+5)^6 dx=\frac{(3x+5)^7}{21}+c$$

▌예제▌ 치환식 $u=1-x^2$을 이용하여 $\int x\sqrt{1-x^2}\,dx$을 구하여라.

풀이 $u=1-x^2$을 미분하면

$$\frac{du}{dx}=-2x$$

즉, $x\,dx=\frac{1}{2}du$이다. 그러므로 $\sqrt{1-x^2}=\sqrt{u}$이고 $x\,dx=-\frac{1}{2}du$를 이용하여 u로 적분을 다시 쓰면

$$\int x\sqrt{1-x^2}\,dx=-\frac{1}{2}\int\sqrt{u}\,du$$

$$=-\frac{1}{2}\frac{u^{3/2}}{3/2}+c=-\frac{1}{3}u^{3/2}+c$$

원래의 변수 x로 답을 정리하면

$$-\frac{(1-x^2)^{3/2}}{3}+c$$

▌예제▐ $\int \frac{(3x^2+1)\,dx}{x^3+x+2}$ 을 구하여라.

풀이 $z=x^3+x+2$로 치환하면 $\frac{dz}{dx}=3x^2+1$, 따라서 $dz=(3x^2+1)\,dx$

$$\int \frac{(3x^2+1)\,dx}{x^3+x+2}=\int \frac{dz}{z}=\ln|z|+c=\ln|x^3+x+2|+c$$

▌예제▐ 다음을 적분하여라.

(a) $\int \frac{1}{x+1}\,dx$　　(b) $\int \frac{2x}{x^2+8}\,dx$　　(c) $\int \frac{1}{x-3}\,dx$

풀이 (a) $\ln|x+1|+c$　(b) $\ln|x^2+8|+c$　(c) $\ln|x-3|+c$

▌예제▐ $\int \frac{x^2}{x^3+1}\,dx$을 구하여라.

풀이 분모를 미분하면 $3x^2$이고 분자는 x^2이다.

$$\int \frac{x^2}{x^3+1}\,dx=\frac{1}{3}\int \frac{3x^2}{x^3+1}\,dx$$

이러한 경우는 적분기호를 넘어 상수만 이동할 수 있기 때문에 가능하다. x를 포함한 항을 이동시키는 것은 안 된다.

따라서 $\frac{1}{3}\int \frac{3x^2}{x^3+1}\,dx=\frac{1}{3}\ln|x^3+1|+c$

▌예제▐ $\int \frac{1}{1-x}$ 의 분자를 변환하여 적분하여라.

풀이 $\int \frac{1}{1-x}\,dx=-\int \frac{-1}{1-x}\,dx$

$$=-\ln|1-x|+c$$

표 10-2

$f(x)$ 함수	대 입	
$\sqrt{a^2-x^2}$	$x=a\sin\theta$	$\dfrac{dx}{d\theta}=a\cos\theta$
	$x=a\tanh u$	$\dfrac{dx}{du}=a\sec h^2 u$
$\sqrt{a^2+x^2}$	$x=a\sinh u$	$\dfrac{dx}{du}=a\cos h^2 u$
	$x=a\tanh\theta$	$\dfrac{dx}{d\theta}=a\sec^2\theta$
$\sqrt{x^2-a^2}$	$x=a\cosh u$	$\dfrac{dx}{du}=a\sin hu$
	$x=a\sec\theta$	$\dfrac{dx}{d\theta}=a\sec\theta\tan\theta$
$\sin x,\ \cos x$	$\sin x=\dfrac{2t}{1+t^2},\ \cos x=\dfrac{1-t^2}{1+t^2}$ 여기서 $t=\tan\dfrac{x}{2}$	$\dfrac{dx}{dt}=\dfrac{2}{1+t^2}$
$\sin^2 x,\ \cos^2 x$	$\sin x=\dfrac{2t}{\sqrt{1+t^2}},\ \cos x=\dfrac{1}{\sqrt{1+t^2}}$ 여기서 $t=\tan x$	$\dfrac{dx}{dt}=\dfrac{1}{1+t^2}$

▌예제▐ $\displaystyle\int\frac{dx}{1+\cos x+\sin x}$ 을 구하여라.

(풀이) 적분과 표 10-2를 참조하면

$$\sin x=\frac{2t}{1+t^2},\quad \cos x=\frac{1-t^2}{1+t^2},\quad t=\tan\frac{x}{2},\quad \frac{dx}{dt}=\frac{2}{1+t^2}$$

각각을 대입하여 정리하고 t로 적분하면

$$\int\frac{dt}{1+t}=\ln(1+t)+c$$

본래의 변수 x로 바꾸면

$$\int\frac{dx}{1+\cos x+\sin x}=\ln\left(1+\tan\frac{1}{2}x\right)+c$$

10.2.3 부분분수를 이용한 적분

▌예제▐ 부분분수의 합으로 바꾸어 $\int \frac{2x+11}{(x+7)^2}dx$을 구하여라.

(풀이) 부분분수의 적당한 형태는

$$\frac{2x+11}{(x+7)^2}=\frac{A}{x+7}+\frac{B}{(x+7)^2}$$

이때 $2x+11=A(x+7)+B$

$x=-7$을 대입하면 $B=-3$이다. x의 계수를 비교하면 $A=2$

$$\int \frac{2}{x+7}-\frac{3}{(x+7)^2}dx$$

첫 번째 적분은 $\int \frac{f'(x)}{f(x)}dx$ 형이다. 따라서

$$\int \frac{2}{x+7}dx=2\ln|x+7|+c$$

두 번째 적분은 $u=x+7$로 치환하고 $\frac{du}{dx}=1$을 대입하면

$$\int \frac{3}{(x+7)^2}dx=\int \frac{3}{u^2}du=-\frac{3}{u}+c=-\frac{3}{x+7}+c$$

마지막으로 양쪽 모두에 부분분수를 대입하면

$$\int \frac{2x+11}{(x+7)^2}dx=2\ln|x+7|+\frac{3}{x+7}+k$$

▌예제▐ $\frac{23-x}{(x-5)(x+4)}$을 부분분수의 합으로 나타내고,

$\int \frac{23-x}{(x-5)(x+4)}dx$을 구하여라.

(풀이) 우선 부분분수의 합으로 나타내면 (힌트 : 분수를 $\frac{A}{x-5}+\frac{B}{x+4}$ 형으로 쓴다.)

$A=2$, $B=-3$, 각 항을 따로 적분하면

$2\ln|x-5|-3\ln|x+4|+c$

10.2.4 삼각함수의 적분

▌예제▌ 다음을 적분하여라.

(a) $\int \sin x\,dx$ (b) $\int \cos x\,dx$ (c) $\int \sin 2x\,dx$ (d) $\int \cos 2x\,dx$

(풀이) (a) $-\cos x + c$ (b) $\sin x + c$ (c) $-\frac{\cos 2x}{2} + c$ (d) $\frac{\sin 2x}{2} + c$

10.3 정적분

10.3.1 정적분

정적분(definite integrals)은 적분 기호의 오른쪽 위와 아래의 표시로 알 수 있다.

$$\int_a^b f(x)\,dx$$

이 때 $f(x)$의 원시함수를 $F(x)$라 하면

$$\int_a^b f(x)\,dx = F(b) - F(a)$$

로 나타내며 이는 a로 부터 b까지의 $f(x)$의 정적분이라고 읽는다. a와 b는 적분의 아래, 위라고 한다.

다음은 미적분학의 기본정리로 정적분의 계산 방법을 나타내며, 또 $f(x)$를 연속된 구간 $[a, c]$에서 적분할 경우 구간 $[a, b]$, 구간 $[b, c]$로 나누어 적분하여 더하여도 값의 변화는 없다.

정적분은 다음의 성질을 가진다.

$$\int_a^b f(x)\,dx = -\int_b^a f(x)\,dx$$

$$\int_a^b u\left(\frac{dv}{dx}\right)dx = [\,uv\,]_a^b - \int_a^b v\left(\frac{du}{dx}\right)dx$$

▮ 예제 ▮ $\int_1^4 x^2 dx$을 구하여라.

풀이 우선 x^2을 적분하고 정적분이므로 그 값을 사각괄호에 쓰고 적분할 구간을 괄호의 오른쪽에 쓴다.

$\int x^2 dx = \frac{x^3}{3} + c$이므로

$$\int_1^4 x^2 dx = \left[\frac{x^3}{3} + c \right]_1^4$$

x에 위 끝 값을 대입하고 다시 x에 아래 끝 값을 대입하여 그 값들간의 차이를 구하면 된다.

$\left[\frac{x^3}{3} + c \right]_1^4$ =(x에 위 끝을 대입하여 구한 값)−(x에 아래끝을 대입하여 구한 값)

$$= \left(\frac{4^3}{3} + c\right) - \left(\frac{1^3}{3} + c\right) = \frac{64}{3} - \frac{1}{3} = \frac{63}{3} = 21$$

상수 c는 항상 소거하며, 정적분의 경우는 무시해도 되므로 정적분값은

$$\int_1^4 x^2 dx = 21$$

▮ 예제 ▮ $\int_0^{\pi/2} \cos x\, dx$을 구하여라.

풀이 $\int \cos x\, dx = \sin x + c$이므로

$$\int_0^{\pi/2} \cos x\, dx = [\ \sin x\ ]_0^{\pi/2} = \sin\left(\frac{\pi}{2}\right) - \sin 0 = 1 - 0 = 1$$

계산기를 이용하여 삼각함수를 구하고자 할 경우에는 반드시 라디안으로 환산해서 작업해야 한다.

▮ 예제 ▮ $\int_1^2 (x^2 + 1)\, dx$을 구하여라.

풀이 $\left[\frac{x^3}{3} + x \right]_1^2$

적분 끝을 대입하고 적분값을 구한다.

$$\left(\frac{8}{3} + 2\right) - \left(\frac{1}{3} + 1\right) = \frac{10}{3}$$

10.3.2 특이적분

특이적분은 적분의 아래 끝, 위 끝에 양의 무한대 또는 음의 무한대를 가지는 정적분을 말하며, 특이적분은 다음과 같이 구한다.

$$\int_a^{\infty} f(x)dx = \lim_{b\to\infty}\int_a^b f(x)dx$$

$$\int_{-\infty}^{b} f(x)dx = \lim_{a\to -\infty}\int_a^b f(x)dx$$

$$\int_{-\infty}^{\infty} f(x)dx = \lim_{b\to\infty}\lim_{a\to -\infty}\int_a^b f(x)dx$$

▌예제▐ $\int_0^{\infty} e^{-x}dx$을 구하여라.

(풀이) 위 ∞를 b로 바꾸어 보자.

$$\int_0^{\infty} e^{-x}dx = \lim_{b\to\infty}\int_0^b e^{-x}dx$$

따라서

$$\int_0^b e^{-x}dx = [-e^{-x}]_0^b = (-e^{-b}) - (-e^{-0}) = -e^{-b}+1$$

b가 무한대로 가면 $-e^{-b}$는 0에 접근하므로 적분값은 1이다.

10.4 정적분의 응용

10.4.1 x축 위의 곡선 면적

그림 10-2의 함수 $y(x)$에서 x가 a와 b사이에 있을 경우 x축 위와 그래프 아래의 면적을 구하려면 정적분을 이용하여야 한다.

$$\int_a^b y(x)\,dx$$

그림 10-2 그래프에 싸여 있는 면적은 정적분을 이용하여 구할 수 있다.

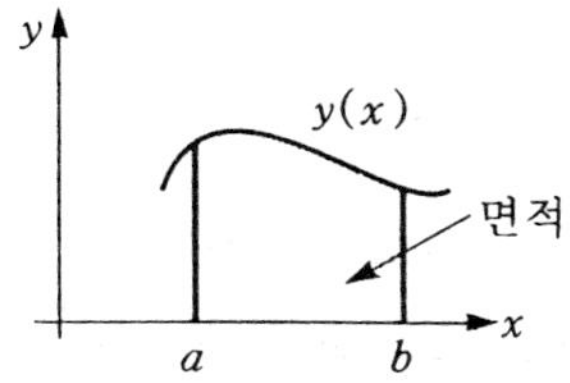

•• 그림 10-2 곡선에 둘러싸인 면적 구하기 ••

key point

x가 a와 b사이에 있을 경우 곡선 $y(x)$ 아래의 면적 S

$$S=\int_a^b y(x)\,dx$$

이때 곡선은 x축 a와 b사이의 x축 위에 전체가 놓여 있을 경우이다.

그리고 x축 아래의 곡선과 둘러싸인 면적을 구하는 그림은 그림 10-3과 같다.

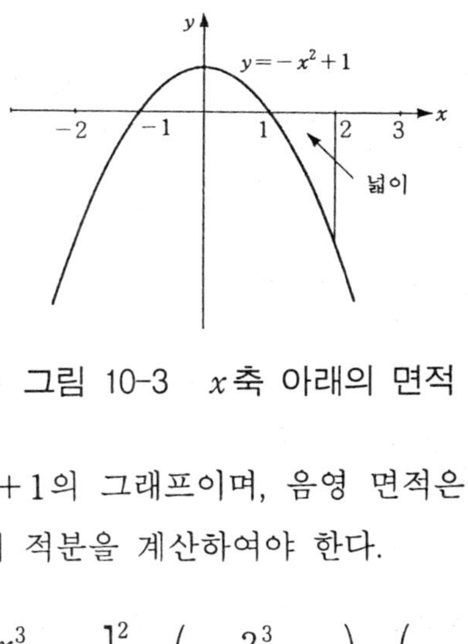

•• 그림 10-3 x축 아래의 면적 ••

그림 10-3은 $y=-x^2+1$의 그래프이며, 음영 면적은 x축과 곡선으로 둘러 싸여 있는 부분이며, 다음의 적분을 계산하여야 한다.

$$\int_0^\infty -x^2+1\,dx=\left[-\frac{x^3}{3}+x\right]_1^2=\left(-\frac{2^3}{3}+2\right)-\left(-\frac{1^3}{3}+1\right)=-\frac{7}{3}+1=-\frac{4}{3}$$

그림 10-3에서 음영 처리 면적은 x축과 x축 아래 있는 곡선에 둘러싸여 있다. 면적의 결과값이 음수값을 가지며 음수는 x축 아래 있는 면적임을 의미한다.

▌예제▐ x의 구간이 1부터 4인 경우 x축과 곡선 $y=\dfrac{1}{x}$ 사이의 면적을 구하여라.

(풀이) 그림 10-4에서 구하고자 하는 면적은 음영처리 되어 있으며, $y=\dfrac{1}{x}$의 그래프는 x는 0보다 크고, 구하고자 하는 면적은 모두 x축 위에 놓여 있다.

$$\text{면적} = \int_1^4 \frac{1}{x}\,dx = [\ \ln|x|\ ]_1^4 = \ln 4 - \ln 1 = \ln 4 (\ln 1 = 0\text{임})$$

$$= 1.386$$

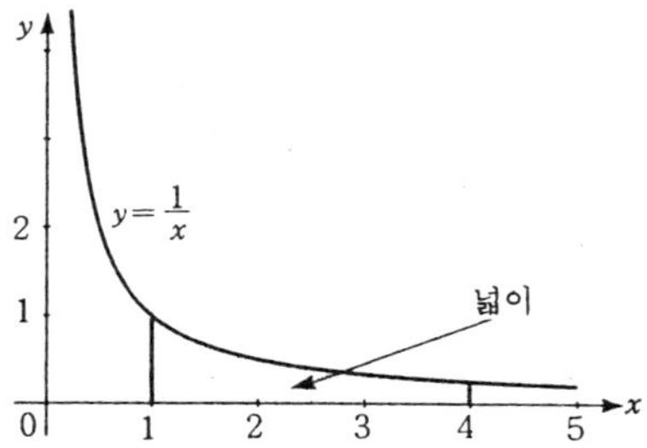

• • 그림 10-4 x축 위에 놓인 면적 • •

▌예제▐ x의 구간이 0과 π인 경우에 $y=\sin x$와 x축 사이의 면적을 구하여라.

(풀이) 그림 10-5에 구하고자 하는 영역이 나타나 있고 x축 위에 있다.

$$\int_0^\pi \sin x\,dx = [-\cos x]_0^\pi = 2$$

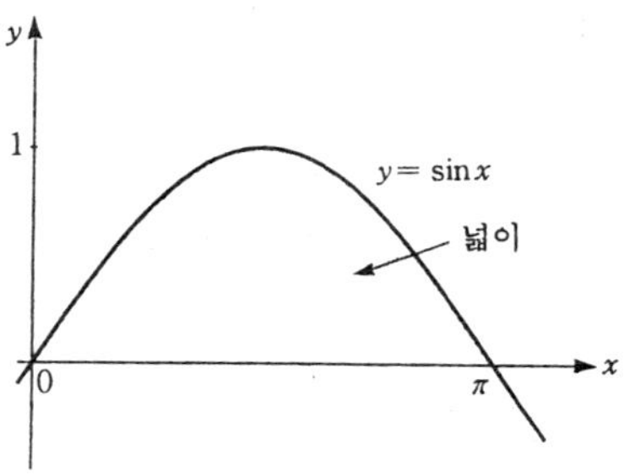

• • 그림 10-5 예제의 그래프 • •

▌예제▐ 그림 10-6은 시간 t에 따라 달라지는 물체의 속도 v의 그래프이다. t의 구간이 a와 b사이인 경우 그래프 아래에 있는 영역은 이 시간 사이에 물체가 이동한 거리를 나타낸다. 물체의 속도는 $v(t)=3t^2+5$와 같다.

(a) $t=1$초인 경우 속도를 구하여라.

(b) $t=2$초인 경우 속도를 구하여라.

(c) 두 시간 사이의 이동 거리를 구하여라.

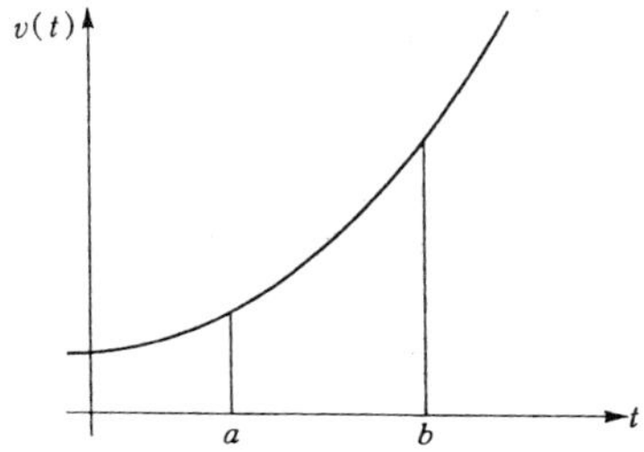

•• 그림 10-6 속도-시간의 관계(이동거리) 파형 ••

풀이 (a) $t=1$일 때 $v=8\,[\mathrm{ms^{-1}}]$

(b) $t=2$일 때 $v=17\,[\mathrm{ms^{-1}}]$

(c) 이동거리는 속도-시간 관계의 그래프 아래 영역이며 적분을 이용하여 이동거리를 구할 수 있다.

$$\int_1^2 (3t^2+5)\,dt = [\ t^3+5t\,]_1^2 = 18-6 = 12[\mathrm{m}]$$

▌예제▐ x의 구간이 0부터 3인 경우에 파형 $y=x^3-5x^2+4x$의 면적을 구하여라.

풀이 우선 어떤 부분이 x축의 위와 아래인지를 결정해야 한다. 이를 위해 함수 x^3-5x^2+4x가 x축과 만나는 점 즉, 0이 되는 지점을 찾는다.

$$x^3-5x^2+4x = x(x^2-5x+4) = x(x-1)(x-4)$$

$x=0,\ 1,\ 4$인 경우 x축과 만나고 x^3항이 우세적이므로 x가 크고 양수인 경우 y는 크고 양수이다. 또한 x가 크고 음수인 경우 y는 크고 음수이다. 이러한 정보를 기초로 하여 그래프를 그리면 그림 10-7과 같다.

구하고자 하는 면적의 일부분은 x축 위에 $(0\le x\le 1)$ 다른 한 부분은 x축 아

래 $(1 \le x \le 3)$에 있고 우선 x축 위에 있는 부분의 면적을 구하면

$$\int_0^1 x^3 - 5x^2 + 4x\,dx = \left[\frac{x^4}{4} - \frac{5x^3}{3} + \frac{4x^2}{2}\right]_0^1$$

$$= \left(\frac{1}{4} - \frac{5}{3} + 2\right) - (0) = \frac{7}{12}$$

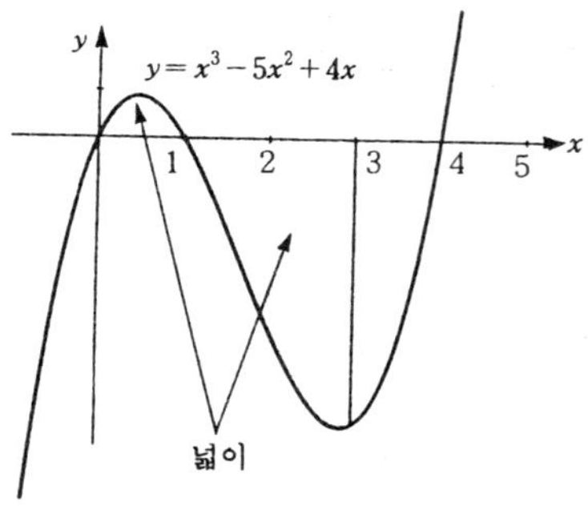

• • 그림 10-7 두 부분으로 계산해야 하는 목적 • •

x축 아래에 있는 부분의 면적을 구하면

$$\int_1^3 x^3 - 5x^2 + 4x\,dx = \left[\frac{x^4}{4} - \frac{5x^3}{3} + \frac{4x^2}{2}\right]_1^3$$

$$= \left(\frac{81}{4} - \frac{135}{3} + 18\right) - \left(\frac{1}{4} - \frac{5}{3} + 2\right)$$

$$= -\frac{81}{12} - \frac{7}{12} = -\frac{88}{12} = -\frac{22}{3}$$

실제 면적은 $\frac{22}{3}$이다. 두 결과값을 더하면 파형에 둘러싸인 전체 면적이 나온다.

$$\text{면적} = \frac{7}{12} + \frac{22}{3} = \frac{95}{12}$$

▌예제▐ (a) 구간 $0 \le x \le \pi$에서 $y = \sin 2x$의 그래프를 그려라.

(b) 구간 $\frac{\pi}{3}$와 $\frac{3\pi}{4}$에서 x축과 파형에 의해 둘러싸인 부분의 면적을 구하여라.

풀이 (a) 그래프를 그리면 그림 10-8과 같고 x축을 지나는 점은 0, $\frac{\pi}{2}$, π이다.

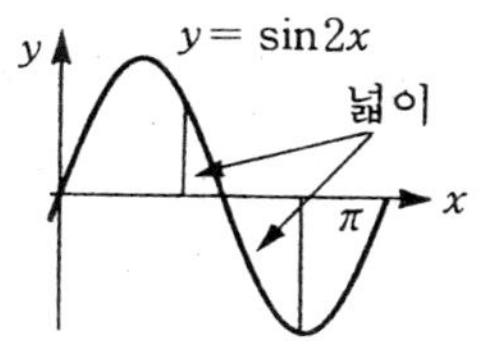

•• 그림 10-8 구간이 $0 \le x \le \pi$인 $y = \sin 2x$의 그래프 ••

(b) 두 부분으로 나누어 적분한다.

① x축 위의 면적을 구한다.

$$\int_{\pi/3}^{\pi/2} \sin 2x\,dx = \left[-\frac{\cos 2x}{2}\right]_{\pi/3}^{\pi/2} = \frac{1}{4}$$

② x축 아래 면적을 구한다.

$$\int_{\pi/2}^{3\pi/4} \sin 2x\,dx = -\frac{1}{2}$$

①+②의 면적을 더한다.

$$\frac{1}{4} + \frac{1}{2} = \frac{3}{4}$$

예제 $\int_0^2 xe^x dx$을 구하여라.

풀이 $u = x$, $\frac{dv}{dx} = e^x$, 따라서 $\frac{du}{dx} = 1$, $v = e^x$이다. 부분적분 공식을 적용하면

$$\int_0^2 xe^x dx = [\,xe^x\,]_0^2 - \int_0^2 e^x \cdot 1\,dx = 2e^2 - [\,e^x\,]_0^2 = 2e^2 - [\,e^2 - 1\,] = e^2 + 1$$

예제 $\int_0^{\pi/4} (4-3x)\sin x\,dx$을 구하여라.

풀이 $u = 4 - 3x$, $\frac{dv}{dx} = \sin x$일 경우 $\frac{du}{dx}$을 구하면

$$\frac{du}{dx} = -3,\ v = -\cos x$$

공식을 적용하면

$$\int_0^{\pi/4} (4-3x)\sin x\,dx = [\,(4-3x)(-\cos x)\,]_0^{\pi/4} - 3\int_0^{\pi/4} \cos x\,dx$$

$$= [\,(4-3x)(-\cos x)\,]_0^{\pi/4} - 3[\,\sin x\,]_0^{\pi/4} = 0.716$$

10.4.2 함수의 평균값과 제곱평균값

(1) 적분의 평균값

함수 $f(t)$가 $a \le t \le b$구간에서 정의될 때 적분 $A = \int_a^b f(t)dt$이다.

$h(b-a) = \int_a^b f(t)\,dt$을 만족하는 $h = f(c)$가 존재한다. c는 a와 b사이에 있다.

이것이 적분의 평균값(중간값) 정리이다.

구간 $[a,\ b]$에서 곡선아래의 넓이는 직사각형의 넓이와 같다.

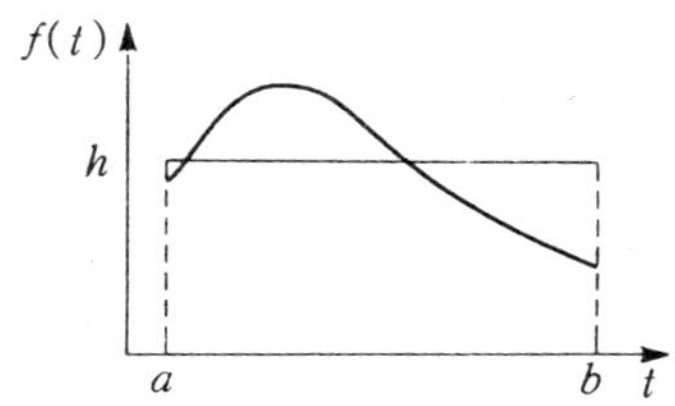

• • 그림 10-9 • •

key point

$$\text{평균값} = \frac{1}{b-a}\int_a^b f(x)\,dt$$

▌예제▐ $1 \le t \le 3$ 구간에서 $f(t) = t^2$의 평균값을 구하여라.

(풀이) $a = 1,\ b = 3$

$$\text{평균값} = \frac{1}{b-a}\int_a^b f(t)\,dt = \frac{1}{3-1}\int_1^3 t^2 dt = \frac{1}{2}\left[\frac{t^3}{3}\right]_1^3$$

$$= \frac{1}{2}\left(9 - \frac{1}{3}\right) = \frac{1}{2}\left(\frac{26}{3}\right) = \frac{13}{3}$$

▌예제▐ $2 \le t \le 5$ 구간에서 $f(t) = t^2$의 평균값 (M)을 구하여라.

(풀이) $a = 2,\ b = 5$

$$M = \frac{1}{5-2}\int_{2}^{5} t^2 dt = 13$$

(2) 함수의 제곱평균값

$a \le t \le b$인 함수 $f(t)$가 있을 때 제곱평균(root-mean-square : r.m.s)값은 다음으로 구한다.

key point

$$\text{r.m.s 값} = \sqrt{\frac{1}{b-a}\int_{a}^{b}[f(t)]^2 dt}$$

▌예제▐ $f(t) = \sin t$가 구간 $0 \le t \le 2\pi$에서 가지는 r.m.s값을 구하여라.

풀이 $a=0,\ b=2\pi$

$$\text{r.m.s 값} = \sqrt{\frac{1}{2\pi}\int_{0}^{2\pi}\sin^2 t dt}$$

$\sin^2 t$의 적분을 $\frac{1}{2}(1-\cos 2t)$로 다시 쓰기 위해서는 삼각함수의 항등식을 이용해야 한다.

$$\text{r.m.s 값} = \sqrt{\frac{1}{2\pi}\int_{0}^{2\pi}\frac{(1-\cos 2t)}{2}dt} = \sqrt{\frac{1}{4\pi}\int_{0}^{2\pi}(1-\cos 2t)\,dt}$$

$$= \sqrt{\frac{1}{4\pi}\left[t - \frac{\sin 2t}{2}\right]_{0}^{2\pi}} = \sqrt{\frac{1}{4\pi}(2\pi)} = \sqrt{\frac{1}{2}} = 0.707$$

위의 예제에서 sin 파형의 진폭이 1일때 r.m.s값은 0.707이며, 일반적으로 sin 파형의 진폭이 A라면 그것의 r.m.s값은 $0.707A$이다.

key point

한 주기가 만들어질 때 사인 파형이 갖는 r.m.s 값은 0.707×(파형의 진폭)

▌예제▐ $t=1$에서 $t=3$까지의 구간에서 $f(t) = t^2$의 r.m.s값을 구하여라.

풀이 r.m.s값 $=\sqrt{\dfrac{1}{b-a}\displaystyle\int_a^b [f(t)]^2 dt}=\sqrt{\dfrac{1}{3-1}\displaystyle\int_1^3 [t^2]^2 dt}=\sqrt{\dfrac{1}{2}\displaystyle\int_1^3 t^4 dt}$

$$=\sqrt{\frac{1}{2}\left[\frac{t^5}{5}\right]_1^3}=\sqrt{\frac{1}{2}\left(\frac{3^5}{5}-\frac{1}{5}\right)}=\sqrt{\frac{1}{2}\left(\frac{243}{5}-\frac{1}{5}\right)}$$

$=4.92$

연 습 문 제

1. 다음을 적분하여라.

(a) x^2　(b) x^{17}　(c) 6

(d) e^{8x}　(e) t^3　(f) 7

(g) $\int 3t^2 dt$　(h) $\int x^2+4x+8\,dx$

(i) $\int \sqrt{t}+\frac{1}{t^2}\,dt$　(j) $\int e^{-st}dt$, 여기서 s는 상수

(k) $\int \frac{1}{s^2+0.5}\,ds$　(l) $\int \frac{1}{\sqrt{4+t^2}}\,dt$

2. 다음 적분값을 구하여라.

(a) $\int_1^2 x^2+1dx$　(b) $\int_0^{\pi/4} \sin x dx$

(c) $\int_0^3 x^2+7x-2dx$　(d) $\int_1^3 e^t dt$

3. $\int_a^b x^3 dx = \int_a^b t^3 dt$을 증명하여라.

4. 다음의 적분을 구하여라.

(a) $\int t\ \sin 4t dt$　(b) $\int te^{-5t}dt$　(c) $\int 3xe^{3x}dx$

(d) $\int (2+3x)\ e^x dx$　(e) $\int (7-x)\sin x dx$

5. 다음 정적분을 구하여라.

(a) $\int_0^1 2x^2\ e^x dx$　(b) $\int_{-1}^1 (x+5)\ e^{5x}dx$　(c) $\int_0^{\pi} e^{-x}\sin x dx$

6. 다음을 풀어라.

(a) $\int \sin^2 2x dx$ (b) $\int \sin 3x \cos 3x dx$ (c) $\int 5 \sin t \cos t \, dt$

(d) $\int \cos \omega t \sin \omega t dt$ (e) $\int_{-\pi}^{\pi} \sin^2 t dt$

제 11 장 수열과 급수

11.1 수열과 급수

11.1.1 개 요

수열(sequence)이란 수나 문자를 어떤 규칙에 따라 차례로 나열하는 것을 말하며 수열에서 각 수나 문자를 수열의 항(term)이라 부르며 나열된 순서에 따라 $x[1]$은 첫 항, $x[2]$는 둘째 항, $\cdots x[k]$는 k번째 항, $\cdots$ 를 나타내는 것으로 한다. 수열은 항의 개수가 유한개인 **유한수열**(finite sequence)과 항의 개수가 무한개인 **무한수열**(infinite sequence)로 구분한다.

▌예제▐ 짝수 2, 4, 6, 8,………로 이루어진 수열에서 k번째 항을 구하여라.

(풀이) $x[k]=2k,\ k=1,2,3,\cdots\cdots\cdots$

▌예제▐ $k=1,2,3,\cdots\cdots\cdots$일 때 $x[k]=(-1)^{k+1}\frac{1}{k}$에 의해서 구할 수 있는 수열 중 첫 5항을 써라.

(풀이) $x[1]=(-1)^2\frac{1}{1}=1$

$x[2]=(-1)^3\frac{1}{2}=-\frac{1}{2}$

셋째, 넷째, 다섯째 항은 $\frac{1}{3},\ -\frac{1}{4},\ \frac{1}{5}$

급수(series)는 수열의 항들을 모두 더하는 것을 말하며, 급수는 시그마(sigma)를 사용하여 간단히 나타낼 수 있다.

▌예제▐ 급수 $\sum_{k=1}^{5} \frac{1}{k}$ 를 구체적인 항을 사용하여 나타내어라.

(풀이) $1+\frac{1}{2}+\frac{1}{3}+\frac{1}{4}+\frac{1}{5}$

11.1.2 무한수열의 수렴

무한수열의 항들이 특정값에 접근해 가면 무한수열이 **수렴**(收斂 : converge)한다고 하고, 수렴하지 않으면 무한수열은 **발산**(發散 : diverge)한다고 한다. 수렴한다는 것은 극한값을 존재하는 것이므로 이 절에서는 수렴하는 무한수열의 극한값을 구하고자 한다.

예를 들어, $k=1, 2, 3, \cdots\cdots$ 일 때, $x[k]=\frac{1}{k}$ 인 수열의 항은 다음과 같다.

$$1, \frac{1}{2}, \frac{1}{3}, \frac{1}{4}, \frac{1}{5} \cdots\cdots$$

위의 항이 점점 작아지고 있는 것으로 보아 k의 값이 커짐에 따라 항은 0으로 접근할 것이다. 이런 경우 " k가 무한대로 가면 $x[k]$의 극한값은 0이 된다" 또는 " k가 무한대로 가면 $x[k]$의 극한값은 0으로 수렴한다"라고 말하며 다음과 같이 쓴다.

$$\lim_{k\to\infty} x[k]=0$$

그러므로 무한수열 $1, \frac{1}{2}, \frac{1}{3}, \frac{1}{4}, \frac{1}{5} \cdots\cdots$은 0으로 수렴한다.

▌예제▐ 수열 $x[k]=\sqrt{2+\frac{1}{k}}$ 에서 $k=1, 2, 3, \cdots\cdots$일 때 특성을 찾아라.

(풀이) $\sqrt{3}, \sqrt{2\frac{1}{2}}, \sqrt{2\frac{1}{3}}, \cdots\cdots$

k가 무한대로 갈 때, 항 $\frac{1}{k}$는 0이 되므로

따라서 $\lim_{k\to\infty} x[k]=\sqrt{2}$

▌예제▐ $k\to\infty$일 때 $x[k]=\dfrac{3k^2+2k-7}{9k^2-7k}$인 수열의 극한을 구하여라.

(풀이) $x[k]$를 $k\to\infty$를 형태로 바꾼다. 분모와 분자를 k^2로 나누면

$$x[k]=\frac{3+\frac{2}{k}-\frac{7}{k^2}}{9-\frac{7}{k}}$$

$\frac{1}{k}$와 $\frac{1}{k^2}$는 둘 다 k가 ∞로 갈 때 0이므로

$$\lim_{k\to\infty} x[k]=\lim_{k\to\infty}\frac{3+\frac{2}{k}-\frac{7}{k^2}}{9-\frac{7}{k}}=\frac{3}{9}=\frac{1}{3}$$

11.1.3 무한급수

무한급수란 무한 수열의 모든 항을 더한 것이며, 무한급수도 무한수열과 마찬가지로 무한급수가 특정 값에 접근해 간다면 무한급수가 수렴한다고 한다.

수렴하지 않으면 무한급수는 발산하게 되며, 수렴하는 무한급수의 극한값을 구한다.

무한급수 $S=\sum_{k=1}^{\infty}x[k]$의 부분 합들의 수열을 다음과 같이 구성해 볼 수 있다.

$$S_1=x[1],\ S_2=x[1]+x[2],\ S_3=x[1]+x[2]+x[3],\cdots\cdots$$

n이 점점 커지면 S_n은 얻고자 하는 무한급수와 가까워 질 것이고 n이 무한대로 가면 S_n의 극한값이 무한급수을 그 극한값으로 수렴하게 할 것이다.

예를 들어, $k=1,\ 2,\ 3,\cdots\cdots\cdots$, $x[k]=\dfrac{1}{2^k}$인 무한수열의 무한급수을 살펴보자.

$$S=1+\frac{1}{2}+\frac{1}{4}+\frac{1}{8}\cdots\cdots$$

이 경우 n개 항의 합 즉, S_n을 구한다.

$$\text{첫 두 항의 합 } S_2 = 1 + \frac{1}{2} = 1.5$$

계속해서 $S_3 = 1.75$, $S_4 = 1.875$, $\cdots$ $S_{10} = 1.9980$, $\cdots$

부분 합으로 무한수열 S_1, S_2, S_3, $\cdots$을 만들며 n이 점점 커지면 S_n은 2에 접근한다. 따라서,

$$S = \sum_{k=0}^{\infty} \frac{1}{2^k} = 2$$

이다.

▮ 예제 ▮ 급수 $\sum_{k=0}^{\infty} (-1)^{k+1} \frac{1}{k}$의 첫 6항의 부분 합을 구하여라.

풀이 급수의 첫 6개의 항은 $1 - \frac{1}{2} + \frac{1}{3} - \frac{1}{4} + \frac{1}{5} - \frac{1}{6}$

첫 6개 부분 합을 소수점 4째 자리까지 구하면,

$S_1 = 1$, $S_2 = 0.5000$, $S_3 = 0.8333$, $S_4 = 0.5833$, $S_5 = 0.7844$, $S_6 = 0.6167$

(1) 등차수열

등차수열(arithmetic sequence)은 앞 항에 일정한 수를 더해서 만들어지는 수열을 말하며 그 일정한 수를 **공차**(common difference)라고 한다.

예를 들어 다음의 수열은 등차 수열이다.

3, 5, 7, 9, 11,…………

위의 수열은 첫 항이 3이고 뒤 따라오는 각 항은 바로 앞 항에 2를 더한 것으로 공차는 2이다. 공차는 음수일 수도 있다. 예를 들어 다음의 수열에서 첫 항은 2이고 공차는 -3이다.

$2,\ -1,\ -4,\ -7,\ \cdots$

일반적으로 등차 수열은 다음과 같이 쓸 수 있다.

key point

등차수열은 $a,\ a+d,\ a+2d,\ a+3d,\cdots$

여기서 첫 항은 a이고 공차는 d이다. 등차수열에 관한 중요한 사항은 다음과 같다.

key point

등차수열의 n번째 항은 $a_n=a+(n-1)d$로 구한다.

key point

등차수열의 첫 n개 항의 합은 $S_n=\frac{n}{2}[2a+(n-1)d]$이다.

등차수열에서 항의 합은 **등차급수**(arithmetic series)라고 한다.

▌예제▐ 첫 항이 5이고 공차가 2인 등차수열의 17번째 항을 구하여라.

(풀이) n번째 항은 $a+(n-1)d$와 17번째 항은 $5+(17-1)2=5+32=37$

▌예제▐ 다음의 등차수열에서 첫 23개 항들의 합을 구하여라.

4, -3, -10, …………

(풀이) $a=4,\ d=-7$

$S_n=\frac{n}{2}[2a+(n-1)d]$를 사용하여 23개 항의 합을 구하여라.

$S_{23}=\frac{23}{2}[2(4)+(23-1)(-7)]=-1679$

(2) 등비수열

등비수열(geometric sequence)은 앞 항에 일정한 수를 곱하여 만들어진 수열을 말하고 그 일정한 수를 **공비**(common ratio)라고 한다. 다음과 같은 수열을 예로 들 수 있다.

1, 3, 9, 27,…………

위의 수열은 첫째 항이 1이고 공비가 3인 등비수열이며, 공비는 분수이거나 음수일 수도 있다.

key point

등비수열 $a,\ ar,\ ar^2,\ ar^3, \cdots\cdots$

여기서 첫 항은 a이고 공비는 r이다.

key point

등비수열의 n번째 항은 $ar^{(n-1)}$로 구한다.

key point

등비수열에서 첫 n개 항의 합은

$$S_n = \frac{a(1-r^n)}{1-r} \text{ (단 } r \neq 1\text{)}$$

무한 등비수열의 합인 무한 등비급수(S_∞)은 공비 r이 $-1<r<1$의 범위에 있을 때만 수렴한다.

key point

$-1<r<1$이면 $S_\infty = \dfrac{a}{1-r}$

▌예제▐ 첫 항이 2이고 공비가 $-\dfrac{1}{3}$인 등비수열의 첫 몇 개의 항을 나열하여라.

풀이 $2,\ -\dfrac{2}{3},\ \dfrac{2}{9},\ \dfrac{-2}{27}, \cdots\cdots$

▌예제▐ 다음 등비수열에서 17번째 항을 구하여라.

2, -6, 18, ……

(풀이) 첫째 항 a와 공비 r을 구하면 $a=2,\ r=-3$

n번째 항은 ar^{n-1}이므로 $(2)(-3)^6=1458$

▌예제▐ 첫째 항이 3이고 공비가 $\frac{1}{2}$인 등비수열을 무한대까지 합을 구하여라.

(풀이) $S_\infty=\dfrac{a}{1-r}=6$

(3) 정수 · 제곱 · 세제곱의 합

key point

양의 정수 첫 n개의 합은

$$\sum_{k=1}^{n}=1+2+3+\cdots+n=\frac{n}{2}(n+1)$$

▌예제▐ 첫 100개 정수의 합, $1+2+3+\cdots+100$을 구하여라.

(풀이) 위의 공식을 사용하면,

$$\sum_{k=1}^{n}=\frac{100}{2}(101)=5050$$

key point

n개의 양의 정수 제곱의 합

$$\sum_{k=1}^{n}k^2=1^2+2^2+3^3+\cdots+n^2=\frac{n}{6}(n+1)(2n+1)$$

▌예제▐ 첫째 항이 1^2이고 정수의 제곱으로 이루어진 첫 10개 항들의 합 즉, $1^2+2^2+3^2+\cdots+10^2$를 구하여라.

(풀이) $\displaystyle\sum_{k=1}^{n}k^2=\frac{10}{6}(11)(21)=385$

key point

3제곱한 양의 정수들 중 첫 n개 합은

$$\sum_{k=1}^{n} k^3 = 1^3 + 2^3 + 3^3 + \cdots + n^3 = \left(\frac{n(n+1)}{2}\right)^2$$

예제 $1^3 + 2^3 + 3^3 + \cdots + 12^3$를 구하여라.

풀이 $n = 12$이므로

$$\sum_{k=1}^{n} k^3 = \left(\frac{12(13)}{2}\right)^2 = 6084$$

11.2 Taylor 급수와 Maclaurin 급수

멱급수의 형태로 전개되는 함수 $f(x) = \sum_{n=0}^{\infty} b_n (x-a)^n$, a는 상수에서 Maclau-rin과 Taylor급수를 얻을 수 있다. $f(x)$의 1계 도함수, 2계 도함수, …를 구하여 $x = a$를 각각의 도함수에 대입하면

$$b_n = f^{(n)}(a) \frac{1}{n!}$$

가 구해진다.

이것을 $f(x) = \sum_{n=0}^{\infty} b_n (x-a)^n$에 대입하여 정리하면 Taylor급수가 되고 Taylor 급수의 우변에 $a = 0$인 경우가 Maclaurin급수이다.

key point

Taylor 급수

$$f(x) = f(a) + (x-a)f'(a) + \frac{(x-a)^2}{2!}f''(a) + \frac{(x-a)^3}{3!}f'''(a) + \cdots$$

Maclaurin 급수

$$f(x) = f(0) + xf'(0) + \frac{x^2}{2!}f''(0) + \frac{X^3}{3!}f'''(0) + \cdots$$

$\sin x$와 $\cos x$의 Maclaurin 급수는 x가 작고 라디안으로 측정되어 있을 때 삼각비를 어림잡는데 사용된다.

key point

작은 각의 근사치

x가 작고 라디안으로 되어 있다면 : $\sin x \approx x$이고 $\cos x \approx 1 - \frac{x^2}{2}$

▌예제▐ $f(x) = e^x$의 Maclaurin 급수를 구하여라.

풀이 $f(x) = e^x$, $f(0) = e^0 = 1$, $f(x)$를 미분하여 $f'(0)$을 구한다.

$f'(x) = e^x$, $f'(0) = 1$,

이런 식으로 $f''(0) = 1$, $f'''(0) = 1$

Maclaurin 급수를 적용하면,

$$f(x) = f(0) + xf'(0) + \frac{x^2}{2!}f''(0) + \frac{x^3}{3!}f''' + \cdots\cdots$$

$$e^x = 1 + x + \frac{x^2}{2!} + \frac{x^3}{3!} + \cdots\cdots$$

이것은 모든 x값에 대하여 같으므로 e^x인 무한급수이며, 시그마를 사용하여 간단히 쓸 수 있다.

$$e^x = \sum_{n=0}^{\infty} \frac{x^n}{n!}$$

이것을 원점에 대한 e^x의 멱급수 전개식(power series expansion)이라고도 한다.

$$e^x = \sum_{n=0}^{\infty} \frac{x^n}{n!} = 1 + x + \frac{x^2}{2!} + \frac{x^3}{3!} + \cdots\cdots$$

Maclaurin 급수의 연속적인 부분합을 구함으로써 Maclaurin 다항식이라고 부르는 e^x에 근사값인 다항식을 구할 수 있으며, $p_0(x)$, $p_1(x)$ 등으로 표현된다.

$p_0(x) = 1,$ 첫항을 취한 경우

$p_1(x) = 1 + x,$ 2번째 항을 취한 경우

$p_2(x) = 1 + x + \frac{x^2}{2!}$ 등등

각 Maclaurin 다항식은 e^x의 경우 본래 함수에 근접하는 함수이며 그림 11-1의 그래프에서 알 수 있다.

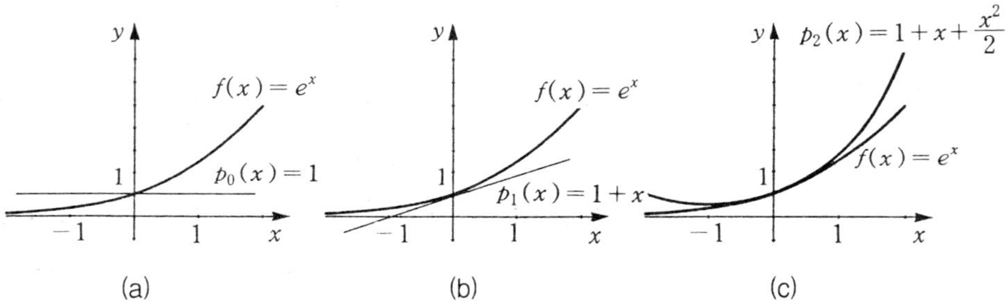

• • 그림 11-1 Maclaurin 다항식을 갖는 $f(x) = e^x$ • •

원점 가까이에서 p_1과 p_2가 e^x의 근사값이 예상되나 원점에서 멀어질수록 근사값은 오차가 커진다.

▌예제▌ (a) x가 [rad]으로 측정된 곳에서 $f(x) = \sin x$의 Maclaurin 급수를 구하여라.

(b) $\sin x$의 3제곱 근사치를 구하여라.

풀이 (a) $x = 0$에서 $f(x)$의 연속적 도함수를 구하여라. 삼각함수의 미분이 필요할 때에는 [rad]으로 계산한다.

$f(x) = \sin x,\ \ f(0) = 0$

$f'(x) = \cos x,\ \ f'(0) = 1$

$f''(x) = -\sin x,\ \ f''(0) = 0$

$f'''(x) = -\cos x,\ \ f'''(0) = -1$

이것을 Maclaurin 급수 공식에 대입하면

$$\sin x = x - \frac{x^3}{3!} + \frac{x^5}{5!} - \frac{x^7}{7!} \cdots$$

이것은 원점에 대한 $\sin x$의 멱급수 전개식이다.

(b) Maclaurin 급수의 영이 아닌 첫 두 항을 취하는 것은 3제곱 다항식을 구성한다.

$$p_3(x) = x - \frac{x^3}{3!}$$

▮ 예제 ▮ $x=4$일 때 $f(x)=\sqrt{x}$의 Taylor 급수 전개식을 구하여라.

풀이 $x=4$일 때 $f(x)$의 값을 구하고 이 점에서 도함수를 구한다.

$$f(4) = \sqrt{4} = 2, \qquad f'(x) = \frac{1}{2}x^{-1/2} = \frac{1}{2}\sqrt{x}$$

$$f'(4) = \frac{1}{2\sqrt{4}} = \frac{1}{4}$$

$f(x)$의 2계, 3계 도함수를 구하면

$$f''(x) = -\frac{1}{4(\sqrt{x})^3}, \quad f'''(x) = \frac{3}{8(\sqrt{x})^5}$$

위식에 $x=4$를 대입하면

$$f''(4) = -\frac{1}{32}, \quad f'''(4) = \frac{3}{256}$$

이 값들을 Taylor 급수에 대입하면

$$f(x) = f(4) + (x-4)f'(4) + \frac{(x-4)^2}{2!}f''(4) + \frac{(x-4)^3}{3!}f'''(4) + \cdots$$

$$\sqrt{x} = 2 + (x-4)\frac{1}{4} + \frac{(x-4^2)}{2}\left(-\frac{1}{32}\right) + \frac{(x-4)^3}{6}\left(\frac{3}{256}\right) + \cdots$$

$$= 2 + \frac{1}{4}(x-4) - \frac{1}{64}(x-4)^2 + \frac{1}{512}(x-4)^3 + \cdots$$

이것은 $x=4$일 때 $\sqrt{x}$의 Taylor 급수 전개식이다.

표 11-1 멱급수 전개식

모든 x에 대하여 $e^x = 1 + \frac{x}{1!} + \frac{x^2}{2!} + \frac{x^3}{3!} + \cdots$

모든 x에 대하여 $\sin x = x - \frac{x^3}{3!} + \frac{x^5}{5!} - \frac{x^7}{7!} + \cdots$

모든 x에 대하여 $\cos x = 1 - \frac{x^2}{2!} + \frac{x^4}{4!} - \frac{x^6}{6!} + \cdots$

$-1 < x \leq 1$, $\log_e(1+x) = x - \frac{x^2}{2} + \frac{x^3}{3} - \frac{x^4}{4} + \cdot \cdot$

$-1 < x < 1$, $(1+x)^p = 1 + px + \frac{p(p-1)}{2!}x^2 + \frac{p(p-1)(p-2)}{3!}x^3 + \cdots$

$-\frac{\pi}{2} < x < \frac{\pi}{2}$, $\tan x = x + \frac{x^3}{3} + \frac{2x^5}{15} + \frac{17x^7}{315} + \cdots$

모든 x에 대하여 $\sinh x = x + \frac{x^3}{3!} + \frac{x^5}{5!} + \frac{x^7}{7!} + \cdots$

모든 x에 대하여 $\cosh x = 1 + \frac{x^2}{2!} + \frac{x^4}{4!} + \frac{x^6}{6!} + \cdots$

연 습 문 제

1. 다음의 급수에서 0이 아닌 첫 3항을 써라.

$$\sum_{k=0}^{\infty} k(k+1)(k+3)$$

2. $10^3 + 11^3 + \cdots\cdots + 20^3$을 구하여라.

3. 다음의 무한급수에서 Maclaurin급수를 이용하여 합이 e가 됨을 증명하여라.

$$1 + \frac{1}{1!} + \frac{1}{2!} \frac{+1}{3!} + \cdots\cdots$$

4. $\left(3 - \frac{2}{x}\right)^5$를 전개하여라.

5. $\sum_{k=1}^{4} k^2$를 구하여라.

6. 이항정리를 사용하여 $(9 + x^2)^{1/2}$을 전개하여라.

7. Maclaurin 전개를 이용하여 다음을 구하여라. 단, k는 상수이다.

(a) $\lim_{x \to 0} \sin \frac{kx}{x}$　　　(b) $\lim_{x \to 0} \frac{\cos kx - 1}{x}$

제 12 장 미분 방정식

12.1 개 요

12.1.1 정 의

도함수나 미분을 포함하는 방정식을 미분 방정식(differential equation)이라 하고, 미분 방정식 $\frac{dx}{dt} = x + t^2$은 t로 미분하는 도함수를 가지며 t를 독립변수로 하고 x를 종속변수로 한다. 또한 $\frac{dx}{dt} = y + \sin x$에서 x는 독립변수이고 y는 종속변수이다.

주어진 미분 방정식에 포함된 도함수의 가장 높은 계를 미분 방정식의 차수(order)로 한다. $\frac{dx}{dt} = x + t^2$은 1계 미분방정식(first order differential equation)이 된다.

미분 방정식 $\frac{d^2y}{dx^2} + \frac{dy}{dx} = y$에서 2계 도함수이므로 2계 미분 방정식이며, 미분방정식의 해는 도함수의 종속변수를 구하는 것이다. 즉, 종속변수가 되게 하는 독립변수에 주어진 연산이 무엇인지를 미분방정식을 풀어 얻은 것이다.

▌예제▐ 다음 미분 방정식에서 독립변수와 종속변수를 구분하여라.

(a) $\frac{d^2y}{dx^2}+\frac{dy}{dx}=x$ (b) $\frac{dx}{dt}=(xt)^5$

(c) $RC\frac{dv_c}{dt}+v_c=V_s$; R, C, V_s

(풀이) (a) 독립변수 y 종속변수 x (b) 독립변수 x 종속변수 t

(c) 독립변수 V_c 종속변수 t

▌예제▐ 다음 미분방정식의 차수를 말하여라.

(a) $\frac{d^2y}{dx^2}+\left(\frac{dy}{dx}\right)^3=x^7$ (b) $\frac{dx}{dt}=(x\,t)^5$

(풀이) (a) 가장 높은 차수의 항은 $\frac{d^2y}{dx^2}+\left(\frac{dy}{dx}\right)^3=x^7$이므로, 2계 미분 방정식이다.

$\frac{dy}{dx}$가 세제곱이 되기는 하지만 가장 높은 계는 아니다.

(b) $\frac{dx}{dt}=(xt)^5$의 차수는 1이다.

12.1.2 선형 미분 방정식

독립변수에 관한 1차 방정식이고 도함수의 계수로 독립변수를 가지지 않은 미분 방정식을 **선형 미분 방정식**(linear differential equation)이라고 하고 선형이 아닌 미분 방정식은 **비선형 미분 방정식**(non-linear differential equation)이라 한다.

미분 방정식 $\left(\frac{dy}{dx}\right)^2=y$, $y\frac{dy}{dx}=x$등은 비선형이다. 전자의 경우는 2차식을 가지고 있고 후자의 경우는 도함수의 계수로 독립변수를 가지는 항 $y\frac{dy}{dx}$때문이다.

이 장에서는 도함수의 계수를 상수로 가지는 상수-계수 선형 미분방정식만을 다루며 상수-계수 미분 방정식을 간단히 방정식이라고 할 것이다.

key point

$P_n(x)\dfrac{d^n y}{dx^n}+\cdots\cdots+P_0(x)y=R(x)$에서

$R(x)$, $P_n(x)$, $\cdots\cdots P_0(x)$는 변수 x만을 갖는 함수.

n차 미분 방정식에서 $R(x)=0$이면 제차 선형 미분 방정식

$R(x)\neq 0$ 이면 비제차 선형 미분 방정식이라 한다.

▌예제▐ 다음 방정식의 선형여부를 밝혀라.

(a) $\sin x\dfrac{dy}{dx}+y=x$ (b) $\sin y\dfrac{dy}{dx}+y=x$ (c) $\dfrac{d^2y}{dx^2}=-y^2$

(d) $\dfrac{dx}{dt}+x=t^3$ (e) $\dfrac{dy}{dx}+\sin y=0$ (f) $\dfrac{d^2y}{dx^2}-y=e^x$

(g) $\dfrac{dy}{dx}+y=e^y$ (h) $5\dfrac{d^2y}{dx^2}-3\dfrac{dy}{dx}+8y=x^2$

풀이 (a) 선형 (b) 비선형 (c) 비선형 (d) 선형 (e) 비선형 (f) 선형 (g) 비선형 (h) 선형

(b)의 방정식은 종속변수와 미분계수의 곱 항이 있으므로 선형이 아니다. 그러나 종속변수 $\sin y$가 비선형 함수이므로 비선형이다.

▌예제▐ 다음 중 상수-계수 방정식을 고르고 제차인 것을 찾아라.

(a) $\dfrac{d^2y}{dx^2}+4\dfrac{dy}{dx}+3y=e^{-2x}$ (b) $x\dfrac{d^2y}{dx^2}+2y=0$

(c) $\dfrac{d^2x}{dt^2}+3\dfrac{dx}{dt}+7x=0$ (d) $\dfrac{d^2y}{dx^2}+4\dfrac{dy}{dx}+4y=0$

풀이 (a) 상수계수 선형 미분 방정식, 비제차 선형 미분 방정식

(b) 비상수계수 선형 미분 방정식, 제차 선형 미분 방정식

(c) 상수계수 선형 미분 방정식, 제차 선형 미분 방정식

(d) 상수계수 선형 미분 방정식, 제차 선형 미분 방정식

▌예제▐ 그림 12-1에서 LCR회로의 미분 방정식을 쓰고 상수계수 및 제차 선

형미분 방정식을 구분하여라.

풀이 그림 12-1 LCR회로 모델링은 상수-계수 선형 미분 방정식으로 회로에는 인덕터 L, 콘덴서 C, 저항 R이 직렬로 연결되어 있다. 전압 V가 가해지면 흐르는 전류 i는 다음의 방정식과 같다.

$$L\frac{d^2i}{dt^2}+R\frac{di}{dt}+\frac{1}{C}i=0$$

이 방정식은 Kirchhoff의 전압법칙에 의해 유도된다. L, C, R은 상수이므로 이 방정식은 상수-계수 방정식이고 선형이고 2계이다.

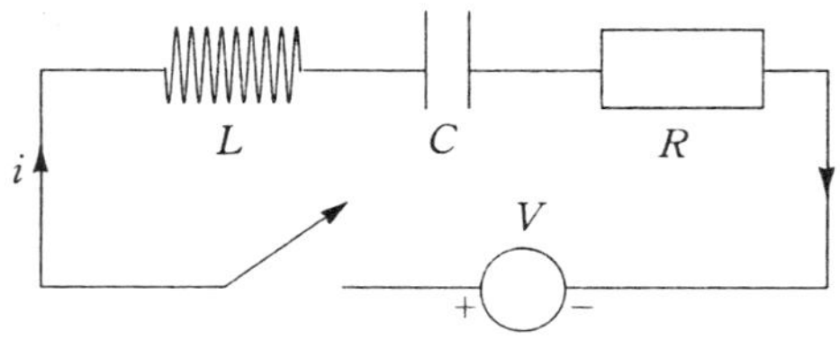

• • 그림 12-1 LCR 회로 모델링 • •

12.2 미분 방정식의 해

12.2.1 초기조건

미분 방정식의 해는 도함수를 만족하는 독립변수를 구하는 것이므로 적분과 관계되며 적분상수 C가 나타나게 된다. 이것을 미분 방정식의 **일반해**(general solu-tion)라고 한다.

주어진 미분 방정식에 조건을 주어 C의 값을 결정하여 해를 구하는 것을 미분 방정식의 **특수해**(particular solution)라고 한다. 여기서 사용되는 조건을 **초기조건**(initial condition)이라고 부르며 초기조건을 만족하는 미분방정식 문제를 초기값 문제라고도 한다.

예제 $y=5e^{2x}$가 $\frac{d^2y}{dx^2}-\frac{dy}{dx}=2y$의 해임을 증명하여라.

풀이 $y=5e^{2x}$의 양변을 x에 대하여 미분하면

$$\frac{dy}{dx} = 10e^{2x}$$

$\frac{d^2y}{dx^2} = 20e^{2x}$이므로 주어진 방정식에 대입하면 좌변은

$$\frac{d^2y}{dx^2} - \frac{dy}{dx} = 20e^{2x} - 10e^{2x} = 10e^{2x}$$

우변에 대입하면 $2y = 2 \cdot 5e^{2x} = 10e^{2x}$

따라서 좌변과 우변이 같으므로

$y = 5e^{2x}$는 $\frac{d^2y}{dx^2} - \frac{dy}{dx} = 2y$의 해이다.

▌예제▐ $x(t) = 2e^{3t}$가 초기값 문제의 해임을 증명하여라.

$$\frac{dx}{dt} - 2x = 2e^{3t}, \quad x(0) = 2$$

풀이 우선 $x = 2e^{3t}$가 미분 방정식을 만족시키는지를 점검하고 또한 초기 조건, 즉 $t = 0$일 경우 $x = 2$을 만족시키는가를 알아보아야 한다.

$x(t) = 2e^{3t}$을 미분하면 $6e^{3t}$, 방정식의 좌변에 $\frac{dx}{dt}$와 x를 대입하면

$$\frac{dx}{dt} - 2x = 6e^{3t} - 2(2e^{3t})$$

이는 $2e^{3t}$인데 이는 우변과 동일하다. 그래서 $x = 2e^{3t}$은 미분 방정식의 해이다.

$x(0) = 2e^0 = 2$이다. 그러므로 초기 조건을 만족한다.

12.2.2 $\frac{dy}{dx} = f(x)$형

1계 방정식 $\frac{dy}{dx} = f(x)$형은 $y = \int f(x)\,dx$이 되므로 쉽게 구할 수 있으며, 초기조건이 주어지지 않는다면 적분상수로 인하여 일반해가 된다.

▌예제▐ 다음 방정식의 일반해를 구하여라.

$$\frac{dy}{dx} = \cos x + \sin x$$

풀이 우변은 x함수이다.

$$y = \int(\cos x + \sin x)dx = \sin x - \cos s + c$$

이것이 일반해이며, 하나의 임의 상수를 갖는다. 이 방식은 다음과 같은 이차 방정식에도 적용될 수 있다.

$$\frac{d^2y}{dx^2} = f(x)$$

이 경우도 우변은 x의 함수이다.

▌예제▐ 다음 방정식의 일반해를 구하여라.

$$\frac{d^2y}{dx^2} = 5e^{2x}$$

풀이 주어진 방정식을 적분하면 $\frac{dy}{dx} = \int 5e^{2x}dx$, $\frac{dy}{dx} = \frac{5e^{2x}}{2} + A$

이때 A는 임의의 상수이다. 다시 적분하면

$$y = \int\left(\frac{5e^{2x}}{2} + A\right)dx = \frac{5e^{2x}}{4} + Ax + B$$

이때 B도 임의의 상수이며, 이것이 일반해이다. 2계 방정식이므로 두 개의 임의의 상수를 갖는다.

12.2.3 $\frac{dy}{dx} = f(x)g(y)$형

방정식 $\frac{dy}{dx} = f(x)g(y)$형은 양변을 $g(y)$로 나눈 후에 다시 양변을 x로 적분하면 다음과 같은 적분식이 되어 해를 구할 수 있게 된다.

즉 $\frac{1}{g(y)} \cdot \frac{dy}{dx} = f(x)$

양변을 x에 대하여 적분하면 $\int \frac{1}{g(y)} \cdot \frac{dy}{dx}\,dx = \int f(x)dx$

$$\int \frac{1}{g(y)}\,dy = \int f(x)dx$$

▌예제▐ 변수 분리형으로 1차 방정식 $\frac{dy}{dx}=3ye^x$을 풀어라.

풀이 좌변은 $f(x)g(y)$형으로 $f(x)$가 e^x이고, $g(y)$는 $3y$이다. 양변을 $g(y)$로 나누면

$$\frac{1}{3y}\cdot\frac{dy}{dx}=e^x$$

좌변은 y과 $\frac{dy}{dx}$항을 우변은 x의 함수이다. 양변을 x로 적분하면

$$\int\frac{1}{3y}\cdot\frac{dy}{dx}dx=\int e^x dx$$

다시 말해

$$\int\frac{1}{3y}dy=\int e^x dx$$

다시 적분하면

$$\frac{1}{3}\ln y=e^x+c$$

좌변에 하나의 상수가 있어야 하나 두 상수는 하나의 상수로 결합될 수 있으므로 하나로 쓴다. y와 x에 관계가 성립하며, 이것이 일반적인 해이고 필요하다면 y를 재정리한다.

▌예제▐ 변수분리형을 이용하여 다음 미분방정식을 풀어라.

$$\frac{dy}{dx}=\frac{3x^2}{y}$$

풀이 주어진 방정식을 $\frac{dy}{dx}=f(x)g(y)$형으로 나타내면 $f(x)=3x^2$이고 $g(y)=\frac{1}{y}$이다. 양변을 $g(y)$로 나누면 $y\frac{dy}{dx}=3x^2$

x로 양변을 적분하면 $\int y\frac{dy}{dx}dx=\int 3x^2 dx$

즉, $\int y\,dy=\int 3x^2 dx$

좌변은 y의 적분이고 우변은 x의 적분이다. 적분을 하면

$$\frac{y^2}{2}=x^3+c$$

이때 c는 적분 상수이다.

y와 x간에는 관계가 성립되었고 이것이 일반적인 해이다. 종종 이러한 형으로

답을 남겨두는 것으로 충분하지만 때로는 x에 대한 y의 관계를 명시적으로 표시할 필요가 있다.

$y^2 = 2x^3 + 2c$의 경우

$$y = \pm\sqrt{2x^3 + D} \quad \therefore \ D = 2c$$

▮ 예제 ▮ 변수분리형을 사용하여 다음 미분방정식을 풀어라.

$$\frac{dy}{dx} = \frac{\cos x}{\sin 2y}$$

풀이 y와 $\frac{dy}{dx}$항은 좌변에, x는 우변에 있도록 변항을 분리하면 $\sin 2y\frac{dy}{dx} = \cos x$

x로 양변을 적분하면 $\int \sin 2y\frac{dy}{dx}\,dx = \int \cos x\,dx$

다시 말해 $\int \sin 2y\,dy = \int \cos x\,dx$

이제 양변을 적분하면 $\frac{-1}{2}\cos 2y = \sin x + c$

결론적으로 x로 y를 정리한다.

$$y = \frac{1}{2}\cos^{-1}(D - 2\sin x), \ D = -2c$$

12.2.4 $\frac{dy}{dx} + P(x)y = Q(x)$형

$P(x)$와 $Q(x)$는 x의 함수이며, 이 형은 적분인수를 이용하여 해를 구하는 방법으로 다음과 같다.

① $\frac{d}{dx}(\mu y) = \mu Q(x)$ 형식

② 주어진 방정식의 양변에 μ를 곱하여 $\mu\frac{dy}{dx} + \mu P(x)y = \mu Q(x)$으로 정리한다.

③ ②에서 정리한 식에 첫 번째의 $\frac{d}{dx}(\mu y) = \mu Q(x)$을 대입한다.

$$\mu\frac{dy}{dx} + \mu P(x)y = \frac{d}{dx}(\mu y)$$

$$\mu \frac{dy}{dx} + \mu P(x)y = \mu \frac{dy}{dx} + y \frac{d\mu}{dx}$$

을 정리하여 x로 적분하면

$$\int \frac{d\mu}{\mu} = \int P(x)\,dx$$

$$\ln \mu = \int P(x)dx$$

$$\mu = e^{\int P(x)dx}$$

적분인수 μ를 구하였고, 다음으로 방정식의 해는 μ을 대입하면 주어진 방정식은 $\frac{d}{dx}(\mu y) = \mu Q(x)$형태가 되므로 해를 구할 수 있다.

key point

선형 미분 방정식이 $\frac{dy}{dx} + P(x)y = Q(x)$일 때

적분인수 $\mu = e^{\int P(x)dx}$

해 y는 $\mu \cdot y = \int \mu \cdot Q(x)dx$이다.

▌예제▐ $x^2 \frac{dy}{dx} + 3xy = x^3$을 표준형으로 쓰고, $P(x)$와 $Q(x)$를 밝혀라.

풀이 1차 방정식이다. 선형이므로 적분 인수법이 적절하다. 일차 선형 방정식의 표준형과 미분 계수 항의 계수가 1임을 명심한다.

위 방정식을 x^2으로 나누면

$$\frac{dy}{dx} + \frac{3}{x}y = x$$

이를 표준형과 비교하면 $P(x) = \frac{3}{x}$, $Q(x) = x$

▌예제▐ 방정식 $\frac{dy}{dx} - 2y = x$을 표준형과 비교하고 $P(x)$와 $Q(x)$를 밝혀라.

풀이 미분항의 계수는 1, $P(x) = -2$로 상수이다.

$Q(x) = x$

이미 이 방정식은 표준형이다.

▌예제▐ L, R과 E는 상수인 다음 방정식 $L\dfrac{dy}{dx} - 2y = x$을 표준형으로 쓰고 P와 Q을 밝혀라.

풀이 1차 방정식이다. 선형이므로 적분인수법을 이용할 수 있다. 종속변수는 i이고 독립변수는 t이다. 미분항의 계수는 1이다. 주어진 방정식을 L로 나누면

$$\frac{di}{dt} + \frac{R}{L}i = \frac{E\sin t}{L}$$

이는 표준형이다. $P(t)$와 $Q(t)$를 쓰면

$$P(t) = \frac{R}{L},\ Q(t) = \frac{E\sin t}{L}$$

▌예제▐ 다음 방정식의 적분인수를 구하여라.

(a) $x\dfrac{dy}{dx} + 2xy = xr^{-2x}$ (b) $\dfrac{dy}{dx} - (\tan x)y = 1$

풀이 표준형으로 방정식을 쓰고 $P(x)$를 밝혀라. 적분인수는 $\mu = e^{\int P(x)dx}$이다.

(a) $P(x) = 2,\ \mu = e^{2x}$

(b) $P(x) = -\tan x\ ;\ \mu = e^{in\cos x} = \cos x$

▌예제▐ 위 예제의 적분인수를 이용하여 다음 미분 방정식의 일반해를 구하여라.

(a) $x^2\dfrac{dy}{dx} + 2x^{2y} = x^2e^{-2x}$

(b) $\dfrac{dy}{dx} - (\tan x)y = 1$

풀이 (a) 표준형은 $\dfrac{dy}{dx} + 2x^2y = x^2e^{-2x}$로 적분인수는 $\mu = e^{2x}$이다. $Q(x) = e^{-2x}$이다.

핵심사항을 참조하면 $\mu y = \int \mu Q(x)dx$

그래서 $e^{2x}y = \int e^{2x}e^{-2x}dx = \int 1dx = x + C$

$$y = \frac{(x+C)}{e^{2x}} = (x+C)e^{-2x}$$

이것이 일반해이다.

(b) 방정식은 표준형이다. 적분인수는 $\mu = \cos x$이고 $Q(x) = 1$이다.

핵심사항을 참조하면 $\mu y = \int \mu Q(x)dx$

따라서 $(\cos x)y = \int \cos x dx = \sin x + c$

$$y = \frac{\sin x}{\cos x} + \frac{c}{\cos x} = \tan x + C\sec x$$

이것이 일반해이다.

▌예제▐ (a) 적분인수법을 이용하여 $\frac{dy}{dx} + \frac{y}{x} = 1$을 풀어라.

(b) $y(1) = 3$인 경우 특수해를 구하여라.

풀이 (a) 표준형을 참조하면 $P(x) = \frac{1}{x}$, $Q(x) = 1$

$\mu = e^{\int P(x)dx}$을 이용하여 적분인수를 구하면 $\mu = e^{\int (1/x)dx}$

적분인수를 알고 있으므로 y를 구하면 $\mu = e^{\int (1/x)dx} = e^{in}x = x$

이때 C는 적분상수이며, $\mu y = x\, yx^2 + C$

$y = \frac{x}{2} + \frac{C}{x}$이 일반해이다.

(b) $y(1) = 3$인 조건을 적용하여 상수 C를 구하고 특수해를 구하면

$$3 = \frac{1}{2} + \frac{C}{1}$$

즉, $C = \frac{5}{2}$ 그러므로 특수해는 $y = \frac{x}{2} + \frac{5}{2x}$

12.2.5 $a\dfrac{d^2y}{dx^2}+b\dfrac{dy}{dx}+cy=0$형

이 형은 2계 상수-계수 제차 선형 미분 방정식이고 일반해를 여함수 y_{cf}라고 한다.

여함수 y_{cf}을 구해보자.

① $y=e^{kx}$ 라고 놓자.

② ①의 도함수 $\dfrac{dy}{dx}=ke^{kx}$, $\dfrac{d^2y}{dx^2}=k^2e^{kx}$를 구한다.

③ 구해진 도함수를 주어진 방정식에 대입하여 정리한다.

$$k^2e^{kx}-ke^{kx}-6e^{kx}=0$$
$$(k^2-k-6)e^{kx}=0$$

④ e^{kx}는 0이 아니므로 k에 관한 2차 방정식을 **보조 방정식**이라고 하며 해를 k_1, k_2라 하고 주어진 방정식의 해는 ①의 조건에 의해 $y_1=e^{k_1x}$, $y_2=e^{k_2x}$일 때 일반해는 상수 A, B를 사용하여 $y_{cf}(x)=Ay_1(x)+By_2(x)$로 표시하고 이것을 **여함수**라 하고 y_{cf}로 기호화한다.

▮ 예제 ▮ 여함수는 무엇인가?

풀이 여함수는 제차 선형 미분 방정식의 일반해이다.

▮ 예제 ▮ 방정식 $\dfrac{d^2y}{dx^2}+y=0$의 여함수는 $y=A\cos x+B\sin x$이다. 이때 A와 B는 상수이다. 이것이 답임을 증명하여라.

풀이 주어진 방정식은 동형의 선형 상수계수이다. $y=A\cos x+B\sin x$를 두 번 적분하고 치환하면 답을 구하기 쉽다. $\dfrac{dy}{dx}$, $\dfrac{d^2y}{dx^2}$을 구한다.

$y'=-A\sin x+\cos x$, $y''=-A\cos x-B\sin x$

y와 y''식을 미분 방정식의 좌변에 대입하고 간략히 한다.

$$-A\cos x - B\sin x + A\cos x + B\sin x = 0$$

그래서 좌변은 0이며, 미분 방정식의 우변은 0이다.

▌예제▐ (a) 두 함수 $y_1 = e^{4x}$와 $y_2 = e^{2x}$가 제차 방정식을 만족시킴을 증명하여라.

(b) 이 방정식의 일반해를 구하고 여함수를 설정하여라.

풀이 (a) $y_1 = e^{4x}$일 경우 적분하면 $\dfrac{dy_1}{dx} = 4e^{2x}$

다시 적분하면 $\dfrac{d^2y}{dx^2} = 16e^{4x}$

방정식 ③의 좌변에 대입하면 $16e^{4x} - 6(4e^{4x}) + 8e^{4x} = 0$이다.

우변은 0이다. 그러므로 $y_1 = e^{4x}$는 해이다.

마찬가지로 $y_2 = e^{2x}$일 경우, $\dfrac{dy_2}{dx} = 2e^{2x}$, $\dfrac{d^2y_2}{dx^2} = 4e^{2x}$

방정식 ③의 좌변에 대입하면 $4e^{2x} - 6(2e^{2x}) + 8e^{2x} = 0$이다.

그러므로 $y_2 = e^{2x}$는 또한 방정식 ③의 해이다.

(b) 두 해는 e^{2x}와 e^{4x}이다. e^{2x}는 e^{4x}의 곱이 아니고, 둘은 선형적으로 독립되어 있다.

$y_{cf}(x) = Ae^{4x} + Be^{2x}$은 방정식 ③의 일반해이다. 이것이 여함수이다.

▌예제▐ k가 상수인 경우, $y = e^{kx}$, 방정식 $\dfrac{d^2y}{dx^2} - \dfrac{dy}{dx} - 6y = 0$에 대입하여라. 그리하여 $y = e^{kx}$가 해가 되도록 k의 값을 찾아라. 그리고 일반해를 구하여라.

풀이 $y = e^{kx}$을 대입하고 적분하면 $\dfrac{dy}{dx} = ke^{kx}$, $\dfrac{d^2y}{dx^2} = k^2e^{kx}$

주어진 방정식에 대입하면 $k^2e^{kx} - ke^{kx} - 6e^{kx} = 0$

다시 말해 $(k^2 - k - 6)e^{kx} = 0$

함수 e^{kx}는 0이 아니므로 $k^2 - k - 6 = 0$

다시 말해 $(k-3)(k+2) = 0$

$k = 3$ 또는 -2이다. 다시 말해서 $y = e^{kx}$가 미분 방정식의 해라면 k는 3 또는 -2이어야 한다. 그러므로 두 개의 해가 있을 수 있다.

$y_1(x) = e^{3x}$, $y_2(x) = e^{-2x}$

이 두 함수는 e^{-2x}가 e^{3x}의 곱이 아니므로 선형적으로 독립적이다.

그러므로 일반해는 $y_{cf}(x) = Ae^{3x} + Be^{-2x}$

이는 주어진 미분 방정식의 여함수이다.

▌예제▐ $y = e^{kx}$을 치환하여 y가 $\dfrac{d^2y}{dx^2} - 3\dfrac{dy}{dx} + 2y = 0$의 일반해가 되도록 k 값을 정하여라. 이 방정식의 두 답과 일반해를 구하여라. 그리고 여함수를 밝혀라.

풀이 $y = e^{kx}$을 대입하면 보조 방정식은 $k^2 - 3k + 2 = 0$

이것을 인수분해하면 $(k-1)(k-2) = 0$, k값은 1과 2이다.

두 해를 적으면 $y = e^x$, $y = e^{2x}$

끝으로 일반해는 $y_{cf}(x) = Ae^x + Be^{2x}$

그러므로 여함수는 $y_{cf}(x) = Ae^x + Be^{2x}$

▌예제▐ 다음 미분 방정식의 보조 방정식으로 표현하여라.

(a) $\dfrac{d^2y}{dx^2} + \dfrac{dy}{dx} + y = 0$ (b) $2\dfrac{d^2y}{dx^2} + 7\dfrac{dy}{dx} - 3y = 0$

(c) $4\dfrac{d^2y}{dx^2} + 7y = 0$ (d) $\dfrac{d^2y}{dx^2} + \dfrac{dy}{dx} = 0$

풀이 (a) $k^2 + k + 1 = 0$ (b) $2k^2 + 7k - 3 = 0$ (c) $4k^2 + 7 = 0$ (d) $k^2 + k = 0$

▌예제▐ $\dfrac{d_2y}{dx^2} + 3\dfrac{dy}{dx} - 10y = 0$의 일반해를 구하여라.

풀이 보조 방정식을 쓰면 $k^2 + 3k - 10 = 0$

인수분해 하면 해가 $(k-2)(k+5) = 0$, $k = 2$, $k \pm 5$

그러므로 두 개의 해 $y_1 = e^{2x}$와 $y_2 = e^{-5x}$가 있다.

$y(x) = Ae^{2x} + Be^{-5x}$이 일반해이다.

이는 여함수이다.

▌예제▐ $\frac{d^2y}{dx^2}+4y=0$의 일반해를 구하여라.

풀이 보조 방정식은 $k^2+4=0$, $k^2=-4$이므로 $k=\pm 2j$

즉, 복소수 근이므로 방정식의 두 독립해는

$y_1(x)=Ae^{2jk}$, $y_2(x)=e^{-2jk}$

따라서 일반해는 Euler의 법칙을 이용하여 다음 식으로 쓸 수 있다.

$$y(x)=Ae^{2jk}+Be^{-2jk}$$

$$y(x)=A(\cos 2x+j\sin 2x)+B(\cos 2x-j\sin 2x)$$

$$=(A+B)\cos 2x+(Aj-Bj)\sin 2x$$

상수를 다음과 같이 칭하면 $A+B=C$, $Aj-Bj=D$

일반해는 $y(x)=C\cos 2x+D\sin 2x$

이것이 여함수이다.

▌예제▐ $a\frac{d^2y}{dx^2}+b\frac{dy}{dx}+cy=0$의 경우, 보조 방정식을 구하여라. 보조 방정식의 근이 복소수이고 $k_1=\alpha+\beta j$, $k_2=\alpha-\beta j$라고 표기할 경우, 일반해는 $y(x)=e^{\alpha}x(C\cos\beta x+D\sin\beta x)$와 같이 쓸 수 있음을 증명하여라. 이때, C와 D는 임의의 상수이다.

풀이 보조 방정식은 $ak^2+bk+c=0$, $k_1=\alpha+\beta j$, $k_2=\alpha-\beta j$ 라면 일반해는

$$y=Ae^{(\alpha+\beta j)}+Be^{(\alpha-\beta j)}$$

이때 A와 B는 임의의 상수이다. 지수 법칙을 이용하면

$$y=Ae^{\alpha x}e^{\beta jk}+Be^{\alpha x}e^{-\beta jk}=e^{\alpha x}(Ae^{\beta jk}+Be^{-\beta jk})$$

Euler의 법칙을 이용하면

$$y=e^{\alpha x}(A\cos\beta x+Aj\sin\beta x-Bj\sin\beta x)$$

$$=e^{\alpha x}[(A+B)\cos\beta x+(Aj-Bj)\sin\beta x]$$

$c=A+B$, $D=Aj-Bj$라고 쓰면

$$y=e^{\alpha x}(C\cos\beta x+D\sin\beta x)$$

key point

보조 함수가 복소수 근 $\alpha+\beta j$와 $\alpha-\beta j$을 갖는 경우 여함수는 $y_{cf}=e^{\alpha x}(C\cos\beta x+D\sin\beta x)$이다.

예제 $\frac{d^2y}{dx^2}+2\frac{dy}{dx}+4y=0$의 일반해를 구하여라.

풀이 보조 방정식은 $k^2+2k+4=0$, 이 방정식은 복소수 근을 갖는다.

$k=-1\pm\sqrt{3}j$

$\alpha=-1$, $\beta=\sqrt{3}$인 경우 위 핵심사항을 참조하면 일반해는

$y=e^{-x}(C\cos\sqrt{3}x+D\sin\sqrt{3}x)$

12.2.6 $a\frac{d^2y}{dx^2}+b\frac{dy}{dx}+cy=f(x)$형

이 형은 2계 상수-계수 비제차 선형 미분방정식으로 방정식의 해는 여함수와 특수적분의 합으로 구한다.

적당한 함수 y를 시도해로 사용하여 주어진 방정식을 만족시키면 y를 특수적분이라고 하고 y_{pi}로 나타낸다. 함수 y인 적당한 시도해를 찾기 위해 표 12-1을 이용하자.

표 12-1 특수적분의 시도해

비동차 함수 $f(x)$	시도해
상수	상수
$ax^r+\cdots\cdots+bx+c$	$\alpha x^r+\cdots\cdots+\beta x+\gamma$
$a\cos kx$	$\alpha\cos kx+\beta\sin kx$
$a\sin kx$	$\alpha\cos kx+\beta\sin kx$
ae^{kx}	αe^{kx}
$a\cos hkx$	$\alpha\cos hkx+\beta\sin hkx$
$a\sin hkx$	$\alpha\cos hkx+\beta\sin hkx$

▌예제▐ $y = \sin 2x$가 $\dfrac{d^2y}{dx^2} + 7y = 3\sin 2x$의 특수적분임을 증명하여라.

풀이 $y = \sin 2x$를 주어진 방정식에 대입하여 답을 찾고, $y = \sin 2x$인 경우 미분하면

$$\frac{dy}{dx} = 2\cos 2x$$

$$\frac{d^2y}{dx^2} = -4\sin 2x$$

y와 $\dfrac{d^2y}{dx^2}$ 식을 미분 방정식 $\dfrac{d^2y}{dx^2} + 7y$의 좌변에 대입하고 간단히 하면

$$-4\sin 2x + 7(\sin 2x) = 3\sin 2x$$

이는 미분함수의 우변과 동일하므로 $y_\pi = \sin 2x$는 비제차 방정식의 해이고, 특수적분이다.

▌예제▐ $y = -\dfrac{1}{4}e^{2x}$가 $\dfrac{d^2y}{dx^2} - \dfrac{dy}{dx} - 6y = e^{2x}$의 특수적분임을 증명하여라.

풀이 $y = -\dfrac{1}{4}e^{2x}$인 경우 $\dfrac{dy}{dx}$와 $\dfrac{d^2y}{dx^2}$을 구하면

$$\frac{dy}{dx} = -\frac{1}{2}e^{2x}, \quad \frac{d^2y}{dx^2} = -e^{2x}$$

y, $\dfrac{dy}{dx}$, $\dfrac{d^2y}{dx}$을 주어진 비제차 방정식에 대입한다.

$$-e^{2x} - \left(-\frac{1}{2}e^{2x}\right) - 6\left(-\frac{1}{4}e^{2x}\right) = e^{2x}$$

그러므로 $y = -\dfrac{1}{4}e^{2x}$는 특수적분이고 $y_\pi(x) = -\dfrac{1}{4}e^{2x}$라고 쓸 수 있다.

▌예제▐ 비동차형 $f(x)$에서 특수적분을 구하기 위한 시도해를 찾아보아라.

(a) $f(x) = 7e^{2x}$ (b) $f(x) = 5$ (c) $f(x) = 7x - 3$ (d) $f(x) = \cos 2x$

풀이 표 12-1을 이용하여 적절한 시도해를 찾는다.

(a) $y = \alpha e^{2x}$ (b) $y = c$ 일정 (c) $y = \alpha x + c$ (d) $y = \alpha\cos 2x + \beta\sin 2x$

▌예제▐ $\dfrac{d^2y}{dx^2} - \dfrac{dy}{dx} - 6y = e^{2x}$의 특수적분을 구하여라.

풀이 우변의 함수와 같은 형태의 함수를 이용하여 비제차 방정식의 해를 구한다.

$y(x)=\alpha e^{2x}$인 경우 $\dfrac{dy}{dx}=-2\alpha e^{2x}$, $\dfrac{d^2y}{dx^2}=4\alpha e^{2x}$

문제의 식에 대입하면 $4\alpha e^{2x}-2\alpha e^{2x}-6\alpha e^{2x}=e^{2x}$

즉, $4\alpha e^{2x}=e^{2x}$

따라서 $-4\alpha=1$에서 $\alpha=-\dfrac{1}{4}$이므로

특수적분은 $y_{\pi}(x)=-\dfrac{1}{4}e^{2x}$

▌예제▐ $\dfrac{d^2y}{dx^2}-6\dfrac{dy}{dx}+8y=3\cos x$의 특수적분을 구하여라.

풀이 우선 시도해를 고르고, 필요하다면 표 12-1을 참조한다.

이를 미분하면 $y=\alpha\cos x+\beta\sin x$

미분방정식에 대입하면 $y(x)=\alpha x+\beta\sin x$

y와 $y(x)$를 각각 미분하면

$$\frac{dy}{dx}=-\alpha\sin x+\beta\cos x,\quad \frac{d^2y}{dx^2}=-\alpha x-\beta\sin x$$

주어진 방정식에 대입하여 $\sin x$의 계수와 $\cos x$의 상관계수를 동일하게 하면

$$(-\alpha\cos x-\beta\sin x)-6(-\alpha\sin x+\beta\cos x)+8(\alpha\sin x+\beta\sin x)=3\cos x$$

$\sin x$와 $\cos x$에 대하여 정리하면

$$(7\beta+6\alpha)\sin x+(7\alpha-6\beta)\cos x=3\cos x$$

좌우변의 계수를 동일하게 하면

$$7\beta+6\alpha=0$$

$$7\alpha-6\beta=3$$

α와 β는 각각 $\alpha=\dfrac{21}{85}$, $\beta=\dfrac{18}{85}$

따라서 특수적분 $y_{\pi}(x)=\dfrac{21}{85}\cos x-\dfrac{18}{85}\sin x$

▌예제▐ $\dfrac{d^2y}{dx^2}+3\dfrac{dy}{dx}-10y=3x^2$의 일반해를 구하여라.

풀이 여함수는 $y_{cf}=Ae^{2x}+Be^{-5x}$

$3x^2$는 이차 다항식이므로 특수적분은 다음과 같은 형의 해를 찾으면 된다.

$$y = ax^2 + bx + c$$

이 시도해를 미분하면

$$\frac{dy}{dx} = 2ax + b, \quad \frac{d^2y}{dx^2} = 2a$$

비동형 방정식에 대입하고 x^2, x의 계수를 동일하게 하고 a, b, c가 만족되는 방정식을 쓴다.

$$2a + 3(2ax + b) - 10(ax^2 + bx + c) = 3x^2$$

x^2의 계수를 같게 한다. $-10z = 3$

x의 계수를 같게 한다. $6a - 10b = 0$

상수를 같게 한다. $2a + 3b - 10c = 0$

이를 풀어 a, b, c를 구한다.

$$a = -\frac{3}{10}, \quad b = -\frac{9}{50}, \quad c = -\frac{57}{500}$$

그러므로 특수적분은 $y_\pi(x) = -\frac{3}{10}x^2 - \frac{9}{50}x - \frac{57}{500}$

따라서 일반해는

$$y = y_\pi(x) + y_{cf}(x) = -\frac{3}{10}x^2 - \frac{9}{50}x - \frac{57}{500} + Ae^{2x} + Be^{-5x}$$

▌예제▐ 사인 파형 입력의 LC회로

그림 12-2의 직렬 LC회로의 전류의 흐름은 다음 미분 방정식과 같다.

$$L\frac{d^2i}{dt^2} + \frac{1}{C}i = \omega V_0 \cos \omega t$$

인가전압 $V(t) = V_0$일 경우 일반해를 구하여라.

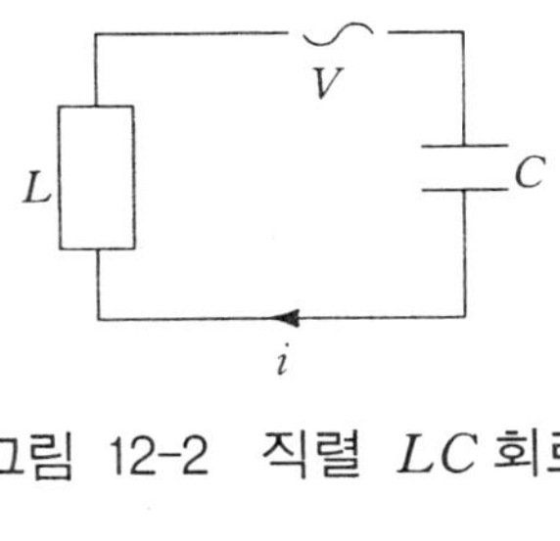

•• 그림 12-2 직렬 LC 회로 ••

(풀이) 제차 방정식은

$$L\frac{d^2i}{dt^2}+\frac{1}{C}\,i=0$$

$i=e^{kt}$일 경우, 보조 방정식은 $k^2+\frac{1}{C}=0$이다. 그래서 $k^2=-\frac{1}{LC}$가 된다.

그러므로 여함수는 $k=\pm\frac{j}{\sqrt{LC}}$

이때 A와 B는 임의의 상수이다. 특정 적분을 구하기 위해 E와 F가 상수인 경우의 $i=E\cos\omega t+F\sin\omega t$를 구해본다.

$$\frac{di}{dt}=-\omega E\sin\omega t+\omega F\sin\omega t$$

$$\frac{d^2i}{dt^2}=-\omega^2E\cos\omega t-\omega^2F\sin\omega t$$

비제차 방정식에 대입하면

$$L(-\omega^2E\cos\omega t-\omega^{2F}\sin\omega t)+\frac{1}{C}(E\cos\omega t+F\sin\omega t)+\omega V_0\cos Vt$$

간단히 하면

$$-\omega^2LF+\frac{F}{C}\sin Vt\pm\omega^2LE+\frac{E}{C}\cos\omega t=\omega V_0\cos\omega t$$

$\sin\omega t$의 계수를 같게 하면

$$-\omega^{2LF}+\frac{F}{C}=0$$

$$F=0$$

$\cos\omega t$의 계수를 같게 하면 $-\omega^2LE+\frac{E}{C}=\omega V_0$

그러므로 특수적분은

$$L(-\omega E\cos\omega t-\omega^2F\sin\omega t)+\frac{1}{C(e)}\cos\omega t+F\sin\omega t)=\omega V_0\cos\omega t$$

일반해는

$$-\omega^2+\frac{F}{C}\sin\omega t\pm\omega-\omega^2LE+\frac{e}{C}\cos Vt=\omega^2V_0\cos Vt$$

12.2.7 $a\dfrac{d^2y}{dx^2}+b\dfrac{dy}{dx}+cy=f(x)$의 $f(x)$가 여함수의 일부일 경우

방정식 $\dfrac{d^2y}{dx^2}-\dfrac{dy}{dx}-6y=e^{3x}$의 여함수는 $y_{cf}=Ae^{3x}+Be^{-2x}$이므로 e^{3x}와 동일한 항을 여함수가 가지고 있다. 이 경우에 시도해로 $y(x)=\alpha e^{3x}$를 사용하지 말고 $y(x)=\alpha xe^{3x}$를 사용한다. 그러므로 주어진 방정식을 풀면 해를 구할 수 있다.

$y(x)=\alpha xe^{3x}$의 도함수

$$\frac{dy}{dx}=\alpha e^{3x}(3x+1),\quad \frac{d^2y}{dx^2}=\alpha e^{3x}(9x+6)$$

을 대입하여 정리하면 $\alpha=\dfrac{1}{3}$이 되며, 방정식의 특수적분은 $y_\pi(x)=\dfrac{1}{5}xe^{3x}$이다.

주어진 방정식의 해는 여함수는 $y_{cf}=Ae^{3x}+Be^{-2x}$와 특수적분 $y_\pi(x)=\dfrac{1}{5}xe^{3x}$의 합이다.

즉, $y=y_{cf}+y_\pi(x)=Ae^{3x}+Be^{-2x}+\dfrac{1}{5}xe^{3x}$이다.

연 습 문 제

1. 만약 $y = Ae^{2x}$이 $\dfrac{dy}{dx} = 2y$ 의 일반해라면 $y(0) = 3$을 만족하는 특수해를 구하여라.

$x = 0$일 때 특이해 $\dfrac{dy}{dx} = 2$를 만족하는 값은 얼마인가?

2. 다음 방정식의 일반해를 구하여라.

(a) $\dfrac{dy}{dx} = kx$ (b) $\dfrac{dy}{dx} = -ky$ (c) $\dfrac{dy}{dx} = y^2$ (d) $y\dfrac{dy}{dx} = \sin x$

(e) $y\dfrac{dy}{dx} = x + 2$ (f) $x^2\dfrac{dy}{dx} = 2y^2 + yx$ (g) $\dfrac{dy}{dx} = \dfrac{t^4}{x^5}$

3. 다음 방정식의 일반해를 구하여라.

(a) $\dfrac{dy}{dx} - y = 1$ (b) $\dfrac{dy}{dx} + 2y = 6$ (c) $\dfrac{dx}{dt} - 6x = 4$

(d) $\dfrac{dy}{dx} - 3y = 2$ (e) $\dfrac{dy}{dx} = 6y + 9$ (f) $\dfrac{dy}{dt} = 3x - 8$

4. $iR + L\dfrac{di}{dt} = \sin \omega t$에서 적분인자를 사용하여 일반해를 구하여라.

여기서 R, L 및 ω는 상수이다.

5. 다음과 같은 동차방정식에서 일반해를 구하여라.

(a) $\dfrac{d^2y}{dx^2} - 2\dfrac{dy}{dx} + y = 0$ (b) $\dfrac{d^2y}{dt^2} + \dfrac{dy}{dt} + 5y = 0$

제 13 장 라플라스 변환

공학에서 제어는 어떤 주어진 물리계의 출력이 우리가 원하는 상태가 되도록 그 물리계의 입력 또는 파라미터를 조정해 주는 것이다. 그러기 위해서는 입력과 출력사이에 성립되는 관계식이 주어져야 하는데, 이 입출력 관계식은 미분 방정식으로 기술될 때가 많다.

이 미분방정식을 풀어서 그 해가 입력 또는 파라미터의 변화에 따라 어떻게 변화하는가를 고찰하여야 한다.

13.1 라플라스 변환

13.1.1 라플라스 변환의 정의

$f(t)$를 시간 t의 함수라고 하자. 많은 공학문제에서 t는 양수만을 가진다. 따라서 $f(t)$는 $t \geq 0$에서 값을 가지며 $t < 0$의 경우에 $f(t)$는 0이라고 하자.

key point

$f(t)$의 라플라스 변환 $F(s)$는

$$\mathcal{L}[f(t)] = F(s) = \int_0^{\infty} e^{-st} f(t)\, dt$$

즉 함수 $f(t)$의 라플라스 변환은 $f(t)$에 e^{-st}를 곱하고 이에 관하여 0에서 ∞까지 적분하는 것이다.

▌예제▐ $f(t)=3$를 라플라스 변환하여라.

(풀이) $F(s)=\int_0^\infty e^{-st}3\,dt=3\int_0^\infty e^{-st}dt=3\left[-\frac{1}{s}e^{-st}\right]_0^\infty=3\left[0+\frac{1}{s}\right]=\frac{3}{s}$

그러므로 $\mathcal{L}\{3\}=\frac{3}{s}$

선형미분방정식의 고전적인 해법과 비교하여 라플라스 변환법은 다음의 두 가지 장점을 가지고 있다.

① 동차방정식(homogeneous equation)의 해와 특수적분의 해가 한번의 연산으로 얻어진다.
② 라플라스 변환은 미분방정식을 s에 관한 대수 방정식으로 바꾼다. 여기서 얻어진 대수 방정식에 간단한 대수 법칙을 적용시켜 쉽게 s영역에서의 해를 얻을 수 있다. 최종해는 역라플라스변환을 하여 얻어진다.

(1) 단위계단(unit step)함수의 라플라스 변환

$$f(t)=u(t) \qquad f(t)=\begin{cases}0, & t<0\\ 1, & t\geq 0\end{cases}$$

로 정의되는 단위계단 함수의 라플라스 변환은

$$\mathcal{L}[f(t)]=\int_0^\infty 1\cdot e^{-st}dt=\left[-\frac{1}{s}e^{-st}\right]_0^\infty=\frac{1}{s}$$

이다.

$$\therefore\ \mathcal{L}[f(t)]=\frac{1}{s} \qquad Re(s)>0$$

그림 13-1 (b)에서 u_1을 기준으로 잡으면 이 불연속함수의 라플라스 변환은

$$\mathcal{L}[f(t)] = \int_0^\infty (U_2 - U_1)e^{-st}dt$$

$$= (U_2 - U_1)\int_0^\infty e^{-st}dt = \frac{(U_2 - U_1)}{s}$$

$$\therefore\ \mathcal{L}[U_2(t) - U_1(t)] = \frac{(U_2 - U_1)}{s}$$

일반적으로 진폭의 크기가 A인 계단함수의 라플라스 변환은 이와 같은 방법으로 다음과 같이 된다.

$$\therefore\ \mathcal{L}[A \cdot u_0(t)] = \int_0^\infty Au_0(t)e^{-st}dt = A\int_0^\infty e^{-st}dt = \frac{A}{s}$$

여기서 $u_0(t)$는 단위 계단함수를 나타낸다.

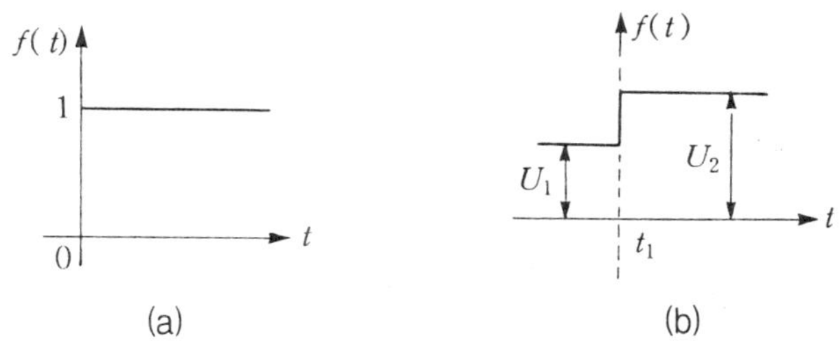

• • 그림 13-1 계단함수 • •

(2) 지수감쇠(exponential decay)함수의 라플라스 변환

그림 13-2와 같이 $t>0$에서 e^{-st}이고 $t<0$에서 0인 지수파형의 함수를 지수감쇠함수라 하고, 지수함수 $f(t)$는

$$f(t) = e^{-\alpha t} \cdot u(t) = \begin{cases} e^{-\alpha t}, & t \geq 0 \\ 0, & t < 0 \end{cases}$$

로 표시된다. 이 지수함수의 라플라스 변환은

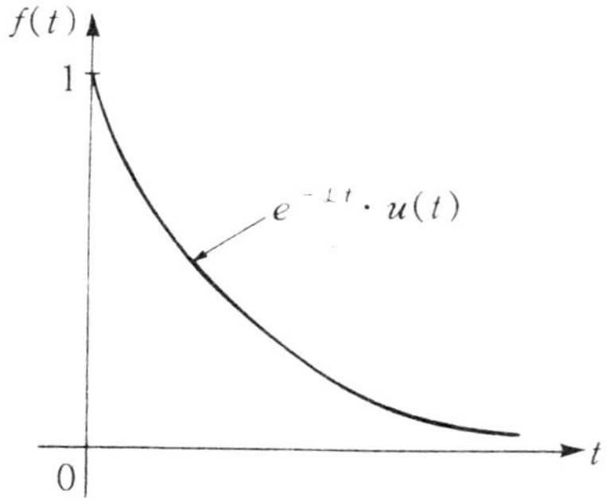

● ● 그림 13-2 지수함수 ● ●

$f(t)=e^{-\alpha t}$에 대한 라플라스 변환은

$$\mathcal{L}[f(t)]=\int_0^{\infty} e^{-\alpha t}e^{-st}dt=\int_0^{\infty} e^{-(s+\alpha)t}dt=\left[-\frac{1}{s+\alpha}e^{-(s+\alpha)t}\right]_0^{\infty}=\frac{1}{s+\alpha}$$

$$\therefore\ \mathcal{L}[e^{-st}]=\frac{1}{s+\alpha} \qquad Re(s)>-\alpha$$

$f(t)=e^{\alpha t}$인 경우

$$\therefore\ \mathcal{L}[e^{\alpha}t]=\frac{1}{s-\alpha} \qquad Re(s)>\alpha$$

(3) 단위경사함수의 라플라스 변환

시간과 함께 일정속도로 변화하는 함수를 경사함수 또는 램프함수(ramp funct-ion)라 한다.

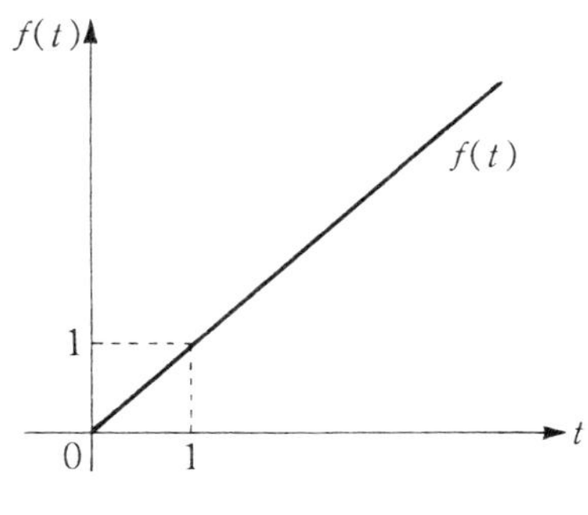

● ● 그림 13-3 경사함수 ● ●

$$f(t) = t \cdot u(t) \begin{cases} 0, & t \le 0 \\ t, & t > 0 \end{cases}$$

인 함수 $f(t)$의 라플라스 변환은

$$F(s) = \mathcal{L}[t \cdot u(t)] = \int_0^\infty t \cdot e^{-st} dt$$

가 된다.

부분적분의 공식 $\int u dv = uv - \int v du$에서 $u = t$, $dv = e^{-st}$라 놓으면

$$du = dt, \ v = -\frac{1}{s} e^{-st}$$

이므로

$$\begin{aligned} F(s) &= \int_0^\infty t \cdot e^{-st} dt = \left[-\frac{1}{s} e^{-st} \cdot t \right]_0^\infty - \int_0^\infty \left(-\frac{1}{s} e^{-st} \right) dt \\ &= 0 + \frac{1}{s} \int_0^\infty e^{-st} dt = \frac{1}{s^2} \end{aligned}$$

가 된다. 따라서 단위경사함수 $f(t) = t \cdot u(t)$의 라플라스 변환은 다음과 같다.

$$\mathcal{L}[t \cdot u(t)] = \frac{1}{s^2}$$

(4) 단위임펄스함수의 라플라스 변환

그림 13-4와 같이 폭 ε, 높이 $\frac{1}{\varepsilon}$이고 면적이 1인 파형에 대해서 $\varepsilon \to 0$로 한 극한 파형을 단위임펄스함수(unit impulse function)라 하고 기호는 $\delta(t)$로 표시한다. 즉,

$$f(t) = \delta(t) \begin{cases} 0 & t \ne \varepsilon \\ \frac{1}{\varepsilon} & t = \varepsilon \end{cases}$$

이며 $\int_{-\infty}^{\infty}\delta(t)dt=1$인 성질을 갖는 함수이다.

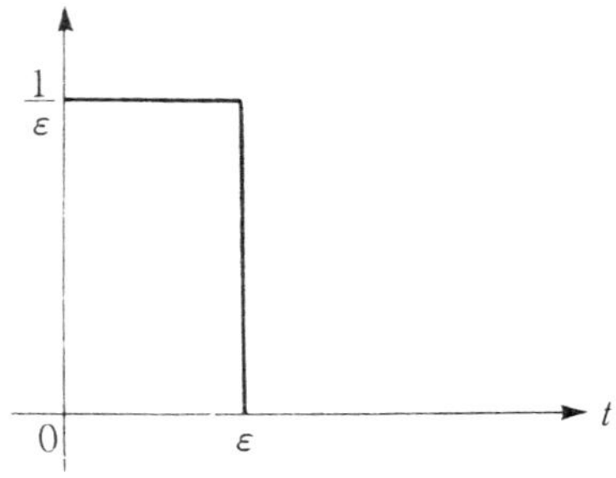

$$\delta_{\varepsilon(t)}=\begin{cases}0 & t<0\\ \varepsilon & 0<t<\varepsilon\\ 0 & t>\varepsilon\end{cases}$$

• • 그림 13-4 단위임펄스함수 • •

이 단위 임펄스 함수에 대한 라플라스 변환은

$$F(s)=\mathcal{L}[\delta(t)]=\int_0^{\infty}\delta(t)e^{-st}dt=\int_0^{\varepsilon}\varepsilon^{-1}e^{-st}dt$$

$$=\lim_{\varepsilon\to 0}\frac{1}{\varepsilon}\int_0^{\varepsilon}[u(t)-u(t-\varepsilon)]e^{-st}dt$$

$$=\lim_{\varepsilon\to 0}\frac{1}{\varepsilon}\cdot\frac{1-e^{-\varepsilon s}}{s}=1$$

이 된다. 따라서 단위 임펄스 함수 $f(t)=\delta(t)$의 라플라스 변환은 다음과 같다.

$$\mathcal{L}[\delta(t)]=1$$

(5) 정현파함수의 라플라스 변환

$$f(t)=\sin\omega t$$

에 대한 라플라스 변환은

$$\mathcal{L}[f(t)]=\mathcal{L}[\sin\omega t]=\int_0^{\infty}\sin\omega t\, e^{-st}dt$$

이며, $\sin\omega t$의 지수형을 적용하면 간단히 된다.

$$\sin \omega t = \frac{e^{-j\omega t} - e^{-j\omega t}}{2j}$$

따라서

$$\mathcal{L}[f(t)] = \int_0^\infty \sin \omega t \cdot e^{-st} dt = \int_0^\infty \frac{e^{j\omega t} - e^{-j\omega t}}{2j} e^{-st} dt$$

$$= \frac{1}{2j} \int_0^\infty e^{-(s-j\omega)t} - e^{(s+j\omega)t} dt$$

$$= \frac{1}{2j}\left(\frac{1}{s-j\omega} - \frac{1}{s+j\omega}\right) = \frac{\omega}{s^2+\omega^2}$$

$$\therefore\ \mathcal{L}[\sin \omega t] = \frac{\omega}{s^2+\omega^2} \qquad Re(s) > 0$$

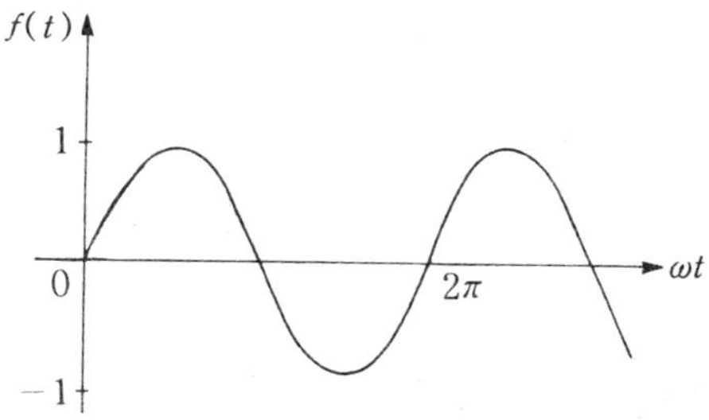

• • 그림 13-5 정현파 함수 • •

(6) 여현파함수의 라플라스 변환

$$f(t) = \cos \omega t$$

에 대한 라플라스 변환은

$$\mathcal{L}[f(t)] = \mathcal{L}[\cos \omega t] = \int_0^\infty \cos \omega t\, e^{-st} dt$$

이고 $\cos \omega t$의 지수형을 적용하면 간단히 된다.

$$\cos \omega t = \frac{e^{j\omega t} - e^{-j\omega t}}{2}$$ 이므로

$$\mathcal{L}[f(t)] = \int_0^\infty \cos\omega t\, e^{-st}dt = \frac{1}{2}\int_0^\infty (e^{j\omega t} + e^{-j\omega t})e^{-st}dt$$

$$= \frac{1}{2}\int_0^\infty [(e^{-(s-j\omega)t} + e^{-(s+j\omega)t}]dt$$

$$= \frac{1}{2}\left(\frac{1}{s-j\omega} + \frac{1}{s+j\omega}\right) = \frac{s}{s^2+\omega^2}$$

$$\therefore\ \mathcal{L}[\cos\omega t] = \frac{s}{s^2+\omega^2} \qquad Re(s) > 0$$

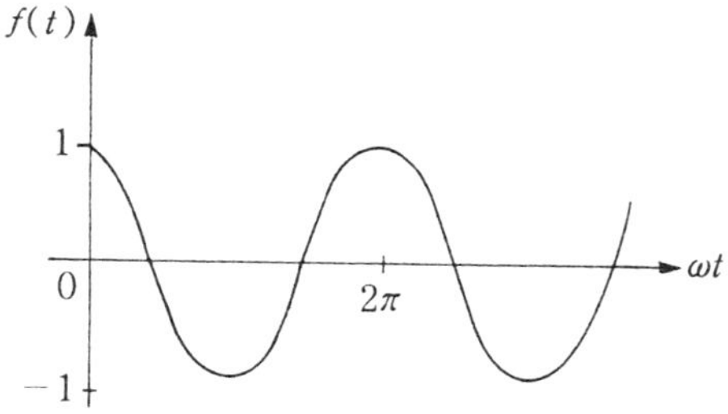

• • 그림 13-6 여현파 함수 • •

(7) 지수감쇠 정현파함수의 라플라스 변환

$$f(t) = e^{-at}\sin\omega t$$

에 대한 라플라스변환은

$$\mathcal{L}[f(t)] = \mathcal{L}[e^{-at}\sin\omega t] = \int_0^\infty e^{-at}e^{-st}\sin\omega t dt$$

$$= \frac{1}{2j}\int_0^\infty e^{-at}e^{-st}(e^{j\omega t} - e^{-j\omega t})dt$$

$$= \frac{1}{2j}\int_0^\infty [e^{-(s+\alpha-j\omega)t} - e^{-(s+\alpha+j\omega)t}]dt$$

$$= \frac{1}{2j}\left[\frac{1}{(s+\alpha)-j\omega} - \frac{1}{(s+\alpha)+j\omega}\right]$$

$$= \frac{\omega}{(s+\alpha)^2+\omega^2}$$

$$\therefore\ \mathcal{L}[e^{-\alpha t}\sin\omega t] = \frac{\omega}{(s+\alpha)^2+\omega^2}$$

같은 방법으로

$$\mathcal{L}[e^{\alpha t}\sin\omega t] = \frac{\omega}{(s-\alpha)^2+\omega^2}$$

이 된다.

(8) 지수감쇠 여현파함수의 라플라스 변환

$$f(t) = e^{-\alpha t}\cos\omega t$$

에 대한 라플라스 변환은

$$\begin{aligned}\mathcal{L}[f(t)] = \mathcal{L}[e^{-\alpha t}\cos\omega t] &= \int_0^\infty e^{-\alpha t}e^{-st}\cos\omega t\,dt\\ &= \frac{1}{2}\int_0^\infty e^{-\alpha t}e^{-st}(e^{j\omega t}+e^{-j\omega t})dt\\ &= \frac{1}{2}\left[\frac{1}{(s+\alpha)-j\omega}+\frac{1}{(s+\alpha)+j\omega}\right]\\ &= \frac{s+\alpha}{(s+\alpha)^2+\omega^2}\end{aligned}$$

같은 방법으로

$$\therefore\ \mathcal{L}[e^{\alpha t}\cos\omega t] = \frac{s-\alpha}{(s-\alpha)^2+\omega^2}$$

(9) 쌍곡선 함수의 라플라스 변환

그림 13-7과 같은 쌍곡선 함수의 라플라스 변환을 구해 보자. 쌍곡선 함수인 $\sinh\omega t$, $\cosh\omega t$의 지수함수는 $\sinh\omega t = \frac{1}{2}(e^{\omega t}-e^{-\omega t})$, $\cosh\omega t = \frac{1}{2}(e^{\omega t}+e^{-\omega t})$이므로 이들에 대한 라플라스 변환은 다음과 같다.

$$\mathcal{L}[\sinh\omega t]=\frac{1}{2}\mathcal{L}[e^{\omega t}-e^{-\omega t}]=\frac{1}{2}\left[\int_0^\infty e^{-st}(e^{\omega t}-e^{\omega t})dt\right]$$

$$=\frac{1}{2}\left(\frac{1}{s-\omega}-\frac{1}{s+\omega}\right)=\frac{1}{2}\left(\frac{s+\omega-s+\omega}{s^2-\omega^2}\right)$$

$$=\frac{\omega}{s^2-\omega^2}$$

또한,

$$\mathcal{L}[\cosh\omega t]=\frac{1}{2}\mathcal{L}[e^{\omega t}+e^{-\omega t}]=\left[\int_0^\infty e^{st}(e^{\omega t}+e^{-\omega t})dt\right]$$

$$=\frac{1}{2}\left(\frac{1}{s-\omega}+\frac{1}{s+\omega}\right)$$

$$=\frac{s}{s^2-\omega^2}$$

이다.

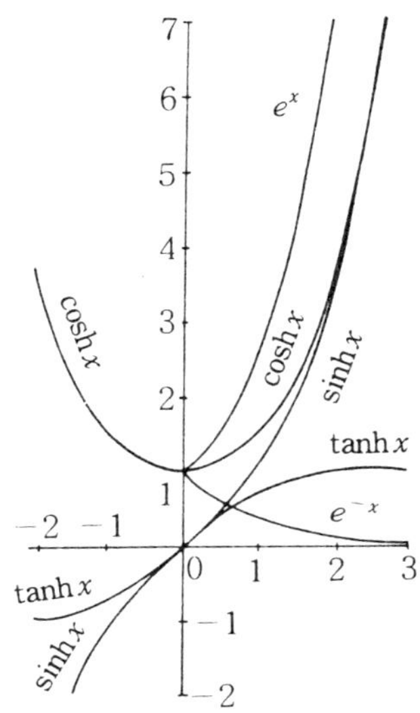

• • 그림 13-7 쌍곡선 함수 • •

13.1.2 라플라스 변환표

표 13-1은 자주 이용되는 기본적인 함수와 그것의 라플라스 변환 결과를 정리한 것이다.

표 13-1

함수 $f(t)$	라플라스 변환 $\mathcal{L}\{f(t)\}=F(s)$	함수 $f(t)$	라플라스 변환 $\mathcal{L}\{f(t)\}=F(s)$
1	$\frac{1}{s}$	$\sinh bt$	$\frac{b}{s^2-b^2}$
t	$\frac{1}{s^2}$	$\cosh bt$	$\frac{s}{s^2-b^2}$
t^2	$\frac{2}{s^3}$	$e^{-at}\sinh bt$	$\frac{b}{(s+a)^2-b^2}$
t^n	$\frac{n!}{s^{n+1}}$	$e^{-at}\cosh bt$	$\frac{s+a}{(s+a)^2-b^2}$
e^{at}	$\frac{1}{s-a}$	$t\sin bt$	$\frac{2bs}{(s+b)^2}$
e^{-at}	$\frac{1}{s+a}$	$t\cos bt$	$\frac{s^2-b^2}{(s^2+b^2)^2}$
$t^n e^{-at}$	$\frac{n!}{(s+a)^{n+1}}$	$u(t)$, 단위계단함수	$\frac{1}{s}$
$\sin bt$	$\frac{b}{s^2+b^2}$	$u(t-d)$	$\frac{e^{-sd}}{s}$
$\cos bt$	$\frac{s}{s^2+b^2}$	$\delta(t)$	1
$e^{-at}\sin bt$	$\frac{b}{(s+a)^2+b^2}$	$\delta(t-d)$	e^{-sd}
$e^{-at}\cos bt$	$\frac{s+a}{(s+a)^2+b^2}$		

▌예제▐ 표 13-1을 사용하여 다음 함수들의 라플라스 변환을 구하여라.

(a) t^4 (b) e^{2t} (c) e^{-3t} (d) t^2e^{3t} (e) $\sin 2t$ (f) $\cos 5t$

풀이 (a) 표 13-1의 $\mathcal{L}\{t^n\}=\frac{n!}{s^{n+1}}$ 을 적용하면 $\mathcal{L}\{t^4\}=\frac{4!}{s^{4+1}}=\frac{24}{s^5}$

(b) $\mathcal{L}\{e^{at}\}=\frac{1}{s-a}$ 을 적용하면 $\mathcal{L}\{e^{2t}\}=\frac{1}{s-2}$

(c) $\mathcal{L}\{e^{-at}\}=\dfrac{1}{s+a}$ 을 적용하면 $\mathcal{L}\{e^{-3t}\}=\dfrac{1}{s+3}$

(d) $\mathcal{L}\{t^2e^{3t}\}=\dfrac{2}{(s-3)^3}$

(e) $\mathcal{L}\{\sin 2t\}=\dfrac{2}{s^2+4}$

(f) $\mathcal{L}\{\cos 5t\}=\dfrac{s}{s^2+25}$

13.1.3 라플라스 변환의 성질

라플라스 변환은 적분식으로 정의되기 때문에 적분의 성질들이 라플라스 변환의 성질이 된다.

(1) 독립성

key point

$$\mathcal{L}[f_1(t)+f_2(t)]=F_1(s)+F_2(s)$$

상수 k에 대하여 $\mathcal{L}[kf(t)]=kF(s)$

위의 두 성질을 라플라스 변환의 독립성(linear property)임을 의미한다.

▌예제▐ 각 함수의 라플라스 변환을 구하여라.

(a) 3　　(b) $3+2t$　　(c) $\sin(\omega t+\theta)$

풀이 (a) 3을 3(1)로 보면 $\mathcal{L}\{1\}=\dfrac{1}{s}$

$$\mathcal{L}\{3\}=3\left(\frac{1}{s}\right)=\frac{3}{s}$$

(b) $\mathcal{L}\{t\}=\dfrac{1}{s^2}$, $\mathcal{L}\{2t\}=\dfrac{2}{s^2}$

$$\mathcal{L}\{3+2t\}=\mathcal{L}\{3\}+\mathcal{L}\{2t\}=\frac{3}{s}+\frac{2}{s^2}$$

(c) $f(t)=\sin\omega t\cos\theta+\cos\omega t\sin\theta$

$$\mathcal{L}[f(t)]=\cos\theta\,\mathcal{L}(\sin\omega t)+\sin\theta\,\mathcal{L}(\cos\omega t)$$

$$= \frac{\omega \cdot \cos\theta + s \cdot \sin\theta}{s^2+\omega^2}$$

▌예제▐ (a) $\frac{e^{3t}}{2} - 6\sin 2t$, (b) $\frac{1}{3}\cos 6t - 2e^{-t}\sin t$의 라플라스 변환을 구하여라.

(풀이) 표 13-1의 라플라스 변환표를 응용하면

(a) $\mathcal{L} = \left\{\frac{e^{3t}}{2} - 6\sin 2t\right\} = \mathcal{L}\left\{\frac{e^{3t}}{2}\right\} - \mathcal{L}\{6\sin 2t\} = \frac{1}{2(s-3)} - \frac{12}{s^2+4}$

(b) $\mathcal{L} = \left\{\frac{1}{3}\cos 6t - 2e^{-t}\sin t\right\} = \mathcal{L}\left\{\frac{1}{3}\cos 6t\right\} - \mathcal{L}\{2e^{-t}\sin t\}$

$$= \frac{s}{3(s^2+36)} - \frac{2}{(s^2+1)^2+1}$$

(2) 전이정리(shifting theorem)

만일 $s > a$일 때 $\mathcal{L}[f(t)] = F(s)$라면

$$\mathcal{L}[e^{at} \cdot f(t)] = F(s-a), \quad (s > a+a)$$

이다. 즉, 변환에서 s대신 $s-a$를 대입하면 원함수에 e^{-st}를 곱한 것과 같다.

증명 $F(s) = \int_0^\infty e^{-st} f(t)dt$이므로

$$\mathcal{L}[e^{at}f(t)] = \int_0^\infty e^{-st}[e^{at}f(t)]dt = \int_0^\infty e^{-(s-a)t}f(t)dt = F(s-a)$$

▌예제▐ 다음 함수의 라플라스 변환을 구하여라.

(a) $e^{-2t}\cos t$ (b) $e^{-t}\cos^2 t$ (c) $f(t) = e^{at+b}$

(풀이) (a) $\mathcal{L}[e^{-at}f(t)] = F(s+a)$

$$\mathcal{L}(\cos t) = \frac{s}{s^2+1}$$

$$\mathcal{L}(e^{-2t}\cos t) = \frac{s+2}{(s+2)^2+1} = \frac{s+2}{s^2+4s+5}$$

(b) $\cos^2 t = \frac{1+\cos 2t}{2}$ (반각의 정리)

$$\mathcal{L}(\cos^2 t)=\frac{1}{2}\left[\frac{1}{s}+\frac{s}{s^2+4}\right]$$

$$\therefore\ \mathcal{L}(e^{-t}\cdot\cos^2 t)=\frac{1}{2}\left[\frac{1}{s+1}+\frac{s+1}{(s+1)^2+4}\right]=\frac{1}{2s+2}+\frac{s+1}{2s^2+4s+10}$$

(c) $\mathcal{L}(e^{at+b})=\mathcal{L}(e^{at}e^{b})=e^{b}\mathcal{L}(e^{at})=\dfrac{e^b}{s-a}$

(3) 도함수의 미분정리

$f(t)$의 라플라스 변환이 $F(s)$라면 $f(t)$의 미분 f'의 라플라스 변환은

$$\mathcal{L}[f'(t)]=s\,\mathcal{L}[f(t)]-f(0)$$

이다.

증명 $\mathcal{L}[f'(t)]=\int_0^\infty f'(t)e^{-st}dt$

부분적분에 의하여 $\int uv'dt=uv-\int u'vdt$에서

$u=e^{-st}$　　　　$v'=f'(t)$

$u'=-se^{-st}$　　　　$v=f(t)$

를 대입하면 다음과 같이 된다.

$$\int_0^\infty f'(t)e^{-st}dt=\Big[e^{-st}f(t)\Big]_0^\infty-\int_0^\infty(-se^{-st})\cdot f(t)\,dt$$

$$=-f(0)+s\int_0^\infty f(t)e^{-st}dt$$

$$=-f(0)+s\,\mathcal{L}[f(t)]$$

2계 도함수 $f''(t)$에 적용하면

$$\mathcal{L}[f''(t)]=s^2\,\mathcal{L}[f(t)]-sf(0)-f'(0)$$

를 얻는다. 같은 방법으로

$$\mathcal{L}[f'''(t)]=\mathcal{L}[f(t)]-s^2-sf'(0)-f''(0)$$

를 얻으며, 일반적으로 수학적 귀납법에 의하여 n계도함수에 대하여

$$\mathcal{L}[f^{n}(t)] = s^{n}\mathcal{L}[f(t)] - s^{n-1}f(0) - s^{n-2}f'(0)\cdots\cdots - f^{(n-1)}(0)$$

으로 된다.

예제 $f(t) = t^2$이라고 하고 $\mathcal{L}[f(t)]$를 구하여라.

풀이 $f'(t) = 2t,\quad f(0) = 0$

$f'' = 2,\qquad f'(0) = 0$

이므로,

$$\mathcal{L}[f''(t)] = \mathcal{L}(2) = s^2\mathcal{L}[f(t)] - sf(0) - f'(0)$$

$$\mathcal{L}(2) = \frac{2}{s} = s^2\mathcal{L}[f(t)] \qquad \therefore\ \mathcal{L}(t^2) = \frac{2}{s^3}$$

예제 $f(t) = \cos\omega t$라 하고 $\mathcal{L}[f(t)]$를 구하여라.

풀이 $f'(x) = -w\sin\omega t,\quad f(0) = 1$

$f''(t) = -w^2\cos\omega t = -w^2 f(t),\quad f'(0) = 0$

$$\mathcal{L}[f''(t)] = -w^2\mathcal{L}[f(t)] = s^2\mathcal{L}[f(t)] - sf(0) - f'(0)\ -w^2\mathcal{L}[f(t)]$$

$$= s^2\mathcal{L}[f(t)] - s$$

$$\therefore\ \mathcal{L}(\cos\omega t) = \frac{s}{s^2+\omega^2}$$

예제 $f(t) = t\sin t$라 하고 $\mathcal{L}[f(t)]$를 구하여라.

풀이 $f'(t) = \sin t + t\cos t,\qquad f(0) = 0$

$f''(t) = 2\cos t - t\sin t = 2\cos t - f(t),\qquad f'(0) = 0$

$$\mathcal{L}[f''(t)] = 2(\cos t) - \mathcal{L}[f(t)] = s^2\mathcal{L}[f(t)] - sf(0) - f'(0)$$

$$\mathcal{L}[f(t)](s^2+1) = 2\mathcal{L}(\cos t)$$

$\mathcal{L}(\cos t) = \dfrac{s}{s^2+1}$ 를 사용하면

$$\therefore\ \mathcal{L}(t\sin t) = \frac{2\mathcal{L}(\cos t)}{s^2+1} = \frac{2s}{(s^2+1)^2}$$

(4) 적분정리

$f(t)$의 라플라스 변환이 $F(s)$라면, $f(t)$의 적분 $\int f(t)dt$의 라플라스변환은

$$\mathcal{L}\left[\int f(t)dt\right]=\frac{\mathcal{L}[f(t)]}{s}+\frac{1}{s}f^{(-1)}(0)$$

으로 된다.

풀이 $\mathcal{L}\left[\int f(t)dt\right]=\int_0^\infty\left[\int f(t)dt\right]\ e^{-st}dt$

부분적분에 의하여 $\int uv'dt=uv-\int u'vdt$ 에서

$$u=\int f(t)dt \qquad v'=e^{-st}$$

$$u'=f(t) \qquad v=-\frac{1}{s}e^{-st}$$

를 대입하면 다음과 같이 된다.

$$\int_0^\infty\left[\int f(t)dt\right]e^{-st}=\left[\int f(t)dt\left(-\frac{1}{s}e^{-st}\right)\right]_0^\infty-\int_0^\infty f(t)\cdot\left(-\frac{1}{s}e^{-st}\right)dt$$

$$=\frac{-\left[\int f(t)dt\right]_{t=0}}{-s}+\frac{1}{s}\int_0^\infty f(t)e^{-st}dt$$

$$=\frac{f^{(-1)}(0)}{s}+\frac{1}{s}\mathcal{L}[f(t)]$$

(5) 상사정리(相似定理)

시간함수 $f\left(\frac{t}{a}\right)$로 된 함수의 라플라스 변환은 다음과 같은 방법으로 한다.

$$\mathcal{L}\left[f\left(\frac{t}{a}\right)\right]=\int_0^\infty f\left(\frac{t}{a}\right)\cdot e^{-st}dt$$

위 식에서 $\frac{t}{a}=\tau$라 놓으면

$$t=a\tau,\quad dt=ad\tau$$

이므로, 이상의 관계를 정리하면

$$\mathcal{L}\left[f\left(\frac{t}{a}\right)\right]=\int_0^{\infty} f(\tau)\,e^{-sa\tau}a\,d\tau=aF(as)$$

가 된다. 따라서 $f\left(\frac{t}{a}\right)$의 라플라스 변환은 다음과 같다.

$$\mathcal{L}\left[f\left(\frac{t}{a}\right)\right]=aF(as) \quad (a>0)$$

(6) 시간추이정리(時間推移定理)

① $f(t)=u(t-a)=1, \qquad t\geq a$

$\qquad\qquad\qquad\quad =0, \qquad t<a$

$$\mathcal{L}[u(t-a)]=\int_a^{\infty} 1\cdot e^{-st}dt=-\frac{1}{s}e^{-st}\Big|_a^{\infty}$$

$$=-\frac{1}{s}(0-e^{-as})=\frac{1}{s}e^{-as}$$

$$\therefore\ \mathcal{L}[u(t-a)]=e^{-as}F(s)$$

여기서 $u(t-a)$를 a초만큼 +시간 축으로 평행 이동시킨 것과 같으며, 이와 같은 이동을 제어에서는 실전이(轉移)정리(real translation), 또는 추이(推移)정리(shifting theorem)이라 한다.

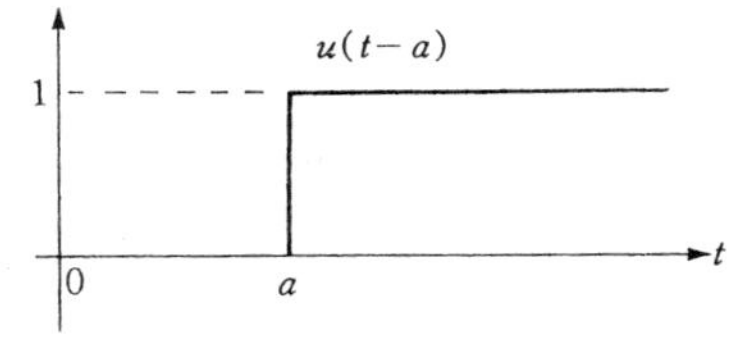

•• 그림 13-8 $u(t-a)$ 함수 ••

② $f(t)=u(t)-u(t-b)$

$$\mathcal{L}[u(t)-u(t-b)]=\frac{1}{s}-\frac{1}{s}e^{-bs}=\frac{1}{s}(1-e^{-bs})$$

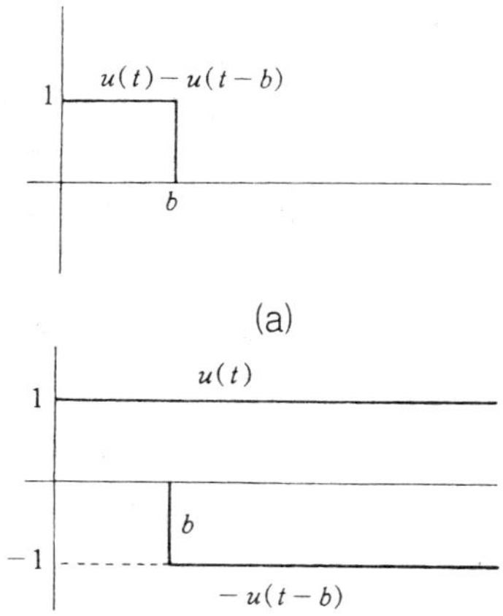

(a)

(b)

•• 그림 13-9 $u(t) - u(t-b)$의 함수 ••

③ $f(t) = u(t-a) - u(t-b)$

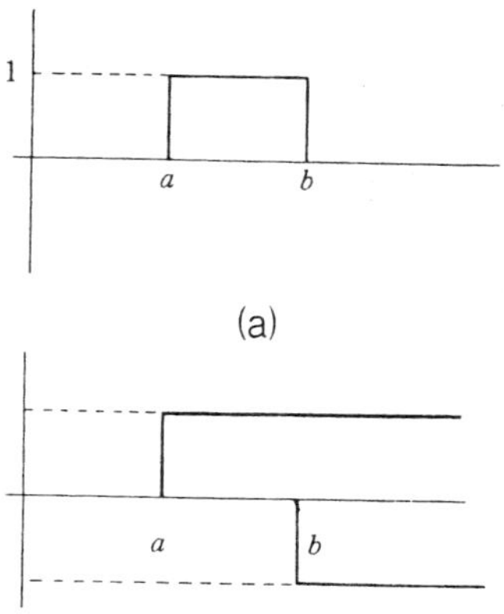

(a)

(a)

•• 그림 13-10 $f(t) = u(t-a) - u(t-b)$의 함수 ••

$$\mathcal{L}[u(t-a) - u(t-b)] = \frac{1}{s}e^{-as} - \frac{1}{s}e^{-bs} = \frac{1}{s}(e^{-as} - e^{-bs})$$

▌예제▐ 그림 13-11에서 보여준 구형함수 $f(t)$를 단위계단함수 항으로 표시하고 이의 라플라스 변환을 구하여라.

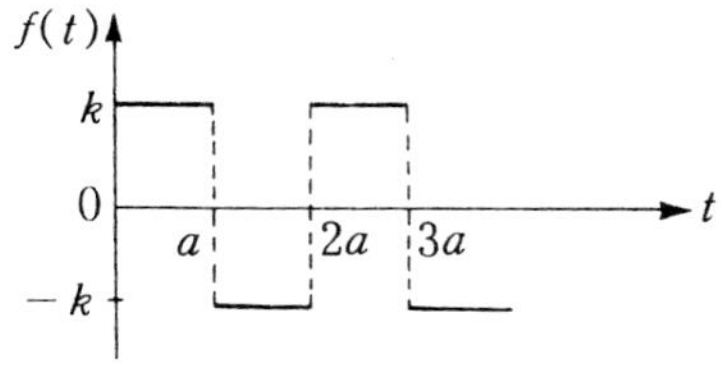

●● 그림 13-11 구형파 ●●

풀이 $f(t)=k[u_0(t)-2u_a(t)+2u_{2a}(t)-2u_{3a}(t)+\cdots\cdots]$이고 항별 적분이 가능하다고 가정하고

$$\mathcal{L}[f(t)]=k\left(\frac{1}{s}-2\frac{e^{-as}}{s}+2\frac{e^{-as}}{s}+\cdots\cdots\right)$$

$$=\frac{k}{s}\left[1-2e^{-as}(1-e^{-as}+e^{-2as}+\cdots\cdots)\right]$$

을 얻는다. 괄호 안에 있는 (……)의 표시는 등비급수이며, 공식

$$\sum_{n=0}^{\infty}x^n=1+x+x^2+\cdots\cdots=\frac{1}{1-x}\qquad |x|<1$$

을 사용하고 $x=-as$라 놓으면

$$\mathcal{L}[f(t)]=\frac{k}{s}\left(1-\frac{2e^{-as}}{1+e^{-as}}\right)=\frac{k}{s}\left(\frac{1-e^{-as}}{1+e^{-as}}\right)$$

$$=\frac{ke^{-as/2}(e^{as/2}-e^{-as/2})}{se^{-as/2}(e^{as/2}+e^{-as/2})}=\frac{k}{s}\tanh\frac{as}{2}\,(a>0,\ s>0)$$

(7) 복소추이정리(複素推移定理)

복소 주파수 $s>a$일 때, $\mathcal{L}[f(t)]=F(s)$이면 함수 $e^{-at}f(t)$의 라플라스 변환은 다음과 같은 방법으로 한다.

$$\mathcal{L}[e^{-at}f(t)]=\int_0^{\infty}f(t)e^{-at}e^{-st}dt$$

$$=\int_0^{\infty}f(t)e^{-(s+a)t}dt$$

$$=F(s+a)$$

가 된다. 즉, 변환식 $F(s)$에서 s대신 $s-a$를 대입한 것은 원래의 함수 e^{at}를 곱한 결과와 같다.

$$\mathcal{L}[e^{at}f(t)] = F(s-a)$$

(8) 복소미분정리

복소 주파수 s의 함수 $F(s)$ 즉, $\int_0^\infty f(t)\cdot e^{-at}dt = F(s)$를 s에 관해 미분하면

$$\frac{dF(s)}{ds} = \int_0^\infty f(t)(-te^{-st})dt = \int_0^\infty -t\,f(t)e^{-st}dt$$
$$= -\mathcal{L}[t f(t)]$$

가 된다. 그러므로

$$\mathcal{L}[t f(t)] = -\frac{d}{ds}F(s) = (-1)^1\frac{d}{ds}F(s)$$

이다. 같은 방법으로

$$\mathcal{L}[t^n f(t)] = (-1)^n\frac{d^n}{ds^n}F(s)$$

가 된다.

▌예제▐ 다음 함수를 라플라스 변환하여라.

$$f(t) = t^2e^{-2t}u(t)$$

풀이 $\mathcal{L}[e^{-2t}] = \frac{1}{s+2}$ 이므로

$$F(s) = \mathcal{L}[t^2e^{-2t}] = (-1)^2\frac{d^2}{ds^2}\left(\frac{1}{s+2}\right) = \frac{2}{(s+2)^3}$$

▌예제▐ $f(t) = t\sin\omega t$를 라플라스 변환하여라.

풀이 $\mathcal{L}[t\cdot\sin\omega t] = (-1)^1\frac{d}{ds}\left(\frac{\omega}{s^2+\omega^2}\right) = \frac{2\omega s}{(s^2+\omega^2)^2}$

(9) 복소적분정리

복소 주파수 s의 함수 $F(s)$ 즉, $F(s) = f(t)\,e^{-st}$를 s에서 ∞까지 s에 대해

적분하면

$$\int_s^\infty F(s)ds = \int_s^\infty \left[\int_0^\infty f(t)e^{-st}dt\right]ds = \int_0^\infty f(t)\left[\int_s^\infty e^{-st}ds\right]dt$$

이 되고, 여기서

$$\int_s^\infty e^{-st}dt = \left[-\frac{1}{t}e^{-st}\right]_s^\infty = \frac{1}{t}e^{-st}$$

이므로, 이것을 정리하면

$$\int_s^\infty F(s)ds = \int_0^\infty f(t)\frac{1}{t}e^{-st}dt = \mathcal{L}\left[\frac{f(t)}{t}\right]$$

가 된다.

$$\therefore \ \mathcal{L}\left[\frac{f(t)}{t}\right]\int_s^\infty F(s)ds$$

(10) 초기값 정리

함수 $f(t)$의 라플라스 변환이 $F(s)$이고, $\lim_{s\to\infty} sF(s)$가 존재하면 함수 $f(t)$의 초기값은 미분정리에 의하여 다음과 같이 구해진다.

즉, 초기값의 정리를 이해하면 s의 함수를 라플라스 변환하지 않아도 함수 $f(t)$의 초기값을 구할 수 있다.

$$\mathcal{L}\left[\frac{df(t)}{dt}\right] = sF(s) - f(0_+)$$

에서 s가 ∞에 접근하는 극한을 취하면

$$\lim_{s\to\infty}\left[\int_0^\infty \frac{df(t)}{dt}e^{-st}dt\right] = \lim_{s\to\infty}[sF(s) - f(0_+)]$$

이 되고, $\lim_{s\to\infty} e^{-st} = 0$이므로, 윗식의 좌변은 0이 된다. 즉,

$$0 = \lim_{s \to \infty}[sF(s) - f(0_+)]$$

그러므로 초기값 정리는 다음과 같다.

$$\therefore\ f(0_+) = \lim_{t \to 0} f(t) = \lim_{s \to \infty} sF(s)$$

예제 $F(s) = \dfrac{s^3+2s^2+3s+2}{s^4+3s^3+2s^2+s}$ 일 때 $f(t)$의 $t=0$에서의 값을 구하여라.

(풀이) 초기값 정리에 의하면

$$\lim_{t \to 0} f(t) = \lim_{s \to \infty} sF(s) = \lim_{s \to \infty} s\frac{s^3+2s^2+3s+2}{s^4+3s^3+2s^2+s}$$

$$= \lim_{s \to \infty} s\frac{s^3+2s^2+3s+2}{s(s^3+3s^2+2s+1)} = 1$$

(11) 최종값 정리

함수 $f(t)$의 라플라스 변환이 $F(s)$이고, $sF(s)$가 s평면의 허수축을 포함한 우반면에서 해석적이며, $f(t)$의 최종값은 미분정리에 의하여 다음과 같은 방법으로 구한다.

$$\mathcal{L}\left[\frac{df(t)}{dt}\right] = sF(s) - f(0_+)$$

위 식에서, s가 0에 접근하는 극한을 취하면

$$\lim_{s \to 0}\left[\int_0^\infty \frac{df(t)}{dt} e^{-st} dt\right] = \lim_{s \to 0}[sF(s) - f(0_+)]$$

이고, $\lim_{s \to 0} e^{-st} = 1$이 되므로, 위식의 좌변은

$$\lim_{s \to 0}\left[\int_0^\infty \frac{df(t)}{dt} e^{-st} dt\right] = \int_0^\infty \frac{df(t)}{dt} dt = \lim_{t \to \infty}\int_0^t df(t) = \lim_{t \to \infty}[F(t) - f(0_+)]$$

가 되고 위 두 식을 같다고 놓으면

$$\lim_{t\to\infty}\left[f(t)-f(0_+)\right]=\lim_{s\to 0}[sF(s)-f(0_+)]$$

이므로, 최종값 정리는 다음과 같다.

$$\therefore \lim_{t\to\infty}f(t)=\lim_{s\to 0}sF(s)$$

초기값 정리, 최종값 정리는 시간함수 $f(t)$의 초기값, 최종값을 직접 s함수의 극한값으로부터 구할 수 있으며, 계(system)의 응답을 평가하는데 편리한 정리이다.

▌예제▐ $F(s)=\dfrac{5}{s(s^2+s+2)}$ 일 때, $f(t)$의 최종값을 구하여라.

풀이 최종값 정리에 의하면

$$\lim_{t\to\infty}f(t)=\lim_{t\to\infty}sF(s)=\lim_{s\to 0}s\frac{5}{s(s^2+s+2)}=\lim_{s\to 0}\frac{5}{s^2+s+2}=\frac{5}{2}$$

▌예제▐ $F(s)=\dfrac{s^2+5s+1}{s^3+3s^2+2s}$ 일 때, $f(t)$의 최종값을 구하여라.

풀이 최종값 정리에 의하면

$$\lim_{t\to\infty}f(t)=\lim_{s\to 0}sF(s)=\lim_{s\to 0}s\frac{s^2+5s+1}{s^3+3s^2+2s}$$

$$\lim_{s\to 0}s\frac{s^2+5s+1}{s(s+1)(s+2)}=\frac{1}{2}=0.5$$

13.2 라플라스 역변환

표 13-1을 사용하여 라플라스 역변환(inverse Laplace transform)을 구할 수 있다. 라플라스 역변환은 $\mathcal{L}^{-1}$으로 표시한다.

$$\mathcal{L}\{f(t)\}=F(s)\text{이면 }\mathcal{L}^{-1}\{F(s)\}=f(t)$$

다음은 라플라스 역변환의 선형성에 관한 것이다.

key point

$$\mathcal{L}^{-1}[F_1(s)+F_2(s)]=f_1(t)+f_2(t)$$
$$\mathcal{L}^{-1}[kF(s)]=kf(t)$$

주어진 식을 완전 제곱형이나 부분분수의 합으로 표현하여 라플라스 역변환을 용이하게 할 수 있다.

▌예제▐ (a) $\frac{1}{s}$, (b) $\frac{4}{s}$, (c) $\frac{1}{2s}$의 라플라스 역변환을 구하여라.

풀이 (a) $\mathcal{L}\{1\}=\frac{1}{s}$

$\frac{1}{s}$의 라플라스 역변환은 1이고 $\mathcal{L}^{-1}\left\{\frac{1}{s}\right\}=1$

라플라스 변환이 $\frac{1}{s}$인 함수 $f(t)$는 $f(t)=1$이다.

(b) $\frac{4}{s}$를 $4\left(\frac{1}{s}\right)$로 쓴다. (a)에서 $\mathcal{L}^{-1}\left\{\frac{1}{s}\right\}=1$이므로

$$\mathcal{L}^{-1}\left\{\frac{4}{s}\right\}=4\mathcal{L}^{-1}\left\{\frac{1}{s}\right\}=4(1)=4$$

(c) $\frac{1}{2s}$를 $\frac{1}{2}\left(\frac{1}{s}\right)$로 쓰면

$$\mathcal{L}^{-1}\left\{\frac{1}{2s}\right\}=\mathcal{L}^{-1}\left\{\frac{1}{2}\cdot\frac{1}{s}\right\}=\frac{1}{2}$$

▌예제▐ 다음의 라플라스 역변환을 구하여라.

(a) $\frac{1}{s^2}$ (b) $\frac{3}{s^2}$ (c) $\frac{3}{s^2}-\frac{7}{s}$

풀이 (a) $\mathcal{L}\{t\}=\frac{1}{s^2}$, $\mathcal{L}^{-1}\left\{\frac{1}{s^2}\right\}=t$

$\frac{1}{s^2}$의 라플라스 역변환은 t이다.

(b) $\mathcal{L}^{-1}\left\{\frac{3}{s^2}\right\}=3\mathcal{L}^{-1}\left\{\frac{1}{s^2}\right\}=3t$

(c) $\mathcal{L}^{-1}\left\{\frac{7}{s}\right\}=7$

$$\mathcal{L}^{-1}\left\{\frac{3}{s^2}-\frac{7}{s}\right\}=\mathcal{L}^{-1}\left\{\frac{3}{s^2}\right\}-\mathcal{L}^{-1}\left\{\frac{7}{s}\right\}=3t-7$$

▌예제▐ 다음의 라플라스 역변환을 구하여라.

(a) $\dfrac{5}{(s+2)^2+9}$ (b) $\dfrac{s+2}{(s+2)^2+9}$ (c) $\dfrac{s+7}{(s+2)^2+9}$

풀이 표 13-1의 라플라스 변환표를 적용하여 역으로 푼다.

(a) $\mathcal{L}\{e^{-2t}\sin 3t\} = \dfrac{3}{(s+2)^2+9}$

$$\mathcal{L}^{-1}\left\{\frac{3}{(s+2)^2+9}\right\} = e^{-2t}\sin 3t$$

따라서 $\mathcal{L}^{-1}\left\{\dfrac{5}{(s+2)^2+9}\right\} = \dfrac{5}{3}e^{-2t}\sin 3t$

(b) $\mathcal{L}\{e^{-2t}\cos 3t\} = \dfrac{s+2}{(s+2)^2+9}$ 이므로

$$\mathcal{L}^{-1}\left\{\frac{s+2}{(s+2)^2+9}\right\} = e^{-2t}\cos 3t$$

(c) $$\mathcal{L}^{-1}\left\{\frac{s+7}{(s+2)^2+9}\right\} = \mathcal{L}^{-1}\left\{\frac{5}{(s+2)^2+9}\right\} + \mathcal{L}^{-1}\left\{\frac{s+2}{(s+2)^2+9}\right\}$$

$$= \frac{5}{3}e^{-2t}\sin 3t + e^{-2t}\cos 3t$$

▌예제▐ $F(s) = \dfrac{1}{s^2-2s+5}$ 의 역변환을 구하여라.

풀이 s^2-2s+5는 완전제곱형태 $(s-1)^2+4$로 쓸 수 있고 이것은 다시 $(s-1)^2+2^2$ 형태이므로 표 13-1에 따르면,

$\mathcal{L}\{e^t\sin 2t\} = \dfrac{2}{(s-1)^2+2^2}$ 이므로

$$\mathcal{L}^{-1}\left\{\frac{1}{(s^2-2s+5)}\right\} = \mathcal{L}^{-1}\left\{\frac{1}{(s-1)^2+2^2}\right\}$$

$$= \frac{1}{2}e^t\sin 2t$$

▌예제▐ $F(s) = \dfrac{9-4s}{2s^2+8s+40}$ 의 라플라스 역변환을 구하여라.

풀이 $2s^2+8s+40$을 $2(s^2+4s+20)$로 정리하여 완전제곱의 형태로 바꾸면

$$2(s^2+4s+20) = 2[(s+2)^2+4^2]$$

$$\mathcal{L}\{e^{-2t}\sin 4t\} = \frac{4}{(s+2)^2+4^2}$$

$$\mathcal{L}\{e^{-2t}\cos 4t\} = \frac{s+2}{(s+2)^2+4^2}$$

위의 결과를 이용할 수 있도록 주어진 변환을 다시 쓰면,

$$\frac{9-4s}{2s^2+8s+40} = \frac{9-4s}{2[(s+2)^2+4^2]}$$

$$= \frac{17-4(s+2)}{2[(s+2)^2+4^2]} = \frac{8.5}{(s+2)^2+4^2} - 2\frac{(s+2)}{(s+2)^2+4^2}$$

으로 정리되어 이것을 라플라스 역변환하면

$$\mathcal{L}^{-1}\left\{\frac{8.5}{(s+2)^2+4^2}\right\} = 2.125\ e^{-2t}\sin 4t$$

$$\mathcal{L}^{-1}\left\{2\frac{(s+2)}{(s+2)^2+4^2}\right\} = e^{-2t}\cos 4t$$

따라서 $\mathcal{L}^{-1}\left\{\frac{9-4s}{2s^2-8s+40}\right\} = 2.125e^{-2t}\sin 4t - 2e^{-2t}\cos 4t$

13.2.1 유리함수의 라플라스 변환

(1) 부분 분수 전개법

유리함수 $F(s)$의 역라플라스 변환 $\mathcal{L}^{-1}[F(s)]$는 다음과 같은 부분 분수 전개법을 이용하여 계산할 수 있다.

$$F(s) = \frac{B(s)}{A(s)}\ \frac{b_m s^m + b_{m-1}s^{m-1} + \cdots\cdots + b_1 s + b_0}{a_n s^n + a_{n-1}s^{n-1} + \cdots\cdots + a_1 s + a_0}$$

여기서 $n > m$인 경우에 있어서는 부분 분수 전개를 바로 적용할 수 있으나 $n \leqq m$일 때는 제산(除算)을 일단 거쳐야 $F(s)$를 적당한 분수로 만들 수 있다.

지금, s_1, s_2, $s_3 \cdots\cdots s_n$을 $A(s) = 0$ 즉,

$$a_n s^n + a_{n-1}s^{n-1} + \cdots\cdots + a_1 s + a_0 = 0$$

이 근이라고 하면, $F(s)$의 부분 분수는 다음과 같이 표시된다.

① 실수 단근인 경우

위 식에서 $n > m$일 때, $A(s) = 0$이 되는 근이 모두 실근일 때, 분모 $A(s)$를

인수 분해하면

$$A(s)=(s-s_1)(s-s_2)(s-s_3)\cdots\cdots(s-s_n)$$

이므로,

$$F(s)=\frac{B(s)}{A(s)}=\frac{B(s)}{(s-s_1)(s-s_2)\cdots(s-s_n)}$$

이 된다. 이 식을 부분 분수로 전개하면

$$F(s)=\frac{B(s)}{A(s)}=\frac{K_1}{s-s_1}+\frac{K_2}{s-s_2}+\cdots\cdots+\frac{K_n}{s-s_n}$$

로 된다. 여기서 계수 $K_1, K_2, \cdots\cdots K_n$을 결정하는 방법은 다음과 같다.

$$K_1=\lim_{s\to s_1}(s-s_1)F(s)$$

$$K_2=\lim_{s\to s_2}(s-s_2)F(s)$$

$$\vdots \qquad\qquad \vdots \qquad \vdots$$

$$K_n=\lim_{s\to s_n}(s-s_n)F(s)$$

② 공액 복소근을 포함한 경우

$$F(s)=\frac{B(s)}{A(s)}=\frac{B(s)}{[(s-\alpha)^2+\omega^2](s-s_1)(s-s_2)\cdots\cdots(s-s_n)}$$

$$=\frac{Cs+D}{(s-\alpha)^2+\omega^2}+\frac{K_1}{s-s_1}+\frac{K_2}{s-s_2}+\cdots\cdots+\frac{K_n}{s-s_n}$$

여기서 계수 K_1, $K_2, \cdots\cdots K_n$등은 ①에서 설명한 방법으로 구하고, C, D는 다음과 같은 복소수의 방정식을 세워 구한다.

$$\lim_{s\to\alpha+j\omega}[(s-\alpha)^2+\omega^2]F(s)=\lim_{s\to\alpha+j\omega}(Cs+D)$$

③ 다중근이 있는 경우

$$F(s)=\frac{B(s)}{(s-s_1)^n(s-s_2)(s-s_3)\cdots\cdots(s-s_n)}$$

함수 s_1은 n개 중복이 되어 있고 나머지 극점은 중복되지 않은 경우에는 다음과 같이 유수를 결정한다.

$$F(s)=\frac{k_{11}}{(s-s_1)^n}+\frac{k_{21}}{(s-s_1)^{n-1}}+\cdots\cdots+\frac{k^{n1}}{(s-s_1)}+\frac{k_2}{(s-s_2)}$$
$$+\frac{k_3}{(s-s_3)}+\cdots\cdots+\frac{k_m}{(s-s_n)}$$

여기서 계수 k_{11}, $k_{21}\cdots\cdots k_m$은 ①에서 설명한 방법으로 구한다.

$$k_{11}=\lim_{s\to s_1}(s-s_1)^nF(s)$$

$$k_{21}=\lim_{s\to s_1}\left[\frac{d}{ds}(s-s_1)^nF(s)\right]$$

$$k_{31}=\lim_{s\to s_1}\left[\frac{1}{2\,!}\frac{d^2}{ds^2}(s-s_1)^nF(s)\right]$$

$$\vdots$$

$$k_{n1}=\lim_{s\to s_1}\left[\frac{1}{(n-1)\,!}\frac{d^{n-1}}{ds^{n-1}}(s-s_1)^nF(s)\right]$$

▌예제▌ $F(s)=\dfrac{s+1}{s^2(s+3)}$의 라플라스 역변환을 구하여라.

풀이 부분분수로 전개하면

$$F(s)=\frac{(s+1)}{s^2(s+3)}=\frac{k_1}{s^2}+\frac{k_2}{s}+\frac{k_3}{s+3} \qquad ①$$

k_1을 구하려면, 식 ①의 양변에 s^2을 곱하여 정리하면

$$\frac{s+1}{s+3}=k_1+sk_2+\frac{s^2}{s+3}k_3 \qquad ②$$

이 되고, $s=0$을 이에 대입하면 k_1의 값을 얻게 된다.

$$\therefore\ k_1 = \frac{1}{3}$$

k_2를 구하기 위해 식 ②의 양변에 s로 미분하고, $s=0$을 대입하면

$$\left[\frac{d}{ds}\cdot\frac{s+1}{s+3}\right]_{s=0} = k_2 + k_3\left[\frac{d}{ds}\cdot\frac{s^2}{s+3}\right]_{s=0}$$

이 되고, k_2의 값은

$$\therefore\ k_2 = \left[\frac{d}{ds}\frac{s+1}{s+3}\right]_{s=0} = \left[\frac{(s+3)-(s+1)}{(s+3)^2}\right]_{s=0} = \frac{2}{9}$$

k_3를 구하려면 식 ①의 양변에 $(s+3)$을 곱하면

$$\frac{s+1}{s^2} = \frac{s+3}{s^2}k_1 + \frac{s+3}{s}k_2 + k_3$$

가 되고, $s=-3$을 위 식에 대입하면

$$\therefore\ k_3 = \left[\frac{s+1}{s^2}\right]_{s=-3} = \frac{-2}{9}$$

따라서

$$F(s) = \frac{1}{3}\left(\frac{1}{s^2}\right) + \frac{2}{9}\left(\frac{1}{s}\right) - \frac{2}{9}\left(\frac{1}{s+3}\right)$$

역변환하면

$$\therefore\ f(t) = \frac{1}{3}\mathcal{L}^{-1}\left(\frac{1}{s^2}\right) + \frac{2}{9}\mathcal{L}^{-1}\left(\frac{1}{s}\right) - \frac{2}{9}\mathcal{L}^{-1}\left(\frac{1}{s+3}\right)$$

$$= \frac{1}{3}t + \frac{2}{9} - \frac{2}{9}e^{-3t}$$

▌예제▐ $F(s) = \dfrac{3}{s^2(s+2)^2}$ 인 경우의 $f(t)$를 구하여라.

(풀이) 부분 분수로 전개하면

$$F(s) = \frac{3}{s^2(s+2)^2} = \frac{k_1}{s^2} + \frac{k_2}{s} + \frac{k_3}{(s+2)^2} + \frac{k_4}{(s+2)} \quad ①$$

k_1을 구하려면, 식 ①의 양변에 s^2을 곱하여

$$\frac{3}{(s+2)^2} = k_1 + sk_2 + \frac{s^2}{(s+2)^2}k_3 + \frac{s^2}{(s+2)}k_4 \quad ②$$

가 되고, $s=0$을 이에 대입하면 k_1의 값을 얻게 된다.

$$\therefore\ k_1 = \frac{3}{4}$$

k_2를 구하기 위하여 식 ②의 양변에 s로 미분하고 $s=0$을 대입하면

$$\left[\frac{d}{ds}\frac{3}{(s+2)^2}\right]_{s=0}=k_2+k_3\left[\frac{d}{ds}\frac{s^2}{(s+2)^2}\right]_{s=0}+k_4\left[\frac{d}{ds}\frac{s^2}{(s+2)}\right]_{s=0}$$

이 되고, k_2의 값은

$$\therefore\ k_2=\left[\frac{d}{ds}\frac{3}{(s+2)^2}\right]_{s=0}=\left[\frac{-3\cdot 2(s+2)}{(s+2)^4}\right]_{s=0}=-\frac{3}{4}$$

k_3를 구하려면, 식 ①의 양변에 $(s+2)^2$를 곱하여

$$\frac{3}{s^2}=\frac{(s+2)^2}{s^2}k_1+\frac{(s+2)^2}{s}k_2+k_3+(s+2)k_4 \qquad ③$$

이 되고, $s=-2$를 식 ③에 대입하면

$$\therefore\ k_3=\left[\frac{3}{s^2}\right]_{s=-2}=\frac{3}{4}$$

k_4를 구하려면, 식 ③의 양변에 s로 미분하고 $s=-2$를 대입하면

$$\left[\frac{d}{ds}\frac{3}{s^2}\right]_{s=-2}=k_1\left[\frac{d}{ds}\frac{(s+2)^2}{s^2}\right]_{s=-2}+k_2\left[\frac{d}{ds}\frac{(s+2)^2}{s}\right]_{s=-2}+k_4$$

가 되고, k_4의 값은

$$\therefore\ k_4=\left[\frac{d}{ds}\frac{3}{s^2}\right]_{s=-2}=\left[\frac{-3\cdot 2s}{s^4}\right]_{s=-2}=\frac{3}{4}$$

따라서

$$F(s)=\frac{3}{s^2(s+2)}=\frac{3}{4}\cdot\frac{1}{s^2}-\frac{3}{4}\cdot\frac{1}{s}+\frac{3}{4}\cdot\frac{1}{(s+2)^2}+\frac{3}{4}\cdot\frac{1}{(s+2)}$$

역변환하면

$$\therefore\ f(t)=\mathcal{L}^{-1}[F_1(s)]$$
$$=\frac{3}{4}\mathcal{L}^{-1}\left(\frac{1}{s^2}\right)-\frac{3}{4}\mathcal{L}^{-1}\left(\frac{1}{s}\right)+\frac{3}{4}\mathcal{L}^{-1}\left[\frac{1}{(s+2)^2}\right]+\frac{3}{4}\mathcal{L}^{-1}\left(\frac{1}{s+2}\right)$$
$$=\frac{3}{4}t-\frac{3}{4}+\frac{3}{4}te^{-2t}+\frac{3}{4}e^{-2t}=\frac{3}{4}(t-1+te^{-2t}+e^{-2t})$$

▌예제▌ 초기조건 $y(0)=3$, $y'(0)=3$을 만족하는 미분방정식

$$y''-3y'+2y=6e^{-t}$$

의 해를 구하여라.

(풀이) 보조 방정식은

$$s^2Y(s)-sy(0)-y'(0)-3[sY(s)-y(0)]+2Y(s)=\frac{6}{s+1}$$

$$(s-1)(s-2)Y(s)=\frac{3s(s-1)}{s+1}$$

이 되고, $Y(s)$에 대하여 정리하면

$$Y(s)=\frac{3s(s-1)}{(s-1)(s-2)(s+1)}=\frac{3s}{(s-2)(s+1)} \qquad ①$$

부분 분수로 전개하면

$$\frac{3s}{(s-2)(s+1)}=\frac{k_1}{s-2}+\frac{k_2}{s+1} \qquad ②$$

k_1을 구하려면, 식 ②의 양변에 $(s-2)$를 곱하고, $s=2$를 대입한다.

$$\therefore\ k_1=\frac{3s}{s+1}\bigg|_{s=2}=2$$

k_2를 구하려면, 식 ②의 양변에 $(s+1)$을 곱하고, $s=-1$을 대입한다.

$$\therefore\ k_2=\frac{3s}{s-2}\bigg|_{s=-1}=1$$

따라서

$$Y(s)=\frac{3s}{(s-2)(s+1)}=2\frac{1}{s-2}+\frac{1}{s+1}$$

구하고자 하는 $y(t)$는

$$\therefore\ y(t)=\mathcal{L}^{-1}[Y(s)]=2\mathcal{L}^{-1}\left(\frac{1}{s-2}\right)+\mathcal{L}^{-1}\left(\frac{1}{s+1}\right)=2e^{2t}+e^{-t}$$

▌예제▐ $F(s)=\dfrac{s+6}{s^3+5s^2+6s}$의 함수를 라플라스 역변환을 구하여라.

풀이 주어진 함수를 부분 분수로 전개하면

$$F(s)=\frac{s+6}{s(s+2)(s+3)}=\frac{k_1}{s}+\frac{k_2}{(s+2)}+\frac{k_3}{(s+3)}$$

여기서 계수 k_1, k_2, k_3를 구하면

$$k_1=sF(s)|_{s=0}=\frac{s+6}{(s+2)(s+3)}\bigg|_{s=0}=\frac{6}{2\times 3}=1$$

$$k_2=(s+2)F(s)|_{s=-2}=\frac{s+6}{s(s+3)}\bigg|_{s=-2}=\frac{-2+6}{(-2)(-2+3)}=-2$$

$$k_3=(s+3)F(s)|_{s=-3}=\frac{-3+6}{(-3)(-3+2)}\bigg|_{s=-3}=\frac{-3+6}{(-3)(-3+2)}=1$$

따라서 부분 분수 전개식은

$$F(s)=\frac{1}{s}-\frac{2}{s+2}+\frac{1}{s+3}$$

이 된다. 따라서

$$f(t)=\mathcal{L}^{-1}\left[\frac{1}{s}-\frac{2}{s+2}+\frac{1}{s+3}\right]=1-2e^{-2t}+e^{-3t}$$

▌예제▐ $F(s)=\dfrac{5s+4}{s^2+2s}$ 의 라플라스 역변환을 구하여라.

(풀이) 부분분수의 합으로 표현하면

$$\frac{5s+4}{s^2+2s}=\frac{2}{s}+\frac{3}{s+2}$$

각 부분분수의 라플라스 역변환은 다음과 같다.

$$\mathcal{L}^{-1}\left\{\frac{2}{s}\right\}=2,\ \mathcal{L}^{-1}\left\{\frac{3}{s+2}\right\}=3e^{-2t}$$

따라서

$$\mathcal{L}^{-1}\left\{\frac{5s+4}{s^2+2s}\right\}=2+3e^{-2t}$$

▌예제▐ $F(s)=\dfrac{s+7}{s^2+4s+3}$ 의 라플라스 역변환을 구하여라.

(풀이) 부분분수로 나타내면

$$\frac{s+7}{s^2+4s+3}=\frac{3}{s+1}-\frac{2}{s+3}$$

라플라스 역변환은

$$\mathcal{L}^{-1}\left\{\frac{3}{s+1}\right\}=3e^{-t},\ \mathcal{L}^{-1}\left\{\frac{2}{s+3}\right\}=2e^{-3t}$$

$$\mathcal{L}^{-1}\left\{\frac{s+7}{s^2+4s+3}\right\}=3e^{-t}-2e^{-3t}$$

▌예제▐ $F(s)=\dfrac{s^2+6s+1}{s^3+2s^2+s}$ 의 라플라스 역변환을 구하여라.

(풀이) 부분분수로 나타내면 $\dfrac{s^2+6s+1}{s^3+2s^2+s}=\dfrac{1}{s}+\dfrac{4}{(s+1)^2}$

라플라스 역변환은

$$\mathcal{L}^{-1}\left\{\frac{1}{s}\right\}=1$$

$$\mathcal{L}^{-1}\left\{\frac{4}{(s+1)^2}\right\}=4te^{-t}$$

$$\mathcal{L}^{-1}\left\{\frac{s^2+6s+1}{s^3+2s^2+s}\right\}=1+4te^{-t}$$

13.3 라플라스 변환의 응용

$f(t)$을 t의 함수, $F(s)$를 f의 라플라스 변환이라고 하자. $t=0$일 때 f와 그것의 도함수의 값은 $f(0)$, $f'(0)$, $f''(0)$ 등으로 나타난다. $f^{(n)}(t)$의 라플라스 변환은 아래의 식에 의해서 구할 수 있다.

key point

$$\mathcal{L}\{f^{(n)}(t)\}=s^nF(s)-s^{n-1}f(0)-s^{n-2}f(0)-\cdots-f^{(n-1)}(0)$$

1계 도함수와 2계 도함수의 라플라스 변환은 다음과 같다.

key point

$$\mathcal{L}\{f'(t)\}=sF(s)-f(0)$$
$$\mathcal{L}\{f''(t)\}=s^2F(s)-sf(0)-f'(0)$$

▌예제▐ $f(t)$의 라플라스 변환은 $F(s)$이다. $f(0)=3$이고 $f'(0)=-2$일 때 다음의 라플라스 변환식을 써라.

(a) $f'(t)$ (b) $f''(t)$ (c) $2f''-3f'+f$

풀이 (a) $\mathcal{L}\{f'(t)\}=sF(s)-f(0)=sF(s)-3$

(b) $\mathcal{L}\{f''(t)\}=s^2F(s)-sf(0)-f'(0)=s^2F(s)-3s-(-2)$
$=s^2F(s)-3s+2$

(c) $\mathcal{L}\{2f''(t)-3f'+f\}=2\mathcal{L}\{f''(t)\}-3\mathcal{L}\{f'(t)+\mathcal{L}\{f(t)\}$
$=2[s^2F(s)-6s+2]-3[sF(s)-3]+F(s)$
$=(2s^2-3s+1)F(s)-6s+13$

▌예제▐ $\mathcal{L}\{x(t)\}=X(s)$일 때 $x(0)=-4$, $x'(0)=3$의 조건에서

$3x''(t)+2x'(t)-2x(t)$의 라플라스 변환을 구하여라.

(풀이) $\mathcal{L}\{x'(t)\}=sX(s)+4$

$\mathcal{L}\{x''(t)\}=s^2X(s)+4s-3$

$$\begin{aligned}\mathcal{L}\{3x''(t)+2x'(t)-2x(t)\}&=3\mathcal{L}\{x''(t)\}+2\mathcal{L}\{x'(t)\}-2\mathcal{L}\{x(t)\}\\&=3[s^2X(s)+4s-3]+2[sX(s)+4]+2X(s)\\&=[3s^2+2s+2]X(s)+12s-1\end{aligned}$$

13.3.1 미분 방정식의 해

상수-계수 선형 미분 방정식을 풀기 위하여 라플라스 변환을 이용하여 다음의 순서로 풀 수 있다.

① 주어진 미분방정식을 라플라스 변환한다.

② 라플라스 변환으로 인해 만들어진 X, Y의 변수 형태로 정리한다.

③ $x(t)$를 구하기 위하여 라플라스 역변환을 응용한다.

▌예제▐ $\dfrac{dx}{dt}-2x=2e^{3t}$, $x(0)=2$을 풀어라.

(풀이) $x(t)$의 변환은 $X(s)$이며 X가 s의 함수이므로 $X(s)$을 간단히 X로 쓴다.

$$\mathcal{L}\left\{\frac{dx}{dt}\right\}=sX-x(0)=sX-2$$

$$\mathcal{L}\{2x\}=2X$$

$$\mathcal{L}\{2e^{3t}\}=\frac{2}{s-3}$$

따라서 양변의 각 항에 라플라스 변환을 구하면 미분 방정식은 다음과 같다.

$$sX-2-2X=\frac{2}{s-3}$$

X에 대한 대수 방정식이며, X에 대해 정리하면,

$$(s-2)X-2=\frac{2}{s-3}$$

$$(s-2)X=\frac{2}{s-3}+2$$

$$X = \frac{2}{(s-3)(s-2)} + \frac{2}{s-2} = \frac{2s-4}{(s-3)(s-2)}$$

$$= \frac{2}{s-3}$$

X를 역 라플라스 변환을 하면 주어진 미분 방정식의 해

$$x(t) = 2e^{3t}$$

초기조건 $x(0)=2$는 자동적으로 해에 포함된다.

▌예제▌ $\frac{d^2y}{dt^2} - y = 2$, $y(0) = y'(0) = 0$를 풀어라.

(풀이) $\mathcal{L}\{y\} = Y(s)$일 때 $Y(s)$는 간략히 Y로 쓴다.

$$\mathcal{L}\left\{\frac{d^2y}{dt^2}\right\} = s^2 Y$$

$$\mathcal{L}\{y\} = Y$$

$$\mathcal{L}\{2\} = \frac{2}{s}$$

미분 방정식은 $(s^2-1)Y = \frac{2}{s}$

Y를 부분분수로 표현하면 $Y = \frac{1}{s-1} + \frac{1}{s+1} - \frac{2}{s}$

라플라스 역변환을 구하면

$$y(t) = e^t + e^{-t} - 2$$

▌예제▌ $x(0) = -1$, $x'(0) = 6$일 때 $\frac{d^2x}{dt^2} - \frac{dx}{dt} + 2x = \cos 3t - 17\sin 3t$을 계산하여라.

(풀이) 미분 방정식의 양변을 라플라스 변환시키면

$$\mathcal{L}\{x\} = X$$

$$\mathcal{L}\left\{\frac{dx}{dt}\right\} = sX + 1$$

$$\mathcal{L}\left\{\frac{d^2x}{dt^2}\right\} = s^2X + s - 6$$

$$\mathcal{L}\left\{\frac{d^2x}{dt^2} - \frac{dx}{dt} + 2x\right\} = (s^2 - s + 2)X + s - 7$$

$$\mathcal{L}\{\cos 3t - 17\sin 3t\} = \frac{s}{s^2+9} - \frac{51}{s^2+9} = \frac{s-51}{s^2+9}$$

미분 방정식에 라플라스 변환을 함으로서

$$(s^2-s+2)X+(s-7) = \frac{s-51}{s^2+9}$$

은 x에 대하여 1차 방정식이므로 x에 대해 풀면

$$(s^2-s+2)X = \frac{S-51}{S^2+9} - S+7 = \frac{-s^3+7s^2-8s+12}{s^2+9} = \frac{(s^2-s+2)(6-s)}{s^2+9}$$

따라서

$$X = \frac{6-s}{s^2+9} = \frac{6}{s^2+9} - \frac{s}{s^2+9}$$

에서 양변을 역 라플라스 변환을 하면

$$x(t) = 2\sin 3t - \cos 3t$$

▌예제▌ 다음 미분 방정식의 해를 구하여라.

$$\frac{d^2y(t)}{dt^2} + 4\frac{dy(t)}{dt} + 3y(t) = x(t)$$

$$y(0_+) = 1,\quad \frac{dy(0_+)}{dt} = 0,\quad x(t) = u(t)$$

풀이 주어진 미분 방정식에 미분정리를 적용하여 출력함수 $Y(s)$를 구하고, 구해진 출력 방정식 $Y(s)$를 부분 분수로 전개한 후 라플라스 역변환하면 계의 $y(t)$를 구할 수 있다. 주어진 미분 방정식의 양변을 라플라스 변환하면

$$\mathcal{L}\left[\frac{d^2y(t)}{dt^2} + 4\frac{dy(t)}{dt} + 3y(t)\right] = \mathcal{L}[u(t)]$$

$$s^2Y(s) - sy(0_+) - \frac{dy}{dt}(0_+) + 4sY(s) - 4y(0_+) + 3Y(s) = \frac{1}{s}$$

$$s^2Y(s) - s\times 1 - 0 + 4sY(s) - 4\times 1 + 3Y(s) = \frac{1}{s}$$

$$Y(s)(s^2+4s+3) = s+4+\frac{1}{s} = \frac{s^2+4s+1}{s}$$

$$Y(s) = \frac{s^2+4s+1}{s(s+1)(s+3)} = \frac{k_1}{s} + \frac{k_2}{s+1} + \frac{k_3}{s+3} \qquad ①$$

식 ①에서 계수 K_1, K_2, K_3를 구하면

$$K_1 = sY|_{s=0} = \left.\frac{s^2+4s+1}{(s+1)(s+3)}\right|_{s=0} = \frac{1}{3}$$

$$K_2 = (s+1)\,Y(s)|_{s=-1} = \left.\frac{s^2+4s+1}{s(s+3)}\right|_{s=-1} = 1$$

$$K_3 = (s+3)\,Y(s)|_{s=-3} = \left.\frac{s^2+4s+1}{s(s+1)}\right|_{s=-3} = -\frac{1}{3}$$

그러므로 구해진 K_1, K_2, K_3의 값을 식 ①에 대입하면

$$Y(s) = \frac{1}{3}\cdot\frac{1}{s} + \frac{1}{s+1} - \frac{1}{3}\cdot\frac{1}{s+3}$$

$$y(t) = \mathcal{L}^{-1}\left[\frac{1}{3}\cdot\frac{1}{s} + \frac{1}{s+1} - \frac{1}{3}\cdot\frac{1}{s+3}\right] = \frac{1}{3} + e^{-t} - \frac{1}{3}e^{-3t}$$

$$\therefore\ y(t) = \frac{1}{3} + e^{-t} - \frac{1}{3}e^{-3t}$$

예제 그림 13-12와 같은 R-L 직렬회로에서 $t=0$일 때 직류 전압 V를 인가 한다. 이 회로에 흐르는 전류 $i(t)$를 구하여라. 단, 인덕터의 초기 전류 $i(0)$는 0으로 한다.

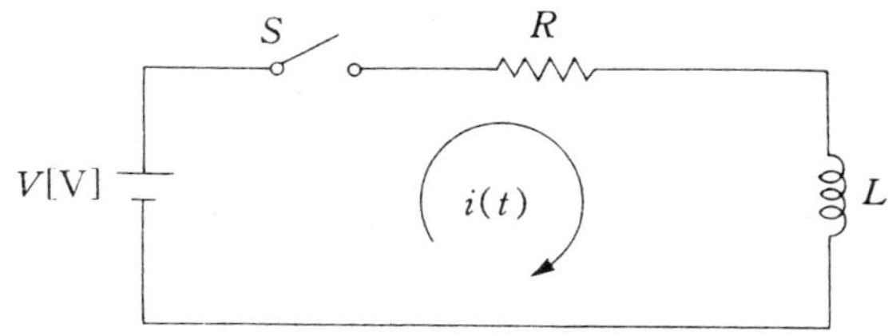

• • 그림 13-12 R-L 직렬회로 • •

풀이 그림 13-12의 회로 방정식은 다음과 같다.

$$L\frac{di(t)}{dt} + Ri(t) = V \qquad ①$$

식 ①의 양변을 라플라스 변환하면, 전류함수 $I(s)$는 다음과 같다.

$$L[sI(s) - i(0)] + RI(s) = \frac{V}{s}$$

$$I(s) = \frac{V}{s(sL+R)} = \frac{k_1}{s} + \frac{k_2}{sL+R} \qquad ②$$

여기서 계수 k_1, k_2를 구하면

$$k_1 = sI(s)|_{s=0} = \left.\frac{V}{sL+R}\right|_{s=0} = \frac{V}{R}$$

$$k_2 = (sL+R)I(s)|_{s=-\frac{R}{L}} = \left.\frac{V}{s}\right|_{s=-\frac{R}{L}} = -\frac{LV}{R}$$

이므로 전류함수 $I(s)$는

$$I(s)=\frac{V}{R}\frac{1}{s}-\frac{LV}{R}\frac{1}{sL+R}=\frac{V}{R}\cdot\frac{1}{s}-\frac{V}{R}\frac{1}{s+\frac{R}{L}} \qquad ③$$

따라서 회로전류 $i(t)$는 식 ③을 라플라스 역변환하면

$$i(t)=\mathcal{L}^{-1}\left[\frac{V}{R}\cdot\frac{1}{s}-\frac{V}{R}\frac{1}{s+\frac{R}{L}}\right]=\frac{V}{R}\left(1-e^{-\frac{R}{L}t}\right)$$

가 된다.

▌예제▐ 그림 13-13에 나타낸 $R-L$ 직렬회로의 전류 $i(t)$를 라플라스 변환에 의해 구하여라. 단, q_0는 콘덴서의 초기 전하이다.

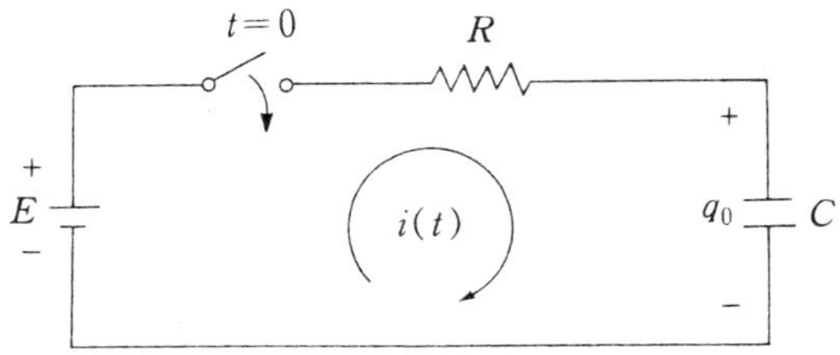

• • 그림 13-13 $R-L$ 직렬회로 • •

(풀이) 이 회로의 전류 $i(t)$에 대한 미분 방정식을 세우면

$$Ri(t)+\frac{1}{C}\int i(t)dt=E \qquad ①$$

와 같이 되고, 식 ①의 양변을 라플라스 변환하면

$$RI(s)+\frac{1}{Cs}\left[I(s)+i^{(-1)}(0_+)\right]=\frac{E}{s} \qquad ②$$

여기서 스위치를 $t=0$에서 닫으므로 실제 전압 E는 계단상으로 가해지고 있음에 주의해야 한다. 그리고 $I^{(-1)}(0_+)$는 $t=0$ 이전에 콘덴서에 충전된 전하 q_0를 나타내므로 콘덴서의 초기 전압을 V_0라 하면

$$I(s)=\frac{E-V_0}{s\left(R+\frac{1}{cs}\right)}=\frac{E-V_0}{R}\cdot\frac{1}{s+\frac{1}{RC}} \qquad ③$$

과 같이 된다.

$i(t)$를 구하기 위하여 식 ③에서 $I(s)$의 역변환을 취하면 다음과 같이 된다.

$$i(t) = \mathcal{L}^{-1}[I(s)] = \frac{E - V_0}{R} e^{-\frac{t}{Rc}} \quad ④$$

초기값 정리와 최종값 정리를 이용하여 $i(t)$의 초기값과 최종값을 구해 보기로 한다. 초기값을 구하면

$$\lim_{t \to 0} i(t) = \lim_{s \to \infty} sI(s) = \frac{E - V_0}{R} \quad ⑤$$

와 같이 되고 최종값을 구하면

$$\lim_{t \to \infty} i(t) = \lim_{s \to 0} sI(s) = 0 \quad ⑥$$

이 된다.

연 습 문 제

1. 다음을 라플라스 변환을 구하여라.

(a) $\frac{2}{3}$ (b) $t-2$ (c) $\frac{2t-1}{3}$ (d) $2(t+1)$

(e) $3t^4-2$ (f) $2t(\sin 3t-2\cos 3t)$ (g) $\cos 2t(e^{-t}+t-2)$

2. 다음을 역라플라스 변환하여라.

(a) $\frac{3}{s^2}-\frac{4}{s}$ (b) $\frac{2}{s^3}+\frac{1}{s^2}-\frac{2}{s}$

(c) $\frac{12}{s^4}-\frac{6}{s^3}$ (d) $\frac{1}{5}\left(\frac{18}{s^4}-\frac{8}{s^3}+\frac{2}{s}\right)$

(e) $\frac{3}{s+1}+\frac{5}{s+2}$ (f) $\frac{1}{s-1}+\frac{1}{s-2}-\frac{1}{s-3}$

(g) $\frac{4}{(s+1)^3}+\frac{1}{(s+2)^2}$ (h) $\frac{2}{(s-2)^4}+\frac{1}{(s+2)^3}$

(i) $\frac{1}{s}+\frac{1}{s+1}-\frac{2}{s+2}$ (j) $\frac{6}{s^2+9}-\frac{s}{2(s^2+9)}$

3. $\mathcal{L}[y]=Y,\ y(0)=2,\ y'(0)=-3$일 때 라플라스 변환을 구하여라.

(a) y' (b) y'' (c) $y''+y'$

(d) $y''+3y'-2y$ (e) $2y''-y'+3y$

제 14 장 퓨리에 급수

14.1 퓨리에 급수

14.1.1 개 요

주기 함수 $f(t)$는 sin과 cos 함수의 무한급수로 표현된다. 이 무한급수의 합을 퓨리에 급수(Fourier series)라고 한다.

key point

$$f(t) = \frac{a_0}{2} + \sum_{n=1}^{\infty}\left(a_n \cos\frac{2n\pi t}{T} \pm b_n \sin\frac{2n\pi t}{T}\right), \ T\text{는 주기}$$

무한급수를 간단히 설명하기 위하여 몇 개의 항을 쓰면

$$f(t) = \frac{a_0}{2} + a_1 \cos\frac{2\pi t}{T} + b_1 \sin\frac{2\pi t}{T} + a_2 \cos\frac{4\pi t}{T} + \cdots\cdots\cdots$$

위에서 a_n은 cos항의 진폭이고, b_n은 sin항의 진폭이다.

예를 들어 그림 14-1 (a)는 $2\sin t$의 그래프이고 그림 14-1 (b)는 $2\sin t - \sin 2t$의 그래프이다. 그림 (b)에서 $\sin 2t$는 $2\sin t$와 비교하여 2배의 주파수와 $\frac{1}{2}$배의 진폭을 갖는다.

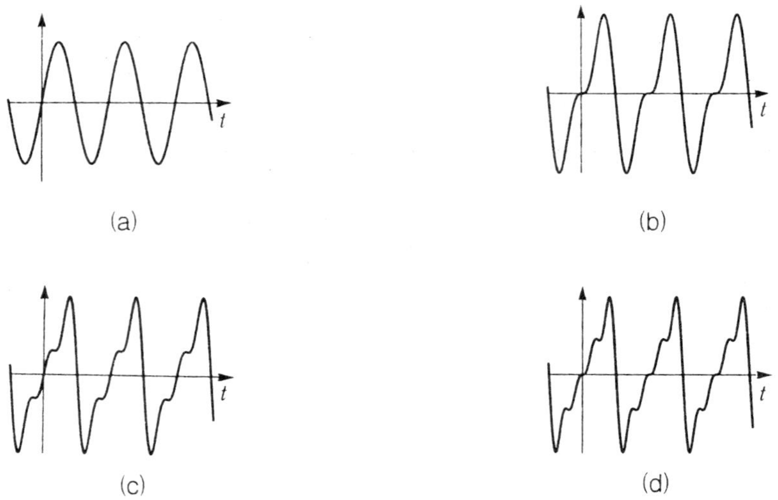

• • 그림 14-1 • •

그림 14-1 (c)에서 $2\sin t - \sin 2t + \frac{2}{3}\sin 3t$ 이고 (d)는 $2\sin t - \sin 2t + \frac{2}{3}\sin 3t - \frac{1}{2}\sin 4t$의 그래프이다. sin항이 많아지면 그림 14-2에서와 같이 주기적인 톱니파형이 되고 sin함수의 무한급수를 이용해서 톱니파의 함수를 표현할 수 있다.

이 절에서는 주파수와 진폭을 계산하는 방법을 고찰하고 주기함수가 주어졌을 때 퓨리에 급수를 계산할 수 있는 방법에 대하여 설명하고자 한다.

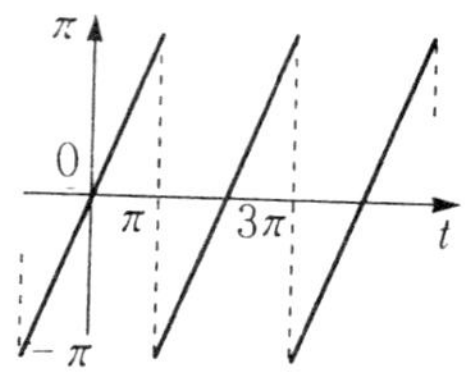

• • 그림 14-2 주기적인 톱니파형 • •

14.1.2 퓨리에 급수의 계산

주기 T를 갖는 주기함수 $f(t)$에서 퓨리에 급수의 계수 a_0, a_n, b_n를 구하기 위해서 삼각함수의 적분을 이용하면 다음과 같이 정리할 수 있다. 여기서 a_0, a_n, b_n를 퓨리에 계수라고 한다.

key point

퓨리에 계수 $a_0 = \dfrac{2}{T} \displaystyle\int_0^T f(t)\,dt$

$$a_n = \frac{2}{T} \int_0^T f(t) \cos \frac{2n\pi t}{T}\, dt,\ n = 1,\ 2,\ 3, \cdots\cdots$$

$$b_n = \frac{2}{T} \int_T^0 f(t) \sin \frac{2n\pi t}{T}\, dt,\ n = 1,\ 2,\ 3$$

▌예제▐ $f(t) = \begin{cases} 0 & -5 < t < 0 \\ 1 & 0 < t < 5 \end{cases}$에서 주기 $T = 10$이고 $t = -10$에서 $t = 15$까지의 주기함수의 그래프를 그려라.

(풀이)

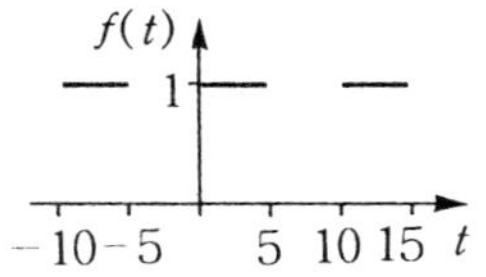

•• 그림 14-3 ••

▌예제▐ 주기=10인 함수 $f(t) = \begin{cases} 0 & -5 < t < 0 \\ 1 & 0 < t < 5 \end{cases}$에서 퓨리에 계수 a_0 즉, $\dfrac{2}{T} \displaystyle\int_T^0 f(t)dt$를 구하여라.

(풀이) $T = 10$이므로

$$a_0 = \frac{2}{10} \int_0^{10} f(t)\,dt$$

$f(t)$는 $t = 5$와 $t = 10$ 사이에서 $f(t)$가 0이므로 0에서 5까지 적분하고 이 구간에서 함수값은 1이다.

a_0을 구하려면

$$a_0 = \frac{2}{10} \int_0^5 1\,dt = \frac{1}{5}[t]_0^5 = 1$$

▌예제▐ 주기 $T=10$인 함수 $f(t)=\begin{cases} 0 & -5<t<0 \\ 1 & 0<t<5 \end{cases}$에서

$a_n=\frac{2}{T}\int_0^T f(t)\cos\frac{2n\pi t}{T}\,dt$을 구하여라.

(풀이) $f(t)$는 $t=5$와 $t=10$ 사이에서 0이기 때문에 $t=0$에서 $t=5$까지 적분을 한다.

$$a_n=\frac{2}{10}\int_0^5 1\cos\frac{2n\pi t}{10}\,dt$$

$$=\frac{1}{5}\left[\frac{\sin\frac{n\pi t}{10}}{\frac{n\pi}{5}}\right]_0^5$$

$$=0$$

모든 정수 n에 대하여 $\sin n\pi=0$이 되므로 $a_n=0$이다. 즉 모든 퓨리에 계수 a_n이 0이라는 것이고 이는 퓨리에 급수에서 cos항이 없다는 것을 의미한다.

▌예제▐ 주기 $T=10$인 $f(t)=\begin{cases} 0 & -5<t<0 \\ 1 & 0<t<5 \end{cases}$에서

$b_n=\frac{2}{T}\int_0^T f(t)\sin\frac{2n\pi t}{T}\,dt$를 구하여라.

(풀이) $f(t)$는 $t=5$와 $t=10$ 사이에서 0이므로 $t=0$에서 $t=5$까지 적분하면 된다.

$$b_n=\frac{2}{10}\int_0^5 1\sin\frac{2n\pi t}{10}\,dt$$

$$=\frac{1}{5}\left[\frac{\cos\frac{n\pi t}{5}}{\frac{n\pi}{5}}\right]_0^5$$

$$=-\frac{1}{n\pi}(\cos n\pi-1)$$

각 퓨리에 계수 b_n를 계산하면

$n=1$이면 $b_1=-\frac{1}{\pi}(\cos n\pi-1)=\frac{2}{\pi}$

$n=2$ 이면 $b_2=-\frac{1}{2\pi}(\cos 2\pi-1)=0$

$n=3,\ b_n=\frac{2}{3\pi}$

이런 식으로 $b_4=0$, $b_5=\dfrac{2}{5\pi}$ 등도 구할 수 있다.

▌예제▐ (a) 주기가 2π인 함수 $f(t)=\begin{cases} -t & -\pi<t<0 \\ 0 & 0<t<\pi \end{cases}$의 그래프를 -3π에서 3π의 구간에서 그려라.

(b) $f(t)$의 퓨리에 급수를 구하여라.

풀이 (a) 주어진 구간 안에서 필요한 그래프는 그림 14-4와 같다.

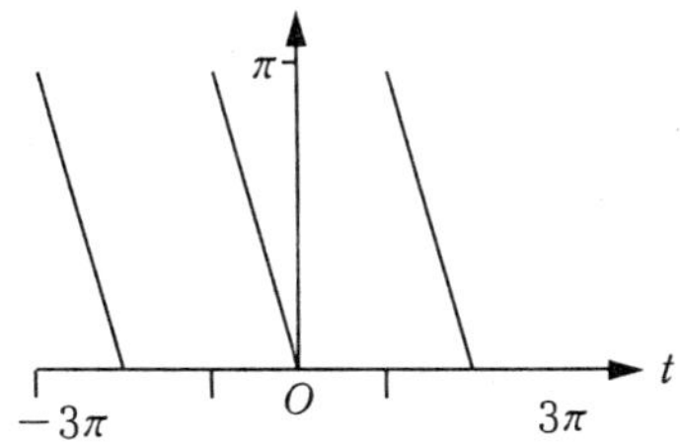

•• 그림 14-4 ••

(b) 주기가 2π이므로 예로서 $\sin\dfrac{2n\pi t}{T}$ 같은 항은 $\sin nt$가 된다.

그러므로 함수 $f(t)$는 $-\pi\sim\pi$까지의 구간이 퓨리에 계수적분에서 완전한 주기를 이용하는 것이 편리하다. $0\sim\pi$ 사이에서 $f(t)=0$이며 퓨리에 계수를 구하면

$$a_0=\frac{1}{\pi}\int_{-\pi}^{0}-t\,dt$$

$$a_n=\frac{1}{\pi}\int_{-\pi}^{0}-t\cos nt\,dt$$

$$b_n=\frac{1}{\pi}\int_{-\pi}^{0}-t\sin nt\,dt$$

$$a_0=\frac{1}{\pi}\left[-\frac{t^2}{2}\right]_{-\pi}^{0}=\frac{\pi}{2}$$

a_n을 구하려면 부분적분법을 이용하면 된다.

$$a_1=-\frac{2}{\pi},\ a_2=0,\ a_3=\frac{2}{9\pi}$$

b_n도 위와 마찬가지 방법으로 구하면

$$b_n=\frac{1}{\pi}\int_{-\pi}^{0}-t\sin nt\,dt$$

$$= \frac{1}{\pi}\left\{\left[(-t)\left(-\frac{\cos nt}{n}\right)\right]_{-\pi}^{0} - \int_{-\pi}^{0} \frac{-\cos nt}{n}(-1)\,dt\right\}$$

$$= \frac{1}{\pi}\left\{\left[\frac{t\cos nt}{n}\right]_{-\pi}^{0} - \int_{-\pi}^{0} \frac{\cos nt}{n}\,dt\right\}$$

나머지 적분을 하면

$$\int_{-\pi}^{0} \frac{\cos nt}{n}\,dt = \left[\frac{\sin nt}{n}\right]_{-\pi}^{0} = 0 \text{이므로}$$

$$b_n = \frac{1}{\pi}\left\{0 - \frac{-\pi\cos(-n\pi)}{n}\right\} = \frac{1}{n}\cos n\pi$$

$$b_1 = -1,\ b_2 = \frac{1}{2},\ b_3 = -\frac{1}{3} \text{ 등}$$

지금까지의 모든 결과를 가지고 퓨리에 급수의 처음 몇 항을 다음과 같이 쓸 수 있다.

$$f(t) = \frac{\pi}{4} - \frac{2}{\pi}\cos t - \sin t + \frac{1}{2}\sin 2t - \frac{2}{9\pi}\cos 3t - \frac{1}{3}\sin 3t + \cdots$$

위 식의 그래프는 그림 14-5와 같다.

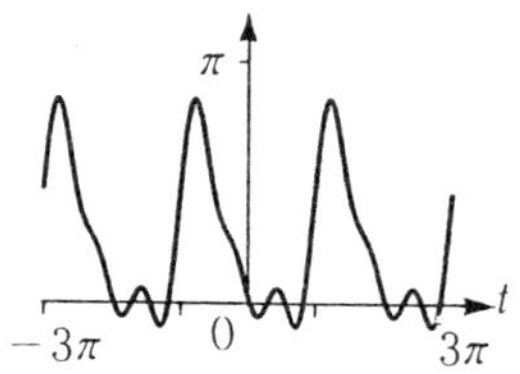

• • 그림 14-5 • •

14.1.3 기함수와 우함수의 퓨리에 급수

$f(t) = -f(-t)$인 기함수의 퓨리에 급수는 cos과 상수항을 포함하지 않으며, $f(t) = f(-t)$인 우함수의 퓨리에 급수는 sin항을 포함하지 않고 퓨리에 급수를 계산할 때 많은 도움이 된다.

14.1.4 퓨리에 급수의 수렴

퓨리에 급수가 함수 $f(t)$를 표현함을 인식할 조건들이 있다. 이것이 바로 Diri

-chlet 조건이며, 완전한 주기를 적분한 것은 유한수이고 $f(t)$는 구간에서 유한수의 불연속점을 가져야 한다.

공학에서 다루는 대부분의 함수는 이 조건들을 만족시키며 $f(t)$가 연속적인 점에서 퓨리에 급수는 $f(t)$로 수렴한다. $f(t)$가 불연속적인 점에서 퓨리에 급수는 불연속의 양쪽에 두 함수값의 평균값으로 수렴한다.

그래서 예제의 그래프에서 $f(t)$는 $x=2$에서 연속적이고 1의 값을 가지므로 퓨리에 급수는 $x=2$일 때 1의 값으로 수렴한다. 그러나 퓨리에 급수는 불연속점인 $x=5$에서 $\frac{1}{2}$값으로 수렴하고 $\frac{1}{2}$은 $x=5$를 기준으로 양쪽 함수값의 평균이다.

14.2 퓨리에 변환

많은 펄스신호와 잡음 신호 등이 비주기적이며 이 비주기 함수는 sin, cos의 합으로 표현되지 않으나 적분으로 표현 가능하다.

14.2.1 퓨리에 변환

함수 $f(t)$의 주기가 무한대일 경우는 일정한 구간으로 함수의 그래프가 나타나지 않으므로 퓨리에 변환을 다음과 같은 적분함수로 정의할 수 있다.

함수 $f(t)$의 퓨리에 변환은 다음과 같은 새로운 변수 ω의 함수로 표현된다.

key point

$$F\{f(t)\}=F(\omega)=\int_{-\infty}^{\infty} f(t)e^{-j\omega t}dt$$

▌예제▐ 다음과 같이 정의된 함수의 퓨리에 변환을 구하여라.

$$f(t)=\begin{cases} 3 & -1<t<1 \\ 0 & \text{기타} \end{cases}$$

풀이 $f(t)$의 그래프는 그림 14-6과 같다.

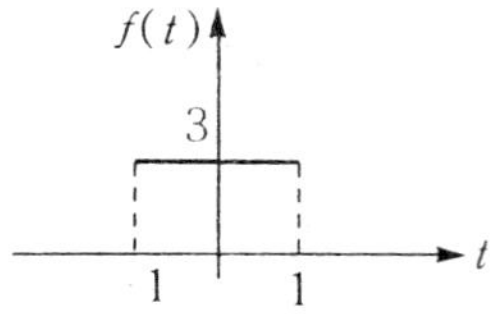

• • 그림 14-6 펄스 신호 • •

퓨리에 변환의 정의에 의해

$$F\{f(t)\}=F(\omega)=\int_{-\infty}^{+\infty} f(t)e^{-j\omega t}dt$$

$f(t)$는 $-1<t<1$의 구간 외에서 0으로 정의되므로 적분은 다음과 같이 간략하게 될 수 있다.

$$F\{f(t)\}=F(\omega)=\int_{1}^{-1} 3e^{-j\omega t}dt$$

$$=\left[\frac{3e^{-j\omega t}}{-j\omega}\right]_{-1}^{1}=\frac{3e^{-j\omega}}{-j\omega}-\frac{3e^{-j\omega}}{-j\omega}$$

$$=\frac{3e^{j\omega}-3e^{-j\omega}}{j\omega}$$

이것은 Euler 법칙에 따라 $F(\omega)=\dfrac{6\sin\omega}{\omega}$ 으로 쓰고 그래프는 그림 14-7과 같다.

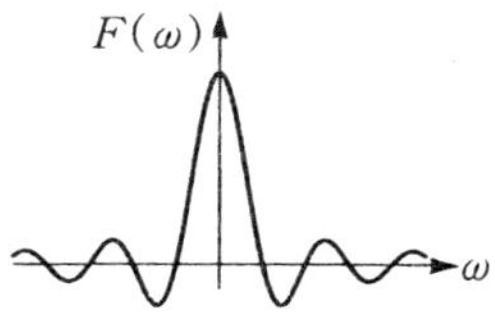

• • 그림 14-7 $A\sin c$ 함수 • •

▌예제▌ $u(t)$가 단위계단함수일 때 함수 $f(t)=u(t)e^{-t}$의 퓨리에 변환을 구하여라.

풀이 이 함수의 그래프는 그림 14-8과 같고 t가 음수일 때 이 함수값은 0이 된다.

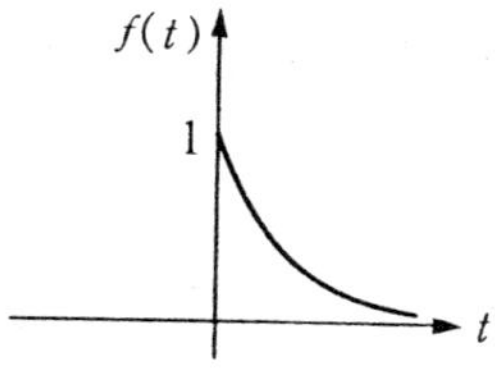

● ● 그림 14-8 $f(t)=u(t)e^{-t}$ ● ●

퓨리에 변환은 $F(\omega)=\int_{-\infty}^{\infty}u(t)e^{-t}e^{-j\omega t}dt$

t가 음수일 때 $u(t)e^{-t}$은 0이므로 적분의 극한은 다음과 같이 바뀔 수 있다.

$$F(\omega)=\int_{0}^{\infty}u(t)e^{-t}e^{-j\omega t}dt$$

$t\geq 0$일 때 $u(t)=1$이므로 적분은

$$F(\omega)=\int_{0}^{\infty}e^{-t}e^{-j\omega t}dt$$

두 지수 항을 하나의 항으로 묶어 적분하면

$$F(\omega)=\int_{0}^{\infty}s^{-(1+j\omega)t}dt=\left[\frac{e^{(-1+j\omega)t}}{-(1+j\omega)}\right]_{0}^{\infty}$$

$$=\frac{1}{1+j\omega}$$

이것이 퓨리에 변환이며 복소수(complex)이다.

예제의 퓨리에 변환은 복소함수이므로 바로 그래프를 그릴 수 없다. 그러나 크기와 편각은 구할 수 있으며 ω에 대한 그래프를 그리는 것은 가능하다. 이 그림들을 각각 주파수역과 상 주파수역이라고 부른다.

$f(t)=u(t)e^{-t}$의 진폭의 주파수역은 $\dfrac{1}{\sqrt{1+\omega^2}}$와 동일한 $\dfrac{1}{1+j\omega}$의 크기이다. 이 함수의 그래프는 그림 14-9와 같다.

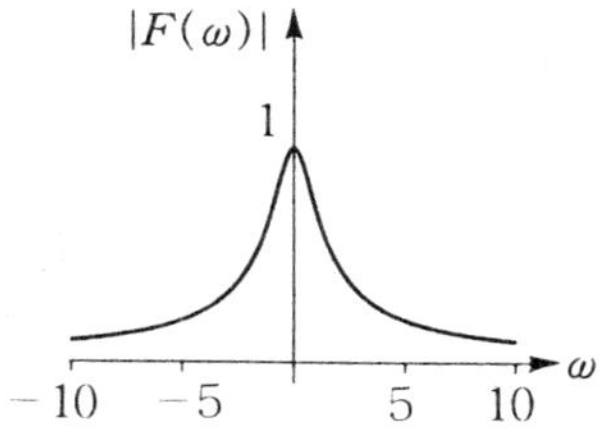

● ● 그림 14-9 $f(t)=u(t)e^{-t}$의 진폭 주파수역 ● ●

14.2.2 사용빈도가 많은 퓨리에 변환

표 14-1 퓨리에 변환표

$f(t)$	$F(t)$
$Au(t)e^{-\alpha t},\ \alpha>0$	$\dfrac{A}{\alpha+j\omega}$
$\begin{cases} 1 & a \le t \le a \\ 0 & \text{기타} \end{cases}$	$\dfrac{2\sin \omega a}{\omega}$
A, 상수	$2\pi A\delta(\omega)$
$Au(t)$	$A\left(\pi\delta(\omega)-\dfrac{j}{\omega}\right)$
$\delta(t)$	1
$\delta(t-a)$	$e^{-j\omega a}$
$\cos at$	$\pi[\delta(\omega+a)+\delta(\omega-a)]$
$\sin at$	$\dfrac{\pi}{j}[\delta(\omega-a)-\delta(\omega+a)]$
$e^{-\alpha\|t\|},\ \alpha>0$	$\dfrac{2\alpha}{a^2+\omega^2}$

14.2.3 비주기 함수의 주파수 변역

어떤 조건하에서 비주기 함수 $f(t)$는 다음과 같이 나타낼 수 있다.

$$f(t)=\frac{1}{2\pi}\int_{-\infty}^{\infty}F(\omega)e^{j\omega t}d\omega$$

여기서 $F(\omega)$는 $f(t)$의 퓨리에 변환이며, 이를 퓨리에 적분 표현이라 한다.

▌예제▐ 다음과 같이 제시된 함수 $f(t)$의 퓨리에 적분표현을 구하여라.

$$f(t)=\begin{cases} 3 & -1<t<1 \\ 0 & \text{기타} \end{cases}$$

풀이 예제에서 펄스함수는 퓨리에 변환 $F(\omega)=\dfrac{6\sin\omega}{\omega}$을 가지며, 펄스함수의 퓨리에 적분 표현은 다음과 같다.

$$f(t)=\frac{1}{2\pi}\int_{-\infty}^{\infty}\frac{6\sin\omega}{\omega}e^{jt\omega}d\omega$$

14.2.4 퓨리에 변환의 선형성

퓨리에 변환은 선형을 갖으며, k가 상수일 때 다음을 의미한다.

key point

$$F\{f(t)+g(t)\}=F\{f(t)\}+F\{g(t)\}$$

$$F\{kf(t)\}=kF\{f(t)\}$$

▌예제▐ 선형성과 변환표를 이용하여 $u(t)e^{-t}+u(t)e^{-2t}$의 퓨리에 변환을 구하여라.

풀이 $u(t)e^{-t}$와 $u(t)e^{-2t}$의 변환은 표 14-1을 이용하여 각각 구할 수 있다.

$$f\{u(t)e^{-t}\}=\frac{1}{1+j\omega}$$

$$F\{u(t)e^{-2t}\}=\frac{1}{2+j\omega}$$

퓨리에 변환은 다음과 같다.

$$\frac{1}{1+j\omega}+\frac{1}{2+j\omega}$$

연 습 문 제

1. 다음 함수의 퓨리에 급수를 구하여라. 단 주기는 2π이다.

(a) $f(t)=t^2,\ 0<t\le 2\pi$

(b) $f(t)=\dfrac{t}{2},\ 0<t<2\pi$

2. 2π 주기를 갖는 퓨리에 급수에서 0이 아닌 다음의 함수에서 퓨리에 급수를 구하여라.

$$f(t)=\begin{cases} 0 & -\pi<t<-\dfrac{\pi}{2} \\ 1 & -\dfrac{\pi}{2}<t<\dfrac{\pi}{2} \\ 0 & \dfrac{\pi}{2}<t<\pi \end{cases}$$

3. $6u(t)\,e^{-3t}$의 퓨리에 변환을 구하여라.

4. $-2\le t\le 2,\ f(t)=5$의 퓨리에 변환을 구하여라.

5. 다음의 퓨리에 변환의 원함수 $f(t)$를 구하여라.

$$F(\omega)=\frac{3}{2+j\omega}-\frac{7}{1+j\omega}$$

6. 만약 $F(\omega)$가 $f(t)$의 퓨리에 변환이라면 1차 전이정리는 다음과 같다.

$$F\{e^{jat}f(t)\}=F(\omega-a)$$

여기서 a는 상수이고, 이 이론을 이용하여 다음의 퓨리에 변환을 구하여라.

$$g(t)=\begin{cases} e^{2jt} & -3\le t\le 3 \\ 0 & \text{기타} \end{cases}$$

7. 만약 $F(\omega)$가 $f(t)$의 퓨리에 변환이라면 2차 전이정리는 다음과 같다.

$$F\{f(1-\alpha)\} = e^{-j\alpha\omega} = F(\omega)$$

(a) 퓨리에 변환의 정의로부터 이 이론을 증명하여라.

(b) $F\{u(t)e^{-t}\} = \dfrac{1}{1+j\omega}$ 를 이용해서 다음을 구하라.

$$F\{u(t+4)\ e^{-(t+4)}\}$$

연습문제 해답

제1장 기초수학

1\. 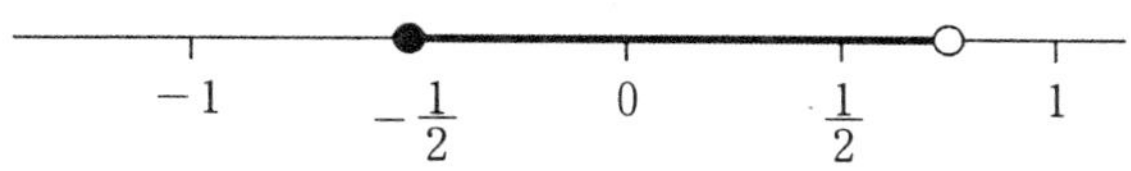

2\. (a) 33.25, 36.75　　(b) 423, 517

3\. $x(-y)$는 x와 $-y$의 곱이고, $x-y$는 x에서 y를 빼는 것을 의미한다.

4\. (a) a^7　　(b) a^{4b}　　(c) b　　(d) 10

(e) 11　　(f) $6a^5b^3$　　(g) $-24y$

5\. $a^{5/2}$

6\. 4.320×10^3, 6.5×10^{-3}

7\. (a) $(x+9)(x-1)$　　(b) $(x+11)(x-2)$　　(c) $(x+9)(x+1)$

(d) $(x+4)(x+3)$　　(e) $x(3x^2+17x+11)$

(f) $(\alpha+\beta)(\alpha-\beta)$　　(g) $(12\alpha-7\beta)(12\alpha+7\beta)$

8\. (a) $\dfrac{x}{5x+2y}$　　(b) $\dfrac{2r}{\pi}$　　(c) $\dfrac{1}{x+1}$　　(d) $\dfrac{3x}{11y}$

(e) $\dfrac{3x}{11(x+y)}$　　(f) $\dfrac{1}{x+4}$　　(g) $\dfrac{15+14xy}{21y}$

9\. (a) $\dfrac{3x-14}{(x-4)^2}$　　(b) $\dfrac{4x^3+10x+4}{2x^2+x}$　　(c) $\dfrac{u+v}{uv}$　　(d) $\dfrac{uv}{u+v}$

(e) $\dfrac{s+1}{s^2}$　　(f) $\dfrac{2s^3+5s^2+3s+6}{s^3+6s^2+11s+6}$

10\. 0.0125

11. $t=\left(\frac{c}{p}\right)^2$

12. $N=\sqrt{\frac{LI}{\mu A}}$

제2장 함 수

1. (a) $\frac{1}{s}$ (b) $\frac{1}{s+2}$ (c) $\frac{1}{s^2+\omega^2+1}$

2. (a) 변역은 각각 $[-4, 4]$이고 x^2의 치역은 $[0, 16]$, $-x^2$의 치역은 $[-16, 0]$이다.

3. 두 그래프 모두 같은 기울기를 갖는다.

4. 치역은 $[-9, \infty]$

5. $\frac{x+1}{x-3}$

6. (a) $-x^2-18x-78$ (b) $-2x^2-36x-155$

   (c) $16-2x^2$ (d) $x+18$

7. $x+3$, $\sqrt{x^2+3}$

8. (a) $14t^2-2t+3$ (b) $28t^2+82t+60$

9. (a) $-\frac{x+3}{3x+8}$ (b) $\frac{x-3}{3x-8}$ (c) $\frac{3-x}{3x-10}$

10. (a) $7-\frac{2}{x}$ (b) $x\neq 0$

11. $y=x^2$

12. (a) 0 (b) 2 (c) 존재하지 않는다. (d) 4

    (e) 4 (f) 4

13. (a) $y=-\frac{4}{11}x+3$ (b) $y=3x-7$

14. $\sqrt{970}=31.14$

제3장 방정식 · 부등식의 해

2. (a) $x=2,\ -2$ (b) $s=5,\ -5$ (c) $x=3,\ -3$ (d) $x=3,\ 2$

(e) $s=\frac{3}{2},\ -\frac{5}{3}$ (f) $x=0,\ -7$ (g) $2.766,\ -1.266$

3. $(x+7)(x+1)(x-9)$

4. $x=-1,\ -3,\ -7$

5. $x=-1,\ 1$

6. $x=-3,\ 3,\ -1,\ -2$

7. (a) $x=1,\ y=2$ (b) $s=2,\ t=-1.5$

8. $s=\frac{1}{3},\ t=1$

9. $y=\frac{7}{2}x-\frac{1}{4}$

10. $-\frac{1}{6},\ \frac{13}{6}$

11. (a) $x\geq\frac{7}{4}$ (b) $-\frac{3}{4}<x<\frac{5}{4}$ (c) $x<-4$ 또는 $x>\frac{4}{3}$

(d) $x\leq-1$ 또는 $x\geq-\frac{1}{2}$ (e) $-\frac{8}{5}<x<\frac{12}{5}$

12. $\frac{K}{s}+\frac{K(\alpha-\tau)}{1+\tau s}$

제4장 지수와 로그

1. (a) e^{-3x} (b) $2e^{8x}$ (c) $-6e^{4x}$ (d) $4e^{8x}$

3. a

4. (a) $\log_2 128=7$ (b) $\log_4 1024=5$ (c) $\log_3 243=5$

(d) $\log_2 0.125=-3$ (e) $\log_4 0.5=-0.5$

5. (a) $3^4=81$ (b) $10^{-4}=0.0001$ (c) $16^{0.75}=8$ (d) $4^{1.5}=8$

(e) $4^{-1.5} = 0.125$

6. (a) $\log x^3y^2$ (b) $\log A^2B$ (c) $\log 2x^{2/3}$ (d) $\log 8x^2$

(e) $\log\left(\frac{2^{x+1}}{x}\right)$

제5장 삼각법

1. (a) 27.34° (b) 60° (c) 120° (d) 36° (e) 270°

2. (a) 1.1345 (b) 3.4907 (c) 5.9341 (d) 17.4533

3. (a) 20.29° (b) 50.07° (c) 60.26° (d) 45° (e) 63.43°

4. (a) 1.2521 (b) 0.2679 (c) 3.4203 (d) 1.1884

5. (a) 0.8576 (b) 0.5146 (c) 1.6667 (d) 0.5146

(e) 0.8576 (f) 0.6 (g) 59.04° (h) 30.96°

6. (a) $\sin\theta$ (b) $\tan y$ (c) $\sin\theta$

7. (a) 3 (b) $\frac{3}{7}$ (c) 0.96 (d) 2

8. (a) 3 (b) 3 (c) $\frac{5}{6}$ (d) 0.5 (e) 12

(f) 18

11. (a) 1 (b) $\frac{1}{\cos A\sin A}$ 는 $\frac{2}{\sin 2A}$ 로 쓸 수 있다.

12. (a) 2 (b) -2 (c) $-\frac{1}{2}$ (d) 3 (e) $-\frac{\pi}{2}$

제6장 행렬과 행렬식

1. (a) -27 (b) $\lambda^2 - 4\lambda - 5$

2. (a) -86 (b) 0 (c) 6234

3. (a) 10 (b) -9

4. (a) 2 (b) 18

6. 행렬의 행렬식의 값은 0이다. 따라서 역이 존재하지 않는다.

7. (a) $\frac{1}{6}\begin{pmatrix} -30 & 20 \\ 9 & -4 \end{pmatrix}$ (b) $\frac{1}{5}\begin{pmatrix} 2 & -3 \\ -4 & 1 \end{pmatrix}$

8. $\frac{1}{x}\begin{pmatrix} 2 & -1 \\ -1 & 1 \end{pmatrix}$

9. $-1,\ 4$

10. $i_1 = 1,\ i_2 = 3,\ i_3 = -3$

제7장 벡터

1. 수평 : 21.6[N], 수직 : 7.9[N]

3. $9i + j - k,\ -4i + 4k$

4. $-6i - 2j + 9k,\ 11$

5. $\sqrt{30}$

6. $6 : -2 : 1,\ \frac{6}{\sqrt{41}},\ -\frac{2}{\sqrt{41}},\ \frac{1}{\sqrt{41}}$

7. 33.8°

8. (a) $r \cdot \begin{pmatrix} 0 \\ 1 \\ 1 \end{pmatrix} = 2$ (b) $\frac{\sqrt{2}}{2}$

9. (a) $16i - 3k$ (b) $4i - 4j + 5k$ (c) $3\sqrt{19}$ (d) $\frac{1}{\sqrt{14}}(3i + j - 2k)$

(e) $\sqrt{105}$

10. $\frac{140}{\sqrt{74}} = 16.3$

12. 6

제8장 복소수

1. (a) $1,\ -\frac{\pi}{2}$ (b) $3,\ \pi$ (c) $\sqrt{2},\ \frac{\pi}{4}$ (d) $1,\ \theta$

3. $\sqrt{13}e^{0.983j}$, 복소수 공액 지수는 $\sqrt{13}e^{-0.983j}$

4. (a) $\cos 7\theta + j\sin 7\theta$ (b) $\cos 10\theta + j\sin 10\theta$

6. $2^{1/4}\angle\left(\frac{\pi}{6}+\frac{k\pi}{2}\right),\ k=0,1,2,3$

8. (a) 실수부 $\frac{1}{1+\omega^2}$ (b) 허수부 $-\frac{\omega}{1+\omega^2}$

(c) 크기 $\frac{1}{\sqrt{1+\omega^2}}$ (d) 편각 $\tan^{-1}(-\omega)$

제9장 미분법

1. (a) $2(x-1)\cos 2x + \sin 2x$ (b) $\frac{\sin 2x - 2(x-1)\cos 2x}{\sin^2 2x}$

(c) $e^{-2x}(3\cos 3x - 2\sin 3x)$ (d) $\frac{t(t^3+3t-2)}{(t^2+1)^2}$

(e) $6\cos x\cos 2x - 3\sin x\sin 2x$

2. $e^{2t}[\ t^2\cos t + 2t(t+1)\sin t]$

3. (a) $10\cos 2t\ e^{\sin 2t}$ (b) $\frac{12p^3}{p^4+2}$

(c) $10\pi r\cos(\pi r^2+1)$ (d) $-\frac{3}{t^2}\sin\left(\frac{1}{t}\right)$

(e) $\frac{-1}{s(\ln s)^2}$

4. $y=\frac{-3x+25}{4}$

5. (a) $\frac{3x^2-e^x}{e^y-4y^3}$ (b) $\frac{y\sin x + \sin y}{\cos x - x\cos y}$

(c) $\dfrac{y-e^y+2ye^x}{xe^y-2e^x-x}$　　(d) $\dfrac{2xye^y-1}{2-x-2y-x^2e^y}$

(e) $\dfrac{2\cos 2x\cos 3y+2\sin y\sin x}{3\sin 2x\sin 3y+2\cos y\cos x}$

6. (a) $y\left(\dfrac{3}{x}+\dfrac{12}{3x-2}+\dfrac{30}{5x-1}\right)$　　(b) $y\left(\dfrac{1}{2x}+\dfrac{6x}{x^2+1}+\dfrac{6x^2}{x^3+1}\right)$

(c) $y\left(2+3\cot x-\dfrac{4}{x}\right)$　　(d) $y\left(-3-3\tan 3x+\dfrac{3}{2-x}\right)$

(e) $y\left(-2-\dfrac{1}{2}\cot x-\dfrac{2x}{9+x^2}\right)$

제10장 적분법

1. (a) $\dfrac{x^3}{3}+c$　　(b) $\dfrac{x^{18}}{18}+c$　　(c) $6x+c$　　(d) $\dfrac{e^{8x}}{8}+c$

(e) $\dfrac{t^4}{c}+c$　　(f) $7t+c$　　(g) t^3+c　　(h) $\dfrac{x^3}{3}+2x^2+8x+c$

(i) $\dfrac{2t^{3/2}}{3}-\dfrac{1}{t}+c$　　(j) $-\dfrac{e^{-st}}{s}+c$

(k) $\sqrt{2}\tan^{-1}(s\sqrt{2})+c$　　(l) $\sin h^{-1}\left(\dfrac{t}{2}\right)+c$

2. (a) $\dfrac{10}{3}$　　(b) 0.293　　(c) 34.5　　(d) 17.367

4. (a) $\dfrac{\sin 4t}{16}-\dfrac{t\cos 4t}{4}+c$　　(b) $-\dfrac{e^{-5t}(5t+1)}{25}+c$

(c) $\dfrac{e^{3x}(3x-1)}{3}+c$　　(d) $e^x(3x-1)+c$

(e) $(x-7)\cos x-\sin x+c$

5. (a) 1.437　　(b) 172.154　　(c) 0.522

6. (a) $\dfrac{x}{2}-\dfrac{\sin 4x}{8}+c$　　(b) $-\dfrac{1}{12}\cos 6x+c$

(c) $-\dfrac{5}{4}\cos 2t+c$　　(d) $-\dfrac{\cos 2\omega t}{4\omega}+c$

(e) π

제11장 수열과 급수

1. (1)(2)(4)+(2)(3)(5)+(3)(4)(6)

2. 42075

4. $243-\frac{810}{x}+\frac{1080}{x^2}-\frac{720}{x^3}+\frac{240}{x^4}-\frac{32}{x^5}$

5. 30

6. $3+\frac{x^2}{6}-\frac{x^4}{216}+\cdots$, 구간 $-3<x<3$

7. (a) k (b) 0

제12장 미분방정식

1. $y(x)=3e^{2x}$, $y(x)=e^{2x}$

2. (a) $\frac{kx^2}{2}+c$ (b) Ae^{-kx} (c) $-\frac{1}{x+c}$ (d) $y^2=2(C-\cos x)$

(e) $y^2=x^2+4x+c$ (f) $\frac{x}{A-2\ln x}$ (g) $\frac{x^6}{6}=\frac{t^5}{5}+c$

3. (a) $y=1+ce^{-x}$ (b) $y=3+ce^{-2x}$ (c) $x=\frac{2}{3}+ce^{-6t}$

(d) $y=ce^{3x}-\frac{2}{3}$ (e) $y=ce^{6x}-\frac{3}{2}$ (f) $x=\frac{8}{3}+ce^{3t}$

4. $\frac{L[(R/L)\sin\omega t-\omega\cos\omega t]}{R^2+L^2\omega^2}+ce^{-Rt/L}$

5. (a) $y=Ae^x+Bxe^x$

(b) $x=e^{-0.5t}(A\cos 2.18t+B\sin 2.18t)$

제13장 라플라스 변환

1. (a) $\frac{2}{3s}$ (b) $\frac{1}{s^2}-\frac{2}{s}$ (c) $\frac{2}{3s^2}-\frac{1}{3s}$ (d) $2\left(\frac{1}{s^2}+\frac{1}{s}\right)$

(e) $\frac{72}{s^5}-\frac{2}{s}$ (f) $2\left(\frac{6s}{(s^2+9)^2}-2\frac{(s^2-9)}{(s^2+9)^2}\right)$

(g) $\frac{s+1}{(s+1)^2+4}+\frac{s^2-4}{(s^2+4)^2}-\frac{2s}{s^2+4}$

2. (a) $3t-4$ (b) t^2+t-2 (c) $2t^3-3t^2$ (d) $\frac{3t^3-4t^2+2}{5}$

(e) $3e^{-t}+5e^{-2t}$ (f) $e^t+e^{2t}-e^{3t}$

(g) $2t^2e^{-t}+te^{-2t}$ (h) $\frac{t^3e^{2t}}{3}+\frac{t^2e^{-2t}}{2}$

(i) $1+e^{-t}-2e^{-2t}$ (j) $2\sin 3t-\frac{\cos 3t}{2}$

3. (a) $sY-2$ (b) $s^2Y-2s+3$ (c) $(s^2+s)Y-2s+1$

(d) $(s^2+3s-2)Y-2s-3$ (e) $(2s^2-s+3)Y-4s+8$

제14장 퓨리에 급수

1. (a) $a_0=\frac{8\pi^2}{3},\ a_n=\frac{4}{n^2},\ b_n=-\frac{4\pi}{n}$

(b) $a_0=\pi,\ a_n=0,\ n\geq 1,\ b_n=\frac{-1}{n}$

2. $f(t)=\frac{1}{2}+\frac{2}{\pi}\left(\cos t-\frac{1}{3}\cos 3t+\frac{1}{5}\cos 5t-\cdots\right)$

3. $\frac{6}{3+j\omega}$

4. $\frac{10\sin 2\omega}{\omega}$

5. $3u(t)e^{-2t}-7u(t)e^{-t}$

6. $\frac{2\sin 3(\omega-2)}{\omega-2}$

7. (b) $\frac{e^{4j\omega}}{1+j\omega}$

찾 아 보 기

ㅇ

ㅈ

공업수학

2021. 2. 5 인쇄
2021. 2. 10 발행

판 권
소 유

저 자 : 이해기 · 김봉각 공저

발행자 : 이진권

발행처 : 도서출판 **태영문화사**

주 소 : 서울특별시 강서구 초원로 38

전 화 : 2661-8751

F A X : 2661-8798

등 록 : 1998년 11월 12일 제 2-2682호

정가 23,000원